JN292239

原子力の国際管理

原子力商業利用の管理Regimes

魏 栢良 著

法律文化社

はしがき

　21世紀に入り、政治、経済、社会、および文化の相互連結が益々深まり、グローバル化が急速に進行している。従って、国家の安全保障および人間の安全保障を保護する可能な法則、国際法および国際社会規範から由来する平和、安全の維持および促進、また人権の保護への「脅威（Criminal threatening and Terrorizing）」も新たな体系、つまり想定外の現象（figures；actor and factor）が台頭し、従来の伝統的な概念でその対応策について論じることは時代錯誤である。

　今日、多くの「脅威」は、発生源と状態がなくて、またその範囲も国内・外を問わず超国家的である。ヒズボラ（Hezbollah）やアルカイダ（al Qaeda）などのテロリスト集団は複数の国に拠点を持って活動している。主権国家ではなく、また国家の支援や特定団体の積極的な支援も受けずグローバルな作戦を展開し、そしてその影響力を拡大しつつある。

　さらにその攻撃遂行対象も使用武器も使用方法も20世紀の戦略構想の範疇からは欠落された想定外の現象である。

　2001年9月11日アメリカの同時多発テロ、また2006年、失敗に終わった大西洋上の定期旅客機の破壊陰謀などはグローバルな航空ネットワークを混乱させ、国家および一般市民を含む国際社会の平和と安全を脅かす脅威であることは明らかな事実である。

　現在21世紀サイバーワールド（cyber world）、つまりネットワーク社会における潜在的な「脅威」は軍事、政治のみではなくわれわれの日常生活に密接に関連している商品取引や金融機関にさえも浸透しつつある。さらなる不幸はその攻撃に対処すべく防御措置は不十分であり、またその攻撃の阻止に適用される法規範は無力である。特に原子力の国際管理分野における国際法規の機能的役割の効果は失速している。アメリカをはじめとする超大国の変則の論理に弄ばれにほとんど死文化した無力な状態であるといえる。

国連安全保障理事会5常任理事国である超大国が国際社会でのダブルスタンダードの適用慣行を重ね、国際法および国際社会に規範の無効力化を煽っている。このような超大国の不等な慣行が想定外の「脅威」を造成し、またそのテロ活動に正当性を与え、そしてそのテロ活動の支持を集める原動力を提供しているといえる。

　情報のネットワークを活用し、特定の情報機関のネットワークの攻撃を世界どこからでも、またいつでも引き起す可能性も否定できない。想定外の「脅威」は我々の平和と安全を揺さぶる不吉な兆候を暗示し、現在アメリカをはじめ超大国もまた国連をはじめ国際社会がその対処策に苦戦奮闘している。しかしその「脅威」はわれわれの社会の隅々まで深く浸透しつつある。

　想定外のテロリスト集団では、確定した境界線が全くない。また報復される脅威による「抑止の戦略」は彼らに対して効力がないことは判明済みである。彼らはその破壊行為に使命感を抱き、宗教的義務（religious duty）として心身を神に捧げ突進するのみである。

　現在のグローバルな法秩序、つまり国際法およびその制度またその概念の適用で国際社会の想定外の「脅威」から人間の平和と安全そして人権の享有を確保することができるかは重大な課題である。

　このような想定外の現象に対応するためには現存の国際法およびその実施制度の変革が不可欠条件であるといえる。よりよい国際法の順守制度およびその環境を具現するため、少なくとも現存の国際法の遵守をめざすそのメカニズムの修正および新たな規範（norm）の制定が必要である。

　今日の国際社会また各国の安全保障は国際法の原則から由来することが少なくない。最も典型的な原則が国家主権の遵守原則（the principal and idea of national sovereignty）である。この原則によって国家の安全保障およびその戦略が制度化されているといえる。この主権原則は3世紀以上の国内・外安全保障システムの制度化で重要な役割を果たしている。1648年ウェストファリア主権のモデル（the Westphalian model of sovereignty）の下では、独立国家は同国の同意なしで自国内問題について外国からのコントロールおよび干渉を受けるこ

とはないという原則である。それ以降この原則は領土保全と自国民保護の盾として国際社会に定着した。

現代国家は民主主義国家、つまり国民の同意（consent）の下で樹立されかつ国民から委託された主権を国民のために履行することが国家の公権力行使であると考えるのが自然である。そう考えれば、国家の主権行為は国民の同意原則に基づいて実施しなければならないことになる。従って自国内の人々の平和と安全を確保する義務を負っている。それと同時にその原則は他国の国家および国民の主権の尊重の義務を重ね負っている。それらの原則を実施するためには国家は他の民主国家の主権侵害の防止義務も負っていると解釈し得る。

自国内での公法的な主権行使と他国の主権尊重の原則を各国家が厳格に尊重しその制度を整備し、またその実施が公正に行われ、さらに国際法の本旨である国際社会の一般利益を尊重した場合、昨今の想定外の現象が国内・外の社会に浸透し、国家および市民に脅威を与えることが発生し得ただろうか。しかし確かに言えることは、国家は国民の同意と意思に沿って主権行使を行うことはほとんどない。それはいままで国家の外交行使など国際舞台での国家の慣行から明らかである。国連の舞台さえ「United Nations」ではなく「United Governments」であることが頻繁に批判の的になっている。

国際社会における規範として国家および人間の平和と安全を維持し、また人権を保護する国際法が国家の恣意的主権行為によってその実行力に欠陥が生じ、国際法の基本概念に危機をもたらしている。

このような状況を鑑み本書は国際法の厳格な規定が国家の恣意的適用という国際法上の義務違反を構成し、それが国際法上の欠陥につながるという側面について、特に原子力の国際管理 Regime を通じて論じることにする。

原子力の国際管理 Regime における条約の条文を取り上げその文言解釈について可能な限り具体的に示しその条文と実施における差異について理解を深めたい。本書は学術論文として論述するのではなく、読者がその条約の文言とその実施の差異を理解し評価し、またその歪を正すための資料に使用されることに重点を置いている。

原子力の国際管理制度は1953年のアイゼンハワー（Dwight David Eisenhower）大統領による国連総会演説「Atoms for Peace」を契機とし、1957年に確立された。それ以来今日まで50年間以上、原子力の平和利用の促進を展開すると同時に軍事転用されないための「保障措置」の実施を行っている。

　そして核軍縮を目的に、アメリカ、ロシア、イギリス、フランス、中国の5カ国以外の核兵器の保有を禁止する条約、NPT（核兵器の不拡散に関する条約）が1970年3月に発効された。このNPT条約にIAEAの保障措置の受入れが義務付けられ、それ以降、原子力国際管理のRegimeを制度化し38年間原子力を管理している。

　しかしその原子力国際管理Regimeの効果は期待に反する結果になりつつある。それはイラク、北朝鮮、リビア、イスラエル、インド、パキスタン、イランなどの事例について論じるまでもなく原子力の国際管理に適用される国際条約は死文状態であるといえる。

　このような結果をもたらした原因を明らかにし、またその対応策として新たな原子力の国際管理Regime構想も私が本書に託したもう一つの意図である。

　本書は、修士論文以来書き貯められた論文のうち、原子力の国際管理に関連するものを選んで編集したものである。

　私は本書の編集をしながら、過去の拙書においてアナクロニズム（anachronism）的な感がするものも少なくないと思った。それを一から徹底的に修正したい思いもあったが、しかし最新のデータと明らかに異なっている解釈、そして変革した制度のみに筆を入れ、修正を行った。古い拙書の隅々から修正するとその時代の事象を失い、当時の状況の読みが鈍感になれる恐れがあったからである。

　この書物の発刊には、まず大阪経済法科大学法学部法学会の出版助成金の援助に決定的に負っている。本法学会の援助なくして本書が世に出ることはなかった。法学会の各先生に心から感謝の意を表しておきたい。なお大阪経済法科大学教職員および学生諸君にも深くお礼の意を重ね示したい。

　また独立行政法人日本学術振興会の科学研究費補助金（06-08年度）の3年間

の助成を受け、各国の原発の危険（danger）における現況を把握することができた。日本を含め韓国、またアメリカ東北部およびカナダのオンタリオ州に散在している原発の安全状況を踏査し、本書に掲載することができた。さらに原発の安全管理および危機管理における現場知識を身につけることができ、今後の教育に生かせることが可能になった。この紙面を通して感謝の意を表したい。

　そして本学の法学部澤野義一教授の激励、助言、また出版社のご紹介などご尽力を賜ることができた。また（株）法律文化社の編集部の小西英央さんには、本書の校正および編集などにあたりご助言を賜った。いずれも深く感謝の意を表したい。

　わけても忘れられないのは、私の恩師である石本泰雄先生のご指導ご支援である。大阪市立大学大学院法学研究科の在学の時代に勉学のみではなく、学内・外の生活に物心両面における先生のご激励、心温まるご助言などにより、希望を抱き研究に励むことができた。特に母国の独裁政権からの迫害に楯の役割もして頂き、そのおかげで今回本書の発行に至ったと思う。

　心の底から感謝の意を表するとともにいつまでもご健康とご多幸を祈願する次第である。

　　2008年師走

　　　　　　　　　　　　　　　　　　　　　　　　　　魏　　栢良

目　次

　　はしがき

序　論 ··· 1

第1部　原子力国際管理の胎動

第1章　原子力国際管理の国連への台頭 ························· 13
　　1　国際管理草案の起草過程　13
　　2　アメリカの提案（The Baruch Plan）　25
　　3　ソ連の提案（The Gromyko plan）　29
　　4　初期における両大国の草案の審議状況　32
　　5　原子力商業利用の始動「Atoms for Peace Plan」　35

第2章　国際原子力機関の誕生 ······································ 40
　　1　機関の創設の背景　40
　　2　機関憲章　41
　　3　機関の差別化政策　46

第2部　原子力国際管理の Regimes

第3章　IAEA の保障措置制度（Safeguards）と査察制度（Inspection） ·· 51
　　1　原子力商業利用の現状　51
　　2　IAEA の設立に関する若干の経過　59
　　3　保障措置制度の評価　67
　　4　まとめ　69

第4章　各地域機構及びNPTにおける保障措置制度……76

1. 保障制度の現状　76
2. OECDの原子力機関　77
3. 原子力共同研究協会　79
4. ラテンアメリカ核兵器禁止機構　81
5. ヨーロッパ原子力共同体　83
6. 核兵器の不拡散に関する条約の保障措置　85
7. まとめ　90

第5章　IAEAの保障措置とNPT　そしてEURATOMの保障措置制度の実施状況……94

1. 状　況　94
2. IAEAの保障措置とNPTなどとの関連　95
3. EURATOMとIAEA及びNPTとの関連　102
4. 各保障措置の現状　103
5. まとめ　106

第6章　核物質保護条約……109

1. 状　況　109
2. 核物質保護条約成立以前の状況　110
3. 核物質保護条約をめぐって　114
4. 核物質保護条約の考察　118
5. 条約の評価および改正　125
6. 主な規定（改正後）　127
7. まとめ　130

第7章　越境原子力事故対策……135

1. 状　況　135
2. 原子力事故　137
3. 国境を越えた放射能の影響　140
4. 条　約　143

5　2つの条約の考察　146
　　　6　まとめ　154

第8章　越境汚染損害賠償制度···158
　　　1　問題の所在　158
　　　2　民事損害賠償条約の概要　160
　　　3　ブラッセル補足条約　164
　　　4　原子力損害の民事責任に関するウィーン条約　165
　　　5　共同議定書　169
　　　6　核物質海上輸送責任条約　174
　　　7　原子力船運航業者責任条約　175
　　　8　民事損害賠償条約の諸原則　177
　　　9　損害賠償条約の課題　185
　　　10　まとめ　190

第3部　原子力国際管理の限界

第9章　問われる原子力の国際管理 Regime —核の闇取引—··········201
　　　1　はじめに　201
　　　2　核闇取引の現状　203
　　　3　危険地域　210
　　　4　核拡散の誘発　218
　　　5　原子力の国際管理 Regime　221
　　　6　核物質の国際輸出管理 Regime　227
　　　7　ミサイル技術管理 Regime（MTCR）　229
　　　8　オーストラリア・グループ（AG）　231
　　　9　ワッセナー・アレンジメント（WA）　233
　　　10　まとめ　235

第10章　原子力管理の危機（Crisis）
——リスク（Risk）と危険（Danger）の脅威—————— 245

1　はじめに　245
2　危機（Crisis）の性質　246
3　ジュネーヴ諸条約（Geneva Conventions）　250
4　第1議定書、第56条　危険な力を内蔵する工作物及び施設の保護　256
5　原子力発電所の危険（Danger）　258
6　核テロリズム（Nuclear terrorism）　264
7　防御システムの現状　273
8　原子力の国際管理 Regime の再構築——ベストプラン（Best Plan）とベストプラクティス（Best Practices）——　288

参照資料：関連条約

序　論

　1939年8月2日、世界的に有名な物理学者であり、原子力の発見に貢献したアルバート・アインシュタイン（Albert Einstein）博士がアメリカ大統領フランクリン D. ルーズヴェルト（Franklin D. Roosevelt）に出した1通の手紙以来、原子力は国際政治、国際法、国際経済、そして国際社会の諸方面、つまり地球および人類の安全保障の面において約69年たった今日まで、緊張や脅威また動揺を起こさせるきっかけを投じている。

　原子力はその用途により人類の破滅と繁栄を左右するという2つの顔を持って生まれたのである。つまり、原子力の破壊力をもって軍事目的に使用すれば、人類のみならず地球上のすべての生態系まで全滅させることが可能である。一方、原子力エネルギーを科学的に管理し電力など様々な商業目的に利用すれば人類の生活水準の向上の原動力ともなるのである。また今日すでに手がけられているように、人類の長年の夢であった深海底の探査や宇宙開発における主役として、原子力エネルギーは利用され、またさらなる開発の促進材として活用されている。

　これらの2つの側面のうち、特に原子力の商業利用については、国連の専門機関である国際原子力機関（International Atomic Energy Agency ; IAEA、以下 IAEAと称す）が中心となって推進してきた。しかし、二面性を持つ原子力の商業利用という一面だけを発展させることは容易なことではない。なぜなら原子力の生産過程においてこれら2つの側面は、初期段階まではまったく同じプロセスをたどって生み出されるのであって、初期から軍事目的と商業目的とに切り離すことが不可能である。商業目的として原子力を利用しながら、ひそかに軍事目的使用のためプルトニウムを貯蔵するということが可能である。その典型的な例としてインド、パキスタン、最近では北朝鮮をあげることができる。従って核兵器の不拡散に関する条約（Nuclear Non-Proliferation Treaty ; NPT、以下NPTと称す）およびIAEA保障措置協定（IAEA Safeguards Agreement）など

2　序　　論

　原子力の国際管理法規は核拡散を防ぐ使命を持ち、強硬な手段と方法で厳格に適用されている。原子力の国際管理法規は、地球および人類の生存における安全保障というきわめて重要な任務の遂行を主旨とする。従って他の国際法規より強力条項が多いだけでなく、絶対といわれている国家主権まで一部制限する強行法規である。

　原子力の商業利用におけるもう1つの問題は原子力の生産過程において産出される放射能によるリスク（risk）被害である。これは現在の科学技術では完全に防ぐことができず人類のみならずあらゆる生物の生命までおびやかす厄介な人工化学物質といえる。

　その放射能の被害は1986年4月末、旧ソ連のチェルノブイリ（Chernobyl）原子力発電所の事故によって人類の前に深刻な問題として明示された。各国はその被害を最小限にとどめるため、敏速な政治手腕と優れた科学者を動員して国内・外での対処、また二国間および多国間会議などを開催し、相当な対応策を展開した。そして国際的には条約が、国内的には多くの法律が制定されることになったのである。すなわちそのチェルノブイリ（Chernobyl）事故による被害が原子力発電を稼働させていた当事国のみでなく第三国まで、それもかなり広い範囲に及んだという事実は国内・外の原子力産業界はもちろん一般原子力消費者、政府担当者のみならず、多数の政治家までその危険性を再認識させ、その危険性を防ぐ対策に一層拍車がかけられることになったのである。

　このように原子力産業活動は常に損失および惨害発生の可能性を抱きつつ、我々の生活周辺において稼働している危険活動である。このような状況を考慮すると原子力活動は、国際法の主旨として確立しつつある人類の「平和的生存権」をおびやかしているといえる。それゆえ、原子力の国際管理法規およびその国際管理制度（The global non-proliferation regime）は厳格に公正にまた正確に適用また運営され、人類への甚大なリスク（risk）を遮断する「砦の役割」を果たすように全人類から要請されているといえる。

　本書では上記の諸点を考慮しながら下記の3部に分けて考察を行なう。
　第1部、原子力における国際管理の必然性の台頭およびその背景について記

述する。原子力の生産過程における放射性物質、核燃料、放射能、そして原子力施設の運営と技術など原子力産業面におけるリスク（risk）とその対応策における国際基準。特に、商業利用から軍事使用への転換の防止策など、アメリカと旧ソ連を中心に展開された国際管理構想と論点について論じる。

　第1章から第3章において、原子力の発見から国際原子力委員会およびIAEAが誕生するまでの国際社会の政治、経済、社会、法律面に関わる実態を若干披露しながら、原子力を国際管理下に置くまでの歴史的経過に焦点をあてる。そしてIAEA憲章および保障措置の考察を行う。

　第1部の内容は前田寿先生の『軍縮交渉史』から引用した。前田寿先生の著書は核軍縮の交渉における歴史について詳細な記述のみではなく聡明な分析を重ねた宝庫であるからである。

　第2部、第4章から第8章まで原子力商業利用における国際管理Regime、多数国間条約と地域間条約による管理制度について論じる。原子力の商業利用に伴う諸活動、つまり核燃料の移動また資・機材の安全管理、そして施設また住民および環境保護対策など原子力産業活動全般を適用範囲とする。さらにそれら諸条約の国内適用に関する問題点。特に、原子力事故前、まだ後の対策および処理、その損失における損害賠償制度について記述する。

　第4章においては地域的機関および準地域的機関の保障措置とそして、多国間条約の保障措置制度を考察する。

　現在、地域的原子力機関として5つの機関がある。ヨーロッパ原子力研究機関（The European Organization for Nuclear Research, CERN）、ヨーロッパ共同体（The European Atomic Energy community, EURATOM）、OECDの原子力機関（The Nuclear Energy Agency, NEA）、ロシアのドゥブナ（Dubna）にある原子力共同研究協会（The Joint Institute for Nuclear Research, JINR）、そしてラテンアメリカにおける核兵器禁止機構（The Organization for the Prohibition of Nuclear Weapons in Latin America, OPANAL）である。

　上記の5機関のうち地域的機関にはいるのはEURATOM, CERNそしてOPANALの3つであり、他の2つは特定地域のみでなく他地域の国々も当事

国として含むので準地域的機関といえる。例えば資本主義国家群から組織されるOECD原子力機関は、ヨーロッパ諸国はもちろん日本、アメリカ、オーストラリア、カナダなどもNEAの当事国である。また、社会主義国家群から成る原子力共同研究協会（The Dubna Institute）は旧ソ連を中心としたヨーロッパの社会主義国家をはじめ全世界の社会主義国家を含んでいる。

多国間条約の保障措置としてはNPTの制度がありIAEAと協定を締結して多国間において実施されている。

以上の諸機関の保障措置は互いに異なるため、特に隣接国で違った保障措置制度下にある場合、核燃料運搬、放射能の処理、使用済み燃料の廃棄など諸々の許容基準の相違から問題が生じている。この典型的な例としてアメリカとキューバがあげられる。このようなケースを通じて各保障措置の組織と実施方法、その理念と現実的ギャップについて考察する。

第5章においては国際原子力機関の重要な任務である保障措置（safeguards）を多国間において確立することを可能にした背景とその強化策に影響を及ぼしたNPTとEURATOMの2つの保障措置に関し検討する。

上記の2つの機関とIAEAの協定による保障措置とは国際原子力機関の査察員が原子力発電を稼働している国々に対し、原子力発電所への立入検査を行なう権限である。査察員が現地へ入り原子力の核燃料および使用済み核燃料の量や質を調査し、核燃料が商業目的以外に使用されることを防ぐためいろいろな措置をとることである。その際国家の主権、特に行政権との摩擦が頻繁におこっている。ここでは、その原因となる立入検査に関し考察する。

さらに、第3章および第4章で指摘した各保障措置制度の適用に際しての問題を4つの区分を持って記述する。

4つの区分とは日本のように原子力商業利用に積極的推進の立場をとる国々、アメリカのように商業利用に慎重な立場をとる国々、そして現在の原子力保有国と非保有国である。

それぞれの区別に属する国々においてその保障措置適用に際し大きな違いがみられる。まず、推進派に属する国々ではIAEAの保障措置を遵守しつつ、

地域的機関の保障措置にも沿っていこうと努めている。慎重派に属する国々は主に原子力開発先進国であり、それらは多国間条約の保障措置よりも二国間条約の強硬な保障措置の適用を主張する。

また、現在原子力商業的利用を実施している原子力保有国群は国内法律に定める保障措置で賄おうとする動きが強く、一方非保有国群は、多国間の保障措置であれ、地域間の保障措置であれ受け入れを歓迎する傾向がある。しかし、これらの国々は国内法律の不備点も多く、各保障措置の適用を阻害するだけでなく、核拡散につながる危険性をも孕んでいる。

以上のような観点からそれぞれの条約について比較、検討する。

第❻章においては、原子力の開発利用の進展に伴い、取り扱われる核物質の取り扱う量が急速に増大している現在、それに伴い核物質の盗難等の不法な移転に対する防護、および原子力施設又は核物質の輸送に対する妨害、破壊行為、そして組織的な犯罪行為に対する防護の対策として生まれた「核物質防護条約」を考察する。さらに、放射性物質の国際輸送に関する諸条約を分析することにする。

原子力産業の開発による核物質の需要は著しく増大しており、それによる核物質の流通は国際、国内を問わず頻繁に行われている。その流通における輸送路は陸、海、空であり、その輸送機器として軍用、公用、民間用がある。軍用、公用の輸送機器、例えば軍用輸送機、軍艦そして国の公共機関に属する輸送機器などである。本章では主に民間の輸送機器による核物質および放射性物質の輸送における国際的な基準とそれに関連する諸条約に基づく国際運搬の制度に関し検討する。

第❼章では1986年9月に採択された原子力事故の早期通報に関する条約（Convention on Early Notification of a Nuclear Accident）および原子力事故又は放射線緊急事態の場合における援助に関する条約（Convention on Assistance in the Case of a Nuclear Accident or Radiological Emergency）をもとに、国際的に対処すべき協力制度について検討を行なう。

この2つの条約は1986年4月の旧ソ連のチェルノブイリ（Chernobyl）原子力

発電所事故後採択されたものである。この旧ソ連の原子力事故は原子力商業利用以来最大級の事故であった。従ってその衝撃は世界各国に広がり、同時にその被害もヨーロッパを始め、北アメリカ、アジアなど広い範囲におよび、その対策として全世界規模の原子力事故安全対策の必要性が高まったのである。この2つの条約はわずか5ヵ月間の交渉、作業を経て採択されている。二国間協定でさえ、成立までに数年かかるのが普通であるが、多国間条約である本条約がこのような短期間で締結されたのは現在まで例がないといわれている。それほど旧ソ連の原子力事故は国際政治、社会、経済、そして国際法など諸方面に緊急対策の確保という検討課題を与えたのである。

　本章では旧ソ連の原子力事故の被害状況、特に旧ソ連国境を越え他国に与えた災害に関し論じ、この2つの条約の採択の必要性と同時に原子力事故から生ずる災害の安全対策の協力制度に関し検討する。

　第8章においては原子力商業利用の産業活動に伴う事故から災害に関する賠償および補償、保険などその国際制度に関し考察する。

　原子力はその巨大な爆発力が商業利用に用いられ、特に原子力発電所においてはエネルギー源として近代産業の発展に貢献したことは事実として認めざるを得ない。

　現在原子力はわれわれの生活上、多方面において利用されているのみでなく、特に日本のような原子力発電大国においては24時間我々の周囲で活動し続けている。原子力開発は危険を伴う活動として認識されている故、その事故の可能性も、さらにその災害の巨大さをも、常に内包しているといえる。それは旧ソ連のチェルノブイリ（Chernobyl）事故とアメリカのスリーマイルアイランド（TMI）事故、また1999年9月、日本のJCO臨界事故で作業員2名が死亡、そして2004年8月9日関西電力美浜発電所3号機2次系配管破損事故2次冷却系のタービン発電機付近の配管破損により高温高圧の水蒸気が多量に噴出し、逃げ遅れた作業員5名が熱傷で死亡が証明した通りである。このような原子力災害から公衆およびその財産を保護するために、国際条約を締結して対処することとなった。本章ではこれらの条約を人命並びにその財産を保護する立場から

解釈し、問題点を指摘し、そして評価を試みることにする。

　第3部、第9章から第10章において原子力利用における国際管理の限界について記述する。原子力の利用における国際管理Regimeは商業利用の促進と軍事使用への転換防止策、またその実施制度など相当厳格な規則で運営している。しかしその適用には現代国際法の主権概念および国際法の一般原則の枠では限界がある。国家主権尊重と内政不干渉原則の堅持など現代国際法を盾に原子力を自国利益中心に利用、使用する傾向が増している。そのような現況の下、原子力の軍事使用への危険が加速している。

　第9章において、原子力商業利用を推進しながら軍事使用への転換を図り核兵器を開発した例を取り上げると同時に核の闇市場について論じる。

　原子力破壊力を軍事目的に使用することを原則的に禁じる国際人道法の法規を考察し、その法規に原子力の軍事的使用行為、つまり無差別、大量破壊兵器である核兵器について若干の考察を行なう。

　本章の主要な論点である核物質の国際管理Regimeにおける内容は、浅田正彦編『大量破壊兵器開発・拡散の状況』のNSG、MTCR、AG、そしてWAの条項の概略から引用した。浅田先生の編書において上記に関連する内容は明瞭にまとめ記述されているからである。

　第10章において、戦時に原子力施設から危険性を除外し、人命およびその財産の特別保護（ジュネーヴ条約追加第1議定書第56条）。について論じる。一般住民に甚大な損失を生じさせる危険な力を放出する危険がある場合には、たとえ、軍事目標に該当しても、ダム、堤防及び「原子力発電所」を攻撃してはならない。その条項を履行するため、当事国は平時から原子力施設などにおける防御システム（Defensive Systems）を装備する必要がある。原子力施設には原子炉をはじめ潜在的な危険性を孕んでいる物質および放射能を浴びている機材が散在している。外部からの攻撃、陸、海、空をはじめサイバー攻撃（cyber attack）などにおける防衛システム（Defensive Systems）の現状について考察する。

以上の３部すべてを考察するには物理、化学、工学、地質学を始め科学的に広範な知識と多角的視点を用意することが必要であろう。しかし、本書では上記の３部に関わる国際法および国内法に焦点をあて、それに関わる限りで諸々の若干の科学、そして国際政治的また戦略的な背景を記述する。

　原子力はその誕生から今日まで国内・外において厳格な法規の下、制御されながら商業利用、また軍事使用されて来た。しかしその厳しい管理の裏では想定外の大きな穴が絶え間なく生じている。本書ではその側面にも触れるように努力したいと考えている。

　原子力は、1940年代後半、アメリカの主導で軍事的使用の禁止を目的とする国際的措置を制定するため、国際的な会議が数回開催されたが、東西間の政治的対立のなか、使用禁止に向けての妥協策を得ることができなかった。しかし第２次世界大戦以来続いた東西間の冷戦（Cold-War）の緊張緩和の兆しが芽生えた1950年代では、核兵器と軍縮に関する国際会議が盛んに開催され、その結果若干の種類の核兵器の使用、所有、実験を禁じるいくつかの多国間条約が発効されている。

　例えばその条約のなかでも２つの多国間条約は核兵器の拡散に歯止めをかける手がかりになったといえよう。その１つは1963年８月、旧ソ連のモスクワで採択された大気圏内、宇宙空間、および水中における核兵器実験を禁止する条約；部分的核実験禁止条約（Treaty Banning Nuclear Weapon Test in the Atmosphere, in outer Space and under Water; PTBT-Partial Test Ban Treaty）であり、さらにもう１つは1968年７月、ロンドン、モスクワそしてワシントンで作成された「NPT」である。

　これら以外には1959年12月「南極条約」1967年の１月「月その他の天体を含む宇宙空間の探査および利用における国家活動を律する原則に関する条約」（宇宙条約）、1971年「核兵器および他の大量破壊兵器の海底における設置の禁止に関する条約」海底非軍事化条約（Seabed Treaty）、1974年アメリカと旧ソ連の二国間の「地下核実験制限条約」、そして1979年「月の非核化のため月および他の天体での各国の活動を律する協定」などをあげることができる。

しかし、上記のような多数の条約が実施されているにもかかわらず核兵器は量的にも質的にもとどまることを知らず増強される一方である。このような状況のなかで、1977年以来国連を中心として全面核実験禁止条約（Comprehensive Nuclear Test Ban Treaty; CTBT）を採択するため核保有国と非核保有国間の交渉が続けられ、採択されているものの未だに未発効で具体的な成果は生み出されていない。

二国間のレベルでも多数の核軍縮交渉が行なわれた。例えば1971年「米ソ間の直接対話に関する協定」（the hot line）、1971年「米ソ間の核戦争の勃発時に危険性を最小限にとどめるための措置に関する協定」1976年「ソ仏間の核兵器の偶発的そして独断的使用を防ぐための協定」1977年「英ソ間の偶発的核戦争の勃発を防ぐための協定」そして1972年および1979年の米ソ間のSALT協定（Strategic Arms Limitation Talks I, II; SALT I, II,）があげられる。

上記の諸条約および協定から重要と思われるいくつかの多国間条約の背景をあげ、その目的および実施過程における各国内法規と摩擦する点にも言及したい。

現在の各保障措置制度および法規には、次の3つの不備点について指摘することができる。

第1には原子力の必然性である商業利用と軍事使用の二面性について厳格に分類し、その対処し得る検証制度の欠陥である。このような状況の下、各国は自国利益および商業中心主義の政策の促進とその支援の法制度化の側面が指摘される。原子力保有国が増加するほど、核拡散を防ぐ任務を使命とする保障措置の効力における黄昏は必然の帰結である。

第2にはIAEAにおける保障措置を実施する人材および最先端の科学的設備や機器の不足である。原子力保有国は科学設備においても人材確保においても競って力を注ぎ、新分野の開発に余念がない。それに対し、IAEAをはじめ地域の当該機関は、財政上の問題もあり最先端の機器および人材確保に困難が生じ、それらを監視するだけの高度な科学技術もすぐれた査察員も欠けているという現状である。

第3には原子力の生産および開発のみを重視する片務的な政策を挙げること出来る。つまりその開発には財源など特別待遇の措置を与え、その安全対策およびその管理には非常に消極的な体制で運営されているのである。現在の各条約締約国の国内法の状況を見ると商業利用の開発のためには政治的、財政的、社会的さらに福利厚生面までも特別待遇を与えている反面、リスク（risk）および危険（danger）における対策は貧弱である。災害および事故防止、また損害など復旧救援制度に対する対応策、その研究体制の整備、特に外部からの攻撃に対する住民、市民保護対策には微力である。開発における投資と比例すれば安全対策面には殆ど進んでおらず、現在アメリカをはじめいくつかの国で核物質および施設防止策など若干の側面について実施しているのみである。

　本書ではこのような点を重視し、関連する国際法また国内法、そして関連の科学的資料、その実例と原子力保有国の状況を分析し、原子力の商業利用との国際管理との相反する二極性について論述し、現存の国際管理制度、つまり「the global non-proliferation regime」の斬新な改革の必然性について言及したい。さらに原子力の商業利用がグローバルヴィレッジ（global village）のセキュリティー（security）に絶え間ない危機と危険を投じている。その危機と危険の根絶にわれわれ人類の英知を注ぐべき時期であると力説したい。

第 1 部

原子力国際管理の胎動

第1章

原子力国際管理の国連への台頭

1 国際管理草案の起草過程

　1944年から1945年にかけて、核兵器（Nuclear Atomic Bomb）が3個製造され、そのうち2個が1945年8月に日本に投下され、第2次世界大戦に終止符が打たれた。

　戦争は終結したが、核に伴う被害は世界戦争歴史上において最も悲惨な記録を残すことになった。核兵器の凄い破壊力について恐怖と畏敬の念を抱く世論は世界的に高まり、特に科学者の「核兵器製造に関する責任」に対する批判は多くの科学者にとって衝撃であった。と同時にそれに対して何らかの答えを出さねばならなかった。そこで科学者らは「科学者同盟（The Allied Scientists）」を組織し、核兵器製造に関する責任に対する謝罪と、今後の原子力（Nuclear Power）の管理に関する指針を発表した。

1）フランクレポート（Frank Report）[1]

　このレポート（Report）は1945年アメリカの科学者グループ（A Group of American Nuclear Scientists）により、当時アメリカのスティムソン（Stimson）陸軍長官に提出されたもので、原子力国際管理に関する提案としては世界で初めてのものである。そこでは2つの点が主張されている。1つは「核兵器（Nuclear Weapons）製造禁止のための国際条約の締結」であり、2つめは「若干の国家の主権を制限することを念頭においた原子力（Nuclear Energy）管理の規制」の確立である。

　さらにもう1つの重要な論点は「日本人に警告することなく、核爆弾を使用

するのは賢明ではない。そのようなことをすればアメリカは世界中の支持を失い、破滅的な競争を促し、そして国際管理協定の策定に傷がつく可能性が高い」ということであった。

フランクレポート（Frank Report）は核爆弾の製造禁止と国家主権を制限して厳格な国際管理体制をひき、核拡散を防止することは勿論のこと、さらに製造済みの核爆弾を日本に無差別投下を阻止することを目的としたものである。

このレポート（Report）には原子力の国際管理の必要性がみごとに展望されており、65年経過した今日からみても、その先見の目を十分に評価することができる。

フランクレポート（Frank Report）の主張の重要性はアメリカの政治家、軍人、学者、一般の社会人までに広がり、アメリカの上院の原子力特別委員会は1945年11月から12月にかけて22人の専門家を呼んで原子力管理に関する聴聞会を開くことにした。

その委員会の報告によれば「現在のアメリカの独占は不安定である。他国が核を製造できる時期については予想がまちまちであるが比較的科学技術の発達している国ならどこでもこれから5年ないし15年以内に核兵器を製造できるみこみがあることは明らかである。」と結論づけた。従ってアメリカのトルーマン（Truman）大統領も原子力の国際管理に関する対策を真剣に講じることになった。

スティムソン（Stimson）陸軍長官は「原子力国際管理問題」とりわけ対ソ交渉について検討し、1945年9月11付のレポート（Report）をトルーマン（Truman）大統領に提出した。その内容の要点は以下の通りである。

(1)核の戦争使用禁止と原子力平和利用について、情報を交換する国際協定を結ぶべきである。

(2)ソ連とイギリスが核製造を断念すればアメリカは核製造を中止し、現存の核を封印するということを提案すべきである。

(3)原子力国際管理問題を国際機構に持ち込めば、長い年月を要することになる可能性が十分考えられるゆえ、ソ連に直接交渉を呼びかけるべきである。

上記の内容を要約するとスティムソン（Stimson）は核のアメリカの独占に不安を抱き、その独占を維持するための対策を講じなければその政策はくずれることは必至であると大統領に報告したといえる。さらにもう1つの注目すべき点はソ連との直接交渉の勧告である。当時、アメリカのバーンズ（Byrnes）国務長官を始めとする対ソ不信が強い中で、ソ連と核国際管理問題でテーブルを共にすべきであるという案は相当勇気のいる提案であったと思われる。しかしスティムソン（Stimson）は第2次大戦の結果、両国、つまりアメリカとソ連は世界の超大国になりつつあるということを察知し、そしてソ連の核製造の可能性が十分あること、しかもそれが数年以内という判断に立った提案であった。つまり「戦争か、平和か」はソ連とアメリカの両国にかかっているという認識であったと思われる。その後、両国は冷戦構造の軸に変遷していくのであるからこの提案を考えてみると非常に秀れた未来の世界図を描いていたといえる。
　トルーマン（Truman）大統領はこのスティムソンレポート（Stimson Report）を閣議にかけたが強い反発、すなわち激しいソ連の不信感に出合い、否決された[6]。のちにこの否決はアメリカの核独占政策の寿命を短縮することになる1つの原因になるのである。トルーマン（Truman）大統領及びバーンズ（Byrnes）国務長官は「原子力に関する科学的知識は世界的に知れわたっているが、その技術的秘密は別物であって、アメリカだけが核製造に必要な科学、技術的能力と資源を持っている」[7]と考え、アメリカの核独占はソ連を含めた他国の科学的技術不足によって相当長年ににわたり継続されることには疑問の余地を抱いていなかった。この過信はソ連を始めとする、フランス、イギリス、中国などによって核製造が着実に進行することになった原因の1つになったといえる。なぜなら、アメリカの思い込みが、ソ連と真剣に原子力の国際管理を論じ、核拡散を防止する対策を講じる絶好の機会を失わせたといえるからである。

2）アメリカ、イギリス、カナダ—三国共同宣言
　トルーマン（Truman）大統領は対ソ交渉を放棄して、原子力国際管理問題を国連の舞台に持ち込むことにするが、その前にイギリス及びカナダと足並みを

そろえる必要が生じた。

　1945年11月、アメリカ、イギリス、カナダの3ヵ国首脳により、「原子力に関する合意宣言（The Agreed Declaration Atomic Energy[8]）」が提出された。その内容は以下の通りである。

　(1)最近の科学的発見の軍事的応用によって、人類はこれまで知られていなかった破壊手段を自由に処理できるようになった。これに対する十分な防御は不可能であり、またその使用を単一の国家が独占する事も不可能である。

　(2)原子力の開発と利用についてはわれわれがなしとげた発明のため、われわれがこの問題でイニシアティブをとる必要があるので、次のような国際的行動の可能性を審議しようとして会合した。

　　(a)原子力を破壊目的に使用するのを防止すること。
　　(b)科学的知識、とりわけ原子力の利用における最近及び将来の進歩を、平和的・人道的目的に利用するのを促進すること。

　(3)われわれは、文明社会を科学知識の破壊的使用から守る唯一の完全な道が、戦争の防止にあることを、知っている。どんな保障措置の体制が案出されようとも、それ自体は、侵略を企図する国による核兵器製造を防ぐ有効な保証とはならないであろう。

　(4)われわれは、原子力の利用に欠くことのできない知識を持つ三国を代表して、最初の寄与として、まず、完全に互恵的になる国ならどこでも、平和的目的の基礎科学文献の交換を進んで始めることを、宣言する。

　(5)科学研究の成果は、すべての国が利用できるべきであり、調査の自由と考えの自由な交換が知識の向上に欠くことのできないものであると、われわれは信じる。この方針に従って、平和的目的の原子力の開発に必要な基本的科学情報はすでに世界に対し利用できるようにされている。今後も時々得られるこうした性質の情報はすべて、同様に取扱われるというのが、われわれの主張である。われわれは、他の諸国が同じ方針を採り、それによって、政治的な合意と協力が盛んになるような、相互信頼の雰囲気をつくりだすことを、期待する。

　(6)われわれは、原子力の実用的産業応用に関する、詳細な情報の公表の問題

を審議した。原子力の軍事的開発は、産業的利用に必要なものと同じ方法および工程に、大いに依存している。

　われわれは、すべての国に受け入れられる効果的、相互的で、強制できる保障措置を案出することができる前に、原子力の実験的応用に関する特殊情報を広めることが、核兵器問題の建設的解決に寄与することを、確信したい。それどころか、それはその反対の結果をきたすと考える。しかしながら、われわれは、原子力の破壊的目的への利用に対する効果的な、強制できる保障措置が案出でき次第、国際連合の他の諸国との相互的関係に立って、原子力の実用的産業応用に関する詳細な情報を分かち合う用意がある。

　(7)破壊目的への原子力の利用を完全になくし、その産業的、人道的目的への最も広範な利用を促進する、最も効果的な方法を達成するため、われわれは、最も早い時期に、国際連合機構の下部に1つの委員会を設け、同委員会をして同機構に提出すべき勧告を作成させるべきであるという意見である。

　この委員会は、最も急速にその任務を進めるよう指令され、またその任務のそれぞれの分野について随時、勧告を提出する権限を与えられるべきである。

　とりわけ、この委員会は、次の目的のための提案を行うべきである。

　　(a)平和目的のための基礎科学情報の交換を、すべての国の間に広げること。
　　(b)原子力の平和目的だけの利用を確実にするのに必要な程度に、原子力を管理すること。
　　(c)核兵器、および大量破壊に応用できるその他一切の主要兵器を、国家の軍備から廃棄すること。
　　(d)取決めに従う諸国を、違反とごまかしによる危険から守るため査察その他の手段による効果的な保障措置を講じること。

　(8)その委員会の任務は段階を追って進めるべきであり、各段階の成功的な完了が、次の段階に着手する前に、必要な世界的信頼が生まれるようにすべきである。具体的には、委員会はまず科学者および科学情報の広範な交換に留意し、第2段階として、天然の原料資源に関する十分な知識の発展に留意することが考えられる。

(9)科学の破壊への応用の恐るべき現実に直面し、あらゆる国は、諸国間の法の規律を維持し、地上から戦争の惨害を絶滅することが何にもまして必要なことを、これまでになく差迫って痛感するであろう。これは、国際連合機構を専心支持し、その権威を固め、拡大し、そうしてすべての人民が自由に平和の営みに献身できるような、相互信頼の条件をつくりだすことによって、初めて達成できる。これらの目的を達成するため、全力をつくすのが、われわれの固い決意である。[9]

この三国共同宣言は「原子力の国際管理、原子力兵器の廃棄、原子力平和利用についての科学情報の交換、査察などの保障措置の設定」という諸問題を担当する委員会を国連の下に創設することを国連に勧告することである。

第2次世界大戦中、ドイツ軍に核製造の可能性及びその爆撃圏内にあるという恐怖感から、いち早くアメリカの核製造に協力体制を講じ、その成功に貢献したのがカナダ及びイギリスである。アメリカがその核を広島、長崎に投下し、数十万人の生命や財産そして環境を破壊したその責任は、日本の侵略の代価として処理し、自らの協力体制で製造した核使用の人道法上の責任からのがれたのである。

ともあれこの三国の共同宣言から明らかに読み取れるように、三国の協力体制により開発された核爆弾を、自らが処理及び管理することを棚上げした上、その原子力の管理において、各国に強力な協力および任務を負わせようとするものである。そして、原子力の効果的な保障措置という制度を利用して国際政治舞台において主導権を行使しようとしているのである。さらに原子力平和利用という名のもとに、三国の産業的利益の増大を試みたといってもよいであろう。このような思惑から着案された世界初の原子力国際管理案が国連の場に登場することになる。従って原子力の国際管理のゆきづまりを最初の段階から背負っていく運命になるのである。つまり「原子力の開発と制限」という相入れがたい論理が展開することになる。

この宣言では、軍事使用面においては「厳格な秘密主義」をとり、そして平和利用面においては、「条件付き国際化」を主張したのである。

この宣言の内容を借りると、「破壊的目的への原子力の利用を完全になくし、原子力の産業的、人道的目的への最も広範な利用を促進する。最も効果的な方法を促進するため、われわれは、最も早い時期に、国際連合のもとに1つの委員会を設け、同委員会をして原子力利用及び管理問題における効果的な方法を作成し、国連に勧告をさせるべきである。」と主張している。

つまり、原子力に関するすべての事業 (activities) は国際的な支配 (control) 下におき、その担当機関を設け、その機関により原子力の商業的利用面において国際化するということである。

この三国首脳の提案により原子力は「核不拡散と商業利用」という相入れ難い運命を背負ってゆくことになる。

3) アメリカとソ連の交渉開始

アメリカ、イギリス、カナダの三国共同宣言により、原子力の国際管理問題を国連の舞台に持ち込む予定がソ連の強い反発によってくつがえされ、アメリカはソ連との交渉を開始しなければならなくなった。上記のスティムソン (Stimson) がトルーマン (Truman) 大統領に提出した勧告案通りになってきたのである。

ソ連は1945年11月1日の「New York Times」に10月3日のトルーマン (Truman) 大統領の議会に送った教書を以下のように論評した。

「新しい兵器の授けをかりて世界制覇を遂げようとするいかなる国の企ても失敗に帰する運命になることを、歴史は説得的に証明している。[10]」そして「アメリカは核外交 (atomic diplomacy) と核による脅迫 (atomic black mail) の手段を使用し、世界制覇をねらっている」と公然とアメリカを批評した。

日本に投下された核の破壊力は人間の想像をはるかに越え、その恐怖感は全世界に広がった。従ってソ連のアメリカに対する批評は、全世界に共感を呼んでいた。アメリカとイギリスはソ連と交渉しなければ国連での原子力国際管理問題が好ましい方法で解決されることはないという判断に追い込まれた。それによってアメリカ、イギリス両国はソ連との原子力国際管理に関する案に対

して交渉を開始することになったのである。

　1945年12月26日からモスクワで米、英、ソ連の三国外相会議が開かれた。その翌日に三国は共同コミュニケを以下のように出した。[11]

　(a)平和的目的のための基礎的科学情報の交換を、すべての国の間に拡げること。

　(b)原子力の平和的目的だけの利用を確実にするのに必要な程度に、原子力を管理すること。

　(c)原子力兵器、および大量破壊に応用できるその他の一切の主要兵器を国家の軍備から廃棄すること。

　(d)取決めに従う諸国を、違反とごまかしによる危険から守るため、査察その他の手段による効果的な保障措置を講じること。

　この共同コミュニケにはアメリカ、イギリス対ソ連の原子力に対する思惑が感じられる。アメリカ、イギリスは(b)(d)なしには(a)と(c)を推進することは考えられないと主張した。一方ソ連は(a)と(c)の規定がなければ(b)と(d)には賛成させるのは難しい状況になるだろうと主張した。このことからそれぞれの国内においての原子力に関する諸状況を読むことができる。

　ともあれ三国は原子力国際管理問題を国連の場に出すことに同意したのである。

4）国連への台頭

　1946年1月10日、ロンドン（London）のウェストミンスターホール（Westminster Hall）で国際連合総会第1回会議の第1会期（The First Part of the First Session of the United Nations General Assembly）が開かれた。

　原子力の国際管理問題は国連の総会の本会議で議題と決定され、国連原子力委員会の創設を求める決議案は、総会第1委員会（政治安全保障委員会）の審議を経て、同年1月24日の本会議で全会一致で採択された。この決議案では、アメリカ、イギリス、ソ連三国外相会議の決定通りであった。その内容は以下の通りである。[12]

国際連合総会は、原子力の発見によって生じた問題およびその他の関係事項を処理するため、次の構成と権能を持つ1つの委員会（a commission）を創設することを決議する。

(1)委員会の創設

　委員会はこれによって、次の第5項に示す委任事項を付して、総会により創設される。

(2)委員会と国際連合諸機関との関係

　(a)委員会はその報告および勧告を安全保障理事会に提出し、その報告および勧告は、安全保障理事会が平和と安全のために別段の支持がない限り、公表されるものとする。適当な場合に、安全保障理事会は前記の報告を、総会および国際連合加盟国、並びに経済社会理事会および国際連合の機構内の他の諸機関に送達すべきである。

　(b)国際的な平和と安全の維持に関する、国際連合憲章に基づく、安全保障理事会は、安全に影響を及ぼす事項につき、委員会に指令を発するものとする。この事項については、委員会は安全保障理事会に対し、その任務に関する責任を負うものとする。

(3)委員会の構成

　委員会は、安全保障理事会の各理事国、ならびに、カナダが安全保理事会の理事国でない場合には、カナダの、1代表をもって構成される。委員会の各代表は、その希望する助力を得ることができる。

(4)手続き規則

　委員会は、それが必要とみなす職員をかかえ、また安全保障理事会に対し、委員会の手続き規則に関する勧告を行い、同理事会はその勧告を手続き事項として承認するものとする。

(5)委員会の委任事項

　委員会は、最も手早くその仕事を進め、問題のすべての局面を調査し、そしてそれらに関し随時、委員会が可能と認める勧告を行うものとする。

　特に、委員会は次の目的を実現するための特定の提案を行うものとする。

(a)平和目的のための基礎的科学情報の交換を、すべての国の間に広げること。
　(b)原子力の平和的目的だけの利用を確実にするのに必要な程度に、原子力を管理すること。
　(c)核兵器、および大量破壊に応用できるその他一切の主要兵器を、国家の軍備から廃棄すること。
　(d)取決めに従う諸国を、違反とごまかしによる危険から守るため、査察委員会の仕事は、段階を追って進めるべきであり、各段階の好調な完了が、次の段階にとりかかる前、必要な世界の信頼を作り出すようにすべきである。

　委員会は、国際連合のどのような機関の責任をも侵害せず、その任務に当たって、国際連合憲章の条項に基づき、上記の諸機関の審議のため、勧告を提出すべきである。

　原子力国際管理問題を取り扱う国連原子力委員会は、国連憲章の規定の枠内で活動することおよび安全保障理事会に勧告案を提出することが任務として認められた。そして同委員会は上記の共同コミュニケでうたっているように、「原子力に関する科学情報の交換、原子力の国際管理、核兵器などの廃棄、さらにその違反による危険に対する保障措置」についての対策及びその処理に関する様々な案を講じることになる。

　原子力委員会の任務の中で最大の機能は「査察、立入り検査等の手段による効果的な保障措置を確立すること」である。従来、国際的なとりきめは条約、協定等の文書での取決めをもって、その履行を約束することが国家間の慣例であった。しかし、原子力の国際管理における効果的な保障措置を執行するためには、国家主権をある程度制限しなければならない。委員会としては、国家主権を制限するという概念をいかに加盟国の納得の行くように対処するかが難問であった。委員会は「国際査察員による現地立入検査」の保障措置を講じなければ、効果的な管理はありえないと考えていたので、各国の主権をどのように、どの程度制限できるかが1つのかなめであった。しかし、例えば、第1次世界

大戦後、1928年に締結された不戦条約においては「国家は、外国の機関による査察（inspection）、あるいは管理（control）を受けるべきでない。制限（limitation）は誠実さに頼らなければならない。」[13]と定めている。それ以来多数の条約が同じ主旨で規定され、その原則は国際社会に確立されている。従って効果的な保障措置を講じるためには、「国家主権の不可侵原則」及び「内政不干渉原則」等、従来確立された国際法の原則を揺るがすことになるのである。この問題は原子力の国際管理の中でも最重要案件として今日まで議論されている。

そして注目すべきもう１つの案件は、「核兵器をはじめ大量破壊兵器を国家の軍備から排除すべきである」という規定である。その時、この規定が採択されたならば今日の核不拡散Regimeの展開からの様々な危機および戦乱は避けることができたはずである。この規定こそ核廃絶につながる効果的なかなめであるといえる。

5）アチソン・リリエンソールレポート（Acheson-Lilienthal Report）

アメリカは1946年３月にアチソン・リリエンソールレポート（Acheson-Lilienthal Report）[14]という有名な報告を委員会に提出した。正式名は「原子力国際管理に関する報告」（The Report on the International Control of Atomic Energy）である（以下アチソン報告という）。

この報告においては、原子力の諸側面が総合的に考察され、広範な項目につき勧告が行なわれた。その主なものを拾いあげてみる。

(1)核物質は非軍事的目的の生産に必要な核燃料と同様のものである。つまり核燃料を製造するための分離および精錬工場は、軍事用にも平和目的にも利用できるわけである。それは全くその最終的生産物がどのように使われるかということのみが問題となる。従って査察体制が確立されても、核物質の軍事的目的への転用を完全に防止する保障措置は困難である。

(2)現在、核兵器に対する適当な軍事防衛というのは存在しない。

(3)原子力に関する諸活動は危険な活動と安全な活動に区別する。平和目的の

利用のための核物質の使用は、安全な活動として国家の管理下に置く。それは医学等の研究における放射性トレーサー（radioactive tracers）の使用などの活動も含む。一方、危険な活動は核原料の保有を始め、核分裂性物質製造などである。しかし現在、危険な活動と安全な活動とのあいだにはっきりとした線をひくことができない。それ故平和利用目的のための原子炉などは国際原子力開発機関（The International Atomic Development Authority、以下 IADA という。）の査察下におく、等である。

　すなわち原子力に関するすべての活動は「危険な活動」（dangerous activity）として認識し、各国の主権下のそとにおき、国際的な機関の管理下におくこと。さらに核物質は国際的な所有権（International Ownership）下におき、またその運営（management）も国際的な機関に任せることである。

　その IADA にはどの国家の査察（Inspection）も受けることなく４つの権限を与える構成になっている。４つの権限とは、１．ウラニウムとトリウムの世界的貯蔵の所有権及び効果的貸与権、２．あらゆる原子炉及び分離工場の建設と運営する権限、３．無限の研究活動、４．直接的運営し支配下にないすべての原子力の活動を査察できる権限である。

　このアチソン報告のねらいはアメリカの原子力商業利用において世界の主導権を握り、莫大な経済的利益を見込んでの政策と核兵器の独占政策の維持であったと思われる。報告の中で「今日、アメリカは事実上原子力兵器を独占しているがそれは一時的なものにすぎないだろう。」としながら「核物質の軍事的目的への転換を防止する保障措置としての多国間条約の義務というものは、信義だけが頼るべき保証であるゆえ突然の条約違反の恐怖というものがどんな信頼をも破壊してしまうだろう。」といい IADA の創設を提案し、その IADA に強い権限を与え、世界の原子力を支配することを主張した。その当時はアメリカのみに原子力の諸活動における技術、設備、開発の努力を保持していた。それ故、アメリカの手によって IADA は運営せざるを得なくなる。従ってアメリカは原子力の分野での独占政策をはかることが容易であった。

　上記のように原子力における国際管理は初めの段階から政治、軍事、経済、

第1章　原子力国際管理の国連への台頭　25

科学的諸問題を背負って出発することになった。

2　アメリカの提案（The Baruch Plan）

　アメリカは、1946年6月に国連原子力委員会第1回会議にアメリカの政府案として「原子力の国際管理案」を提出した。その内容は上記のアチソン報告の超国家的な機関（Supranational body）の創設という案を柱としたアメリカの軍事面の原子力（military atomic）の独占政策を成功させようとする強い意志の込められた案であった。[15)] 提案された管理案の骨子は次の通りである。

1）バルーク案（The Baruch Plan）の骨子
(1)総　則
　機関は、核物質各種の形態の所有、支配、許可、操業、査察、研究、および権限をもつ機関職員による経営を通じて行う、原子力の分野の管理のための十分な計画を立てるべきである。これが提供された後においては、関係諸国における経済計画ならびに現在の個人、法人および国家の諸関係に対し、できるだけ干渉を少なくすべきである。

(2)原　料
　機関、その最も初期の目的の1つとして、ウラニウムとトリウムの世界中の供給に関する、完全で正確な情報を入手し、保持し、ウラニウムとトリウムをその支配下におくべきである。そうした原料の各種形態の鉱床の管理の精密な様式は、異なった状況に包含される地質的、採掘的、精錬的、および経済的事実に依存しなければならないであろう。

　機関は、ウラニウムとトリウムの世界的地質の最も完全な知識を持てるよう、絶えず踏査を行うべきである。ウラニウムとトリウムの世界的資源に関するすべての現在の情報が、われわれすべてに分かった後初めて、その生産、精錬、および配分についての公正な計画を立てることができる。

(3)第1次生産工場

機関は、核分裂性物質の性質の完全な経営管理を行うべきである。これは機関が、危険量の核分裂性物質を生産するすべての工場を管理し、運営すべきであり、またそれらの工場の生産物を所有し、管理しなければならないことを意味する。

(4)核兵器

機関は、核物質の分野における研究を行う独占的権利を与えられるべきである。核物質の分野における研究活動は、機関が原子力の分野において知識の第一線に立ち続け、核兵器の不法製造を阻止する目的を達成できるために、欠くことのできないものである。機関の立場を、最も事実に通じている機構として維持することによって初めて、機関は本質的に危険な活動と危険でない活動とを区別できるであろう。

(5)活動と物質の戦略的配分

安全にとって本質的に危険であるため機関の独占的委任に帰した活動は、世界中に配分されるべきである。同様に、原料と核分裂性物質の貯蔵も集中化されてはならない。

(6)危険でない活動

機関の機能は、原子力の平和時の利益の増進であるべきである。

原子力研究所（ただし爆発物を除く）、研究用原子炉の使用、危険でない原子炉による放射性追跡標識用物質（radioactive tracers）の製造、同物質の使用、ならびに、ある程度までの動力の生産は、機関からの合理的認可取決めに基づき、各国およびその国民に開放されるべきである。変性された物質の使用も、われわれの知っているとおり適当な保障措置を必要とし、同物質は機関により、貸与その他の取決めに基づいて上記の目的のために供給されるべきである。変性化は一般に、安全手段として過大評価されてきたように思われる。

(7)危険な活動と危険でない活動の定義

危険な活動と危険でない活動との間には合理的な境界線をひくことができるが、その境界線は厳格で固定したものではない。そのため、問題をたえず確実に再検討できるように、また変化する状況と新しい発見が必要とするような、

境界線の改訂を許すように、規定を設けておかねばならない。

(8)危険な活動の操業

ウラニウムまたはトリウムを処理する工場が、いったん危険な使用の可能性に達した後は、機関による最も厳格で十分な査察を受けねばならないばかりでなく、その実際の操業も、機関の経営、監督および管理下におかれる。

(9)査　察

本質的に危険な活動を機関に独占的に委任することによって、査察の難しさは減少する。機関だけが危険な活動を合法的に行える唯一の機構であるとすれば機関以外のものによる明白な操業は、はっきりした危険信号となるであろう。査察はまた、機関の認可権能とも関連して、行われるであろう。

(10)立入の自由

機関の権限をもつ代表はすべて、その適切な立入が保証されねばならない。機関の査察活動の多くは、機関の他の機能から生じ、またそうした機能に付随して起こるものである。

査察の重要措置は、原料の厳重な管理と関連するであろう。というのは、それがこの計画の中枢であるからである。原料に関係する試掘、探査、および研究の継続的活動は、機関が認められているその開発機能に役立つだけでなく、諸国家またはその国民によって、原料での分野で不正な操業が行われないよう保証するためにも役立つようにされるであろう。

(11)職　員

機関の職員は、立証された能力を基礎にして募集されるべきであるが、またできるだけ国際的基盤に立って募集されるべきである。

(12)段階による発展

管理体制の創設に際しての初めの一歩は、機関の機能、責任、権限、および限界を、広範な条項で規定することである。機関の憲章がひとたび採択されたとしても、機関ならびに、機関に対して責任を保つ管理体制が完全に組織され、有効なものになるためには、日時を要するであろう。だから、管理計画は段階を追って実施されねばならないであろう。これらのことは、機関の憲章に明記

されるべきであり、そうでなければ、この委員会を創設した国際連合総会の決議のなかにも含まれているように1つの段階から他の段階への移行のための方法が機関の憲章のなかに設定されるべきである。

⒀ 公　表

国連原子力委員会の審議において、アメリカはその主張する諸提案の適当な理解に欠くことのできない情報を提供する用意がある。それ以上の公表は、すべてのものの利益に合うよう、条約の有効な批准にかかっている。機関が実際に創設された際は、アメリカは他の諸国とともに、機関に対し、機関の機能遂行に必要な、前述以上の情報を提供するであろう。国際管理の継続的段階が進むに従って、アメリカは、各段階が必要とする程度まで、この分野における活動の国内管理を、国際管理に移籍する用意がある。

国際管理機関が設立されたとき、各国の機関（bodies）に許される管理の程度については、問題があろう。原子力の管理と開発のための国家的機関（authorities）は、機関（the authority、国際原子力開発機関）の有効な運営に必要な程度まで、機関に従属すべきである。これは、国家的機関の創設を是認するものでもない。この委員会は、そのような国家的機関の義務と責任の範囲の境界を明確にすべきである。

2）バルーク案（The Baruch Plan）の概要

バルーク案を要約すると次の3つの主要点にわけることができる。

a．国際原子力開発機関（International Atomic Development Authority）の創設[16]

この機関の主な任務は、1．潜在的に危険であるすべての原子力活動を完全経営管理（complete managerial control）、又は所有、2．各国の原子力活動に関するライセンス（license）の許可、監督（Surveillance）、効果的な管理（effective control）する権限、3．原子力の平和利用の育成の義務、4．当機関による科学分野の知識人、つまり原子力分野の世界的な権威者における研究、開発の責任とそれを実行するための法的権限を与えること、などである。

b．核兵器の禁止

兵器としての原子力を使用及び活用した場合、国際犯罪として宣言すると同時に、それに相当する制裁を含む規定を定めること。規定には「核兵器の製造を停止する事また現在所有している核兵器は条約の規定によって処分する。そして原子力生産に関わる全ての情報を機関が所有すべきこと」などを明記する。

c．拒否権

原子力を破壊的目的のために開発、あるいは使用しないという重大な規定に違反した者を擁護するため拒否権が使われてはならない。従って安全保障理事会常任理事5ヵ国の拒否権を原子力開発機関の管理（control）及び査察任務に許してはならない、などである。

上記以外にアメリカは国際的な原子力管理のため、核物質の生産から移送などにおける総合的な安全管理案を提案した。

このバルーク案は原子力に関するすべての活動から各国の主権を排除することをねらったものであるといえる。この提案の後、各国は原子力に関する活動は特別事項（the exception）として国内法が及ばないように対処を始めた。しかし、ソ連はこのバルーク案に対して強く反発した。特に「拒否権の無視」と「各国の原子力活動を国際機関が管理」するという2点は絶対に容認してはならないと強く主張した。国際原子力委員会の第1回目の会議はソ連代表の反対意見以外は手続きに関する若干の討議を経て終了した。

3　ソ連の提案（The Gromyko plan）

ソ連は原子力委員会第1回会議のアメリカ案に対処するため、1946年6月19日第2回会議においてソ連の政府提案としてグロムイコ案（The Gromyko plan）[17]を提出した。その主な内容以下の通りである。

1）グロムイコ案（The Gromyko plan）の骨子

(1)原子力大量破壊目的への使用に基づいた兵器の生産と使用を禁止する国際条約の締結に関する提案

(2)原子力委員会の仕事の機構に関する提案

原子力の大量破壊目的への使用に基づいた兵器の生産と使用を禁止する国際条約草案

〔ここに署名国の名を列記する〕

原子の分裂、ならびに、世界人民の福祉の増進と生活水準の向上のため、および人類の利益に資する文化と科学の発展のために、原子力を入手し、使用することに関連する、偉大な科学的発見の大きな意義を認識し、

原子力の分野における科学的発見を、すべての人民が、世界の人民の生活条件の改善とその福祉の増進、および人類の文化の一層の向上のために、最大限利用するのを、あらゆる方法で促進する。

原子力分野における偉大な科学的発見が、大きな危険、とりわけ、これからの発見が核兵器として大量破壊の目的に使用された場合に、平和な都市と一般住民に大きな危険を与えることを十分に自覚しつつ、国際的取決めがすでに、戦闘における窒息性、毒性その他同様のガス、液体、個体および加工品(processes)、ならびに細菌学的手段の使用を禁止しているという事実、またこれらの使用が文明世界の世論により正しく非難されているという事実の重大な意義を認識しつつ、さらにまた原子力兵器を人類の大量破壊兵器に使用することの国際的禁止が、全世界人民の希求と良心とに一層大きく応えるものであることを考慮しつつ、これらの科学的発見が人類の危害に、また人類の利益に反して、使用される危険を防止することを堅く決意し、原子力の利用に基づく兵器の生産及び使用を禁止する条約を締結するよう決意し、この目的のために全権委員を任命し〔ここに全権委員の氏名を列記する〕、委員はその正規のものであると分かった信任状を提出した後、次の通り協定した。

第1条　締約国は、原子力利用に基づく兵器の製造および使用を禁止するよう全会一致で決議し、またこの目的のために次の義務を負うことを厳粛に宣言する。
　　　(a)どんな状況の下においても、核兵器を使用しないこと。
　　　(b)核兵器の生産および貯蔵を禁止すること。
　　　(c)本条約の効力発生の日から3ヵ月の期間内に、完成品であること未完成

品であることを問わず、核兵器のすべての貯蔵を破壊すること。
第2条　締約国は、本条約の第1条の違反が、人類に対する最も重大な国際犯罪であることを宣言する。
第3条　締約国は、本条約の効力発生の日から6ヵ月の期間内に、本条約の規定の違反者に対する厳重な制裁立法（注、国内立法を意味する）を完了するものとする。
第4条　本条約は無期限に存続する。
第5条　本条約は、国際連合の加盟国であると、非加盟国であるとを問わず、どんな国にもその加入のため開放されているものとする。
第6条　本条約は、安全保障理事会による承認の後、そして国際連合憲章第23条に記載された国際連合のすべての加盟国（安全保障理事会の理事国）を含む調印国の半数が批准し、批准書を保管のため国際連合事務総長に寄託した後に、効力を発生する。
第7条　本条約の効力発生後においては、国際連合加盟国であると、非加盟国であるとを問わず、すべての国を拘束する。
第8条　本条約はロシア語、中国語、フランス語、英語、およびスペイン語の条約文をもって正文とし、これを1部作成して国際連合事務総長の記録保管所に保管する。事務総長は、すべての条約当事国に対し、認証謄本を送付するものとする。[18]

2) グロムイコ案（The Gromyko plan）の概要

　グロムイコ案は二本立てになっており、1つは原子力の大量破壊目的のため、兵器の生産及び使用禁止のための国際条約の締結であり、2つめは原子力委員会の任務に関する規定の提案である。
　主要な点は以下の4点である。
　a．核兵器の使用、製造及び貯蔵を無条件に禁止し、さらに既成の核兵器は核兵器禁止国際条約の発効後3ヵ月以内にすべて廃棄すること。
　b．核兵器の使用、製造、貯蔵の禁止に対する違反は、人類に対する最も重大な国際犯罪であるということを宣言すること。
　c．核兵器禁止国際条約の加盟国は条約発効後6ヵ月以内に、同条約の違反に対する制裁の国内立法を完了すること。

d．最後に国連安全保障理事会の5常任理事国の拒否権を、原子力の分野でも持つべきことなどである。

グロムイコ案の原子力の核兵器への転換、製造、使用の禁止についての提案は、バルーク案とほぼ一致するが、バルーク案の骨子である「超国家的な国際機関」の設置と「五大国の拒否権の排除」などは上記のすでに述べたように否定し、あくまでも原子力の活動を各国の国内事項として取り扱うこととした。これはソ連が原子力の開発に全力をあげており、つまりソ連も早い時期に核兵器の製造に成功することを暗に示したものであった。

4　初期における両大国の草案の審議状況

1946年6月に両大国はそれぞれの原子力の国際管理草案を国連原子力委員会に提出した。

国連原子力委員会は両国の草案と同委員会下に設けられた科学技術委員会（Scientific and Technical committee）から1946年9月に提出された報告を含む3つの草案に対して審議を行った。

特にソ連は1947年6月に上記の3つの案を十分に検討し、その結果を原子力委員会12回会議に「原子力管理に関する国際協定または国際条約の基本的規定」という案を提出した。

1）初期段階

ソ連案においては、第1回目の案に加えて次ぎの2点を提案した[19]。第1には「国際管理委員会による原子材料と原子力生産の施設を定期的に査察する。また原子力兵器禁止の条約（convention）の違反の疑いが生じた場合には、特別調査（special investigation）を行う」こと。さらに第2には、「原子力兵器禁止国際条約の署名国は平和目的のための原子力の利用方法を開発するため科学的研究を無制限に遂行する権利を持つ」ことである。

上記の2つのソ連案はアメリカ案とは非常に隔たっていたため原子力国際管

理問題の審議に大きな発展はみられなかった。

　ソ連は最初の案で原子力の諸活動は国内事項であるから国際機関が関与するのは許されないと主張したが、2回目の提案では国際管理委員会による原子力のいくつかの面においてのみ査察を行うよう提案した。

　しかしこのソ連の提案はイギリス、カナダの同意を得たアメリカ案とはやはり相当の隔たりがあった。つまりアメリカ案は「超国家的な国際機関」を設け、その機関に査察でなく監視（supervision）、経営（management）、許可（license）の権限を与え、原子力に関する諸活動には国家の主権を排除することを主張したからである。

　国連原子力委員会での原子力国際管理問題に関する審議は、アメリカとソ連の提案を中心に進行し、そしてこの二大国の対立は深まりつつあった、従って他の各国の委員は原子力国際管理問題に関して活発に議論することを控えはじめ、また両国の対立が深まるにつれ、この問題に関する審議の場もまもなく泡沫のように消えていった。各国の委員がこのような態度をとったことにはもう1つ理由があった。それは二国の提案は結局のところ二国の軍事力の首位争いであることを認識したからであった。

　この二大国の提案の主要な相違点について分析してみる。

2）米・ソの対立

　まず原子力の開発に関する諸問題に対しては、ソ連はあくまで「国内的問題として処理」することを主張すると同時に、「国際的な評価」とそれに関する制裁を安全保障理事会で行うことを主張した。勿論、安全保障理事国の5常任理事国の拒否権の行使も主張した。

　アメリカは原子力に関する諸活動は「国際的な事項」として「超国家的国際的機関により厳重な管理」を主張すると同時に、国家の主権を排除し、それに関する違反行為に対する制裁は、国連安全保障理事会で拒否権を認めない、多数決で処理することを主張したのである。

　その背景にはアメリカは原子力に関する諸方面において当時唯一の先進国で

あるゆえそれらを独占し、軍事、経済、政治、科学等の面において常に首位を維持しようとする思惑があったといえる。

一方、ソ連は原子力に関してはアメリカに遅れをとっていた。それだけに原子力に関する情報や技術を入手し、当時開発中であった核兵器の完成とともに、原子力商業利用も図っていたのである。つまり二大国の主張は、原子力を保有し、今後も独占しようとする国と、原子力の非保有国で、それを早期に入手しようとする国との対決であった。

以上のような状況のもとで、原子力国際管理が審議されるにつれ、原子力に関する様々な問題が、国際法及び国内法における多様な変化を要求していくのである[20]。

原子力委員会は1946年12月、1947年9月、1948年5月の3回にわたり国連安全保障理事会にレポート（Report）を提出した。

安全保障理事会で3年間にわたり審議した国際原子力委員会からのレポート（Report）を討議したがアメリカ、ソ連の対立によって国際原子力管理に関する条約、その対策の方法に関する具体的な措置は1つも確立されることなく、原子力問題に関しては引続き交渉が必要であると結論づけ、原子力委員会の6常任国（the six permanent members of UNAEC）に原子力国際管理主題（the topic of the international control of atomic energy）において「交渉をつづけ各国が受け入れ可能な措置を確立すること」を委ねた。しかし6常任国は、アメリカ、ソ連の激しい冷戦の中でおありを経て、結局なんの成果も実ることなく解散することになる。具体的にいうと原子力国際管理の審議の場で、ソ連は「中国の代表は1つの党の代表である」。つまり国民党の代表である故、交渉の資格がないという主張をし[21]、その結果、すべての審議が中断され、ついに1952年1月11日国連総会第5回決議502(Ⅵ)によって国連原子力委員会は解散することになった。

国連原子力委員会は長い年月を費やしたわりにはただ1つの結論のみ、つまり「原子力の国際管理は技術的に可能である（technologically feasible）」を提示したのである。

5　原子力商業利用の始動「Atoms for Peace Plan」

1950年代に入り原子力の独占が不可能であることが確実と判断したアメリカは、原子力の商業利益（commercial interests）の増進をはかるため、原子力法（the McMahon Act）[22]を改正し、民間用の原子力（civil nuclear energy）の開発に全力を注ぐことになった。

アメリカは原子力を国際的な商業営利のため、その世界の市場を独占しようと、原子力平和利用とその国際管理問題を再び国連の舞台に登場させた。

1953年12月8日国連総会において当時のアメリカ大統領ドワイト D. アイゼンハワー（Eisenhower, Dwight D.）による「原子力平和利用計画」（The Atoms for Peace plan）[23]という有名な演説が行われた。その内容は以下のように要約することができる。

1）原子力平和利用計画（The Atoms for Peace plan）

(1)核兵器を兵士の手からとりあげるだけでは十分ではない。軍事面の枠を取り除き、かつ平和技術のために使用する方法を知っている人々の手に渡す必要がある。

もし核軍拡競争の傾向が逆転されれば、その破壊的な力は、すべての人類の利益のために恩恵をもたらすものであることを米国は知っている。

核エネルギーの平和利用は将来の夢ではないことを米国は知っている。この可能性はすでに実証されているものであり、今日現存するものである。全世界の科学者及び技術者がその着想を試し発展させるために適量の核分裂性物質を持つならば、その可能性は、速やかに広汎、効率的および経済的な活用に変形されることに誰も疑いをいだくことはないであろう。

(2)核からの恐怖が東西陣営の政府および民心から消滅するのを早めるために、今から何らかのステップがとられるべきである。

以下を提案する。

主たる関係国はIAEAに対し基本的考慮の許す範囲内で、保有するウラン及び核分裂性物質から共同して拠出を行う。われわれはIAEAが国連の後援を受けて設置されることを期待する。
　拠出の割合、手続きその他の詳細は前述「private conversation」で討議される。
　米国は、これらの探究を誠実に行う用意がある。同じ誠意をもって実施している米国のいかなるパートナーも米国が非合理的でなく、かつ度量の狭い仲間でもないことを見出すであろう。
　このプランへの最初かつ早期の拠出は量的に少ないものであろう。しかしながら、この提案は、世界的な査察及び管理の完全に受け入れられるシステムを説定するための企図に付随するいらだちおよびお互いの疑惑をまねかないで受け入れられるので大きな価値をもつものである。
　IAEAは拠出された核分裂性物質の保管、貯蔵及び保護につき責任を負う。
　科学者の創造力は、そのような核分裂性物質の貯蔵が占有を阻害することから免れる特別な安全条件を提供するであろう。
　(3) IAEAのより重要な責務は、核分裂性物質が人類の平和的要求に役立つよう配分する方法を考察することにある。専門家が原子力を農業、医学及びその他の平和目的活動の需要に適用させるために動員されるであろう。特別の目的として、世界の電力不足の地域に豊富な電力を供給することがある。拠出された力は人類の恐怖よりも必要のために役立つであろう。

　2) ピースプラン (Peace Plan) の概要
　このピースプラン (Peace Plan) はバルーク案とは明確な相違点を打ち出した。バルーク案は「原子力の軍事、民事利用 (the civilian and military application of atomic energy) は人工的な分離 (artificially separated) は不可能である。」と定め、その立場に立って国際管理を構成した。つまり、「すべての危険性を内包している原子力の活動は完全な国際的な査察 (the full international inspection) 制度を確立すべきだ。このような制度は総合的な核軍縮 (total nuc-

lear disarmament) につながる」とい原則を定めたのである。それに対し、ピースプラン (Peace Plan) ではアメリカは上記の原則を廃棄して以下のような提案を新しく提示した。

(1)原子力の軍事、民事利用は効果的な保障措置と査察 (effective safeguards and inspection) を通じて技術的に分離することができる。

(2)それ故、全原子力活動における通商規制 (an embargo) をとる必要がない。

しかし高度な慎重さを要する原子力設備においては (on certain sensitive nuclear facilities) 規則により管理すべきである。

(3)そのような原子力の設備の管理が最終的に核軍縮の達成に有効な措置だとしても、その管理が「核軍縮の戦略 (a disarmament strategy)」として認識すべきではない。そしてその管理は「非核保有国 (non-nuclear-weapon States; NNWS)」のみ適用すべきである。

アメリカは「適当な保障措置[24] (appropriate safeguards)」を多国間、二国間の条約及び協定に定め、原子力の商業利用を拡大しつつ、原子力市場を独占する[25]ことを強く打ち出した。さらにピースプラン (Peace Plan) は核独占を目的とした政策の実現を目指したものであった。このような政策、特にグループ独占の案にアメリカ、ソ連を始め、安全保障理事会の5常任理事国は同意を寄せ、原子力国際管理案を講じてゆくのである。つまりその政策のうらには自国の核保有を念願しながら、他方においては他国の核保有を防ぐことを意図したものである。その上、非核保有国を固定化した上、自国の原子力を「平和利用」という美辞麗句で飾り、その経済的利益と政治的影響力を保持しようとするものであった。

この企てはこの時点から、原子力国際管理面において長く展開されていくのである。

1) Text of Report reproduced in Robert Jungk, Brighter than a Thousand Suns: A Personal History of the Atomic Scientists, Robert Jungk, 1956, Translated 1958, Harcourt

Brace Jovanovich, Orlando, Florida Authors, readers, critics, media ― and booksellers. Duck and Cover Posted by Kirsten Berg, August 6th, 2008. http://www.powells.com/blog/?p=3637

2) Hewlett. and Anderson, O. Jr, vol. I, A History of the United States Atomic Energy Commission the New World, 1939 / 1946, p. 366, Pennsylvania State University Press, 1962.

3) Report of Senate Special Committee on Atomic Energy. Atomic Energy Act of 1946, April 19,1946.

4) P. Szasz, The Law and Practices of the International Atomic Energy Agency, IAEA 1970, Legal Series No7.

5) Henry l. Stimson and McGeorge Bundy, On Active Service in Peace and War, 1947, pp. 642-648.

6) Deciding to Use the Atomic Bomb: The Chicago Metallurgical Lab Poll, July, 1945, Bulletin of the Atomic Scientists, A Magazine of the Science and Public Affairs, October-1958.

7) New York Times, October 8,1945.

8) IAEA, Legal Series No7.1970.

9) Colonel M. Tolchenor, The Atomic Bomb Discussion in the Foreign Press, New York Times, November 1,1945. p. 17.

10) The Department of State, The International Control of Atomic Energy, Growth of a Policy, p. 127.

11) Year book of the Untied Nations 1946-47, pp. 64-65.

12) New York Times, August 19, 1926.

13) Report on the International Control of Atomic Energy, 1961. The Acheson-Lilienthal Report, Department of State publication 2498. Washington, 1946.

14) The Department of State, The International Control of Atomic Energy, Growth of a Policy, pp. 141-146.

15) Nuclear Proliferation Fact book, Congressional Research Service, Library of congress, August 1985.

16) Origins and Early Years-Peace through scientific co-oporation became an abiding purpose, IAEA Bulletin, Vol, 2,1987.

17) The Department of State, The International Control of a Policy, pp. 209-216. 前田寿『軍縮交渉史 1945年―1967年』(東京大学出版会、1968年) pp. 20-35.

18) Official Records of the Atomic Energy Commission. Second year, No2.

19) Ibid Third Year, Special Supplement, Third Report to the Security Council, pp. 25-29.

20) Official Records of the Atomic Energy Commission.
21) Ibid.
22) 1954年に1946年の原子力法（The Atomic Energy Act）を改正した。それにより商業用の原子力（Commercial Nuclear Power）及び設備などの輸出そしてその運営に協力することをアメリカの民間企業に許可したのである。
23) Document on Disarmaments, 1945-1959, pub. No7008, United States Government Printing Office, 1960, Vol. 1
24) The Atomic Energy Act of 1954(Pub. L. No83-703)
25) Ibid. Section 123.

第2章

国際原子力機関の誕生

1 機関の創設の背景

　1956年10月26日、70ヵ国が国際的な特別協定（special agreement）であるIAEA憲章[1]に署名した。

　これは82ヵ国が1ヵ月にわたって審議した結果、成立したものである。11年間にわたる国連を初め、東西間の交渉、特に米・ソ間の数十回の会議の末、ようやく原子力を管理するIAEAが誕生したのである。その経過を若干たどってみる。

　米・ソのいわゆる原子力国際管理案における冷戦の期間（1949—1955年）、原子力に関する交渉の門戸は閉ざされていた。しかしソ連は原爆の開発に成功し、また商業利用にも相当の技術力を誇示できるようになるにつれ、原子力の国際管理は自国の利益は勿論、国際的な安全保障の面からも必要であると認識し始めた。そこでソ連はアメリカの国際管理案に対して保障措置の実施という点を除き、他は全面的に支持する態度をとった。そして1955年11月、12ヵ国で構成された「機関憲章作成委員会」に参加するようになったのである。ソ連の参加によってようやく機関憲章の草案が最終文書（The final text）の段階に至ることになる。それ以前に2回に草案が提出されている。

　初めは1955年8月22日、8ヵ国の作成国によるもので、8ヵ国草案（the eight power draft）[2]呼ばれ、2回目は1956年4月18日12ヵ国の作成国による12ヵ国草案（the twelve power draft）[3]と呼ばれるものである。

　3回目はソ連も参加のうえ採択された最終文書（the final text）[4]である。その内容は国際管理草案段階に審議されたので、内容もほぼ同じである。しかし参

加国すべてが IAEA の創設の必要性に同意したものであり、ここに原子力の国際管理の第1歩を踏みだすことになったのである。原子力の国際管理における初期段階の詳細な内容は、第**3**章を参照されたい。

2　機関憲章

　機関憲章[5]（The Statute of the International Atomic Energy Agency）は1956年10月23日、国連総会において採択され、1957年6月29日効力が発生した。現在までに1963年1月31日第5回および1973年6月1日の第14回、また1989年12月28日の IAEA 総会において3度改正されている。日本は1957年に批准している。2008年12月現在の当事国は145カ国である。また、IAEA は政府間機構および NGO 組織と正式な協定を締結し、2008年までに51年間、2326人の専門家と補助スタッフを活用し、原子力の国際管理の任務に専念している[6]。

　憲章は本文23条および付属書（Annex Ⅰ）で構成されている。本憲章の目的は第2条「全世界における平和、保健（health）および繁栄に対する原子力（atomic energy）の貢献を促進（accelerate）し増大（enlarge）するよう努力しなければならない。」そして「核物質が軍事的目的（military purpose）を助長（to further）するような方法で利用されないことを確保（to ensure）しなければならない。」ということである。つまり機関が自ら提供した核物質または要請により提供された核物質が、商業目的のみに利用されることを保障することである。

　また機関の任務は第3条 A 項において任務達成のため行う権限として、「全世界における平和的利用のため原子力の実用化を奨励し、かつ援助し、原子力活動全般において援助を要請する国との間で仲介者として行動し、科学上、技術上の情報の交換を促進する」、そして「保障措置を設定する」と定めている。

　さらに第12条には機関の保障措置について定められている。保障措置の詳細は次章で述べる。

　機関憲章は世界平和を促進するため2つの重大な任務を負い、それらの任務

を遂行するため、制度上の対策は一応確立しているといえる。しかしその運用面で国際法と国内法の管轄の決定基準の不明瞭さにより、本文にうたわれている主旨を実現するにあたっては、困難が予想されていた。しかしこの憲章、特に目的は文言上においては評価できると思われる。つまり全世界における平和・保健および繁栄に対する貢献を促進し、さらにその具現に一層の努力をしなければならないとし、機関および加盟国に対し、「努力義務」を課している点である。これは原子力を商業活動のみに応用するよう限定制度を確立していることになり、核拡散防止の最初のステップとして評価できる。

1) 加盟国の資格 (Member Ship)

　原子力機関の原加盟国はこの憲章が署名のため解放されてから90日以内にこの憲章に署名した国際連合またはいずれかの国連専門機関に加盟している国に限られた[7]。その当時、国連にも国連専門機関にも加入していない中国、北朝鮮、東ドイツ、モンゴル、ベトナムを除くすべての国が加入する資格を有していたのである[8]。原加盟国は57ヵ国である。

　原加盟国以外に原子力機関の加盟国になるためには、理事会の推薦をうけ、総会での承認が必要になる（第4条B項）。そして理事会および総会は、「いずれかの国の加盟国として勧告し、および承認するに当たり、当該国が当機関の義務を履行する能力および意志を有することと国際連合憲章の目的および原則に従って行動するその国の能力および意志に妥当な効力を払った上で、加盟資格に関し決定をすること」と定めている。

　前記のように加盟国の地位を決定する際に、当該国が当機関の義務を履行する能力、さらに国連憲章の目的および原則に従って行動する当該国の能力に妥当な考慮 (due consideration) を払う点は、他の国連機関の加盟国地位に関する決定規定よりはやや厳しい内容である。これは原子力がもたらす核兵器拡散とその使用による破壊力が世界平和に対しきわめて高い脅威をもたらす可能性が濃厚であり、それゆえ厳格に規制することが望まれたからである。

2) 組　織 (Organs of Agency)

機関には3つに組織がある。すなわち総会（第5条）、理事会（第6条）、事務局（第7条）である。これら3つの組織の中で、理事会は特に機関の全般的活動に対して強い権限（preponderant authority）を持っている[9]。その理由は理事会の構成国資格が原子力に関する技術（原料物質の生産も含む。）が最も進歩した加盟国に限られているからである（第6条A項1）。従って理事会のメンバーは核分裂物質およびウラニウム、トリウムといった資源を有し、また技術的にも進歩しているので、機関の事業に大いに協力することができるだけでなく、機関の任務遂行はそれらの国々にたよらざるを得ないという状況である[10]。

8ヵ国草案（the eight-power draft）では、理事会の構成国は原子力開発において充分な技術力とそれに必要な核分裂物質（fissionable materials, uranium）などを保有する国、すなわち機関の諸事業に貢献できうる国のみに規定している。

しかしこの案に対しては、1954年第9回国連総合において、発展途上国などから理事会の構成国配分の不平などに対し、修正の要求が続出した[11]。これは原子力に関する技術および原料物質生産力の保有国（以下保有国という）と、それらの非保有国との対立であった。非保有国は理事会における発言権を獲得し、原子力の運営に関する諸決定に直接参加することを主張した[12]。

1955年第10回国連総会においてインドネシアの代表は、IAEAの理事国の構成に関し、「原子力保有国（the haves）と非保有国（the have-nots）、そして原子力産業の物資生産国（the producers of manufactured goods）、と原料物質の供給国（the suppliers of raw materials）との区別は産業革命初期における不平など（inequalities）政策の反復である」と非難すると同時に、当該機関の理事国の構成においては地域配分原則（the principle of equitable geographic distribution）の採択を強調したのである[13]。このような開発途上国の主張により、8ヵ国草案に加えて地域配分原則が採択され、現行第6条A項1と2項(a)、(b)、(c)のとおり理事会の構成国の地域的配分制度が定められた。こうして原子力産業の技術面および物質面において低開発国が集中しているアジア、アフリカ、ラテンアメリカの諸国にも当該機関の理事国として原子力活動力の諸決定に関する権限

が与えられ、原子力開発に参加する道が開かれたのである[14]。

　機関憲章の草案以来、原子力保有国と非保有国との間に対立したもう1つの問題は、機関の予算額の決定事項（第6条E項）である。機関の予算審議およびその決定権は8ヵ国草案および12ヵ国草案においては機関の総会に付与された権限であった[15]。理事会の機関の予算額の決定に関する事項は、原子力の原料物質の生産を含む技術保有国である9ヵ国と非保有国の原子力開発に大きく影響を及ぼすため、激しい論争が起こった問題である。原子力保有国9ヵ国の案が採択されることになり、現行の第6条I項（会計上の問題に関する表決方法—出席しかつ投票する者の3分の2の多数決）に定めるところに従い行う理事会の権限として定められることになった。従って理事会は機関の原子力事業における財政運営権を確保したのである。これにより非保有国は機関の予算額の決定に参加できる条項を総会の権限として採択に成功した。その結果機関の予算額の決定に関する事項における総会の権限は、「理事会が勧告する機関の予算を承認し、またはその予算の全部もしくは一部についての勧告を付して、総会への再提出のため理事会に返却すること」（第5条E項5）と定められ、一応機関の予算決定面において理事会との力の均衡を計ったといえる。

　理事会の構成および権限における原子力保有国と非保有国との対立は、軍事、経済、科学の開発における利権の追求がからむだけに、激烈であったと想像できる。しかし理事会の強大な権限の独走を制限し、見直しを要求できる総会の権限が、原子力の非保有国つまり開発途上国の主張によって採択されたのは先進国中心の国際機関の体制からみると相当評価できる。

　3）任　務（Function of the Agency）
　機関の任務は「原子力の使用を平和目的に限って使用すること」（第3条）である。しかし任務の実施にあたり最も重要な「平和目的」と「軍事目的」の定義および範囲は確立されないままにそのスタートをきった。国際会議において「平和目的」および「軍事目的」の定義に関して活発な論議がかわされた[16]。特に「軍事目的」の定義に関してはかなりの意見が出された。例えばフランスと

インドの定義をめぐる主張は次のとおりである。

　まずフランスの「軍事目的」の定義は、原子力を原爆として、また放射性物質の毒性を軍事目的として使用し、その結果世界に相当な威嚇を与えた場合に限ると主張した。つまり潜水艦、飛行機、ミサイルなどの燃料として使用する原子力は軍事目的に該当しないというわけである。それは例えば軍需工場で一般兵器用に原子力燃料を使用して事故がおきた場合、それは一般兵器の場合とそれほど大差がないという理由からであった。これに対してインドの代表は、「軍事計画を持っている国々が取り扱うすべての原子力物質」が該当するとし、これらの国々は機関から援助を受けるには不適格であると主張した。[17] それはこれからの国々は機関の保障措置のもとで、平和利用目的で与えられた核物質を軍事目的に転用する可能性が懸念される。それ故、核兵器開発計画を推進している国々の原子力活動はすべて軍事活動とみなし、機関からの核物質の援助を打ち切るべきであるという主張であった。

　国際会議における「軍事目的」の定義に関する交渉の段階で、西側、東側さらに第3世界国間の主張があまりにも大きく隔たり、結局何の解決も得られずに終わり、フランスも自国の主張を投票にかけようとしなかった。[18] また多くの参加国は制裁（sanction）を伴う「軍事目的」の定義を設定することを望まなかったのである。結局それらに関する問題が生じた場合、理事会の判断に一任されることになった。このように原子力活動において最も重要な定義のひとつである「軍事目的」の定義、すなわち軍事目的使用の範囲、商業利用の限界などが曖昧な状況は現在においても続いている。これはまた原子力商業活動の基準の設定にも影響を及ぼすことになる。従って機関本来の任務の遂行のためには「軍事目的」の定義は早急に確立されなければならない課題である。

4）特　徴（The Feature）

　IAEAは他の国際機関と異なるいくつかの点においてその特徴を持っている。

　第1点はこの機関は2つの機能を兼ね備えていることである。[19] つまり奨励す

る活動（positive function）と制限・禁止する活動（negative function）である。奨励する活動（Positive function）は原子力を世界の繁栄、健康、平和に貢献する目的で促進拡大することである。一方制限・禁止する活動（negative function）は機関と加盟国との協定により、提供された核物質および設備、施設が軍事目的に使用されないよう、また転用されないよう監督（supervision）および管理（control）することである（第2条）。すなわち1つの機能は生活水準の高揚を目指し、またもう1つの機能は軍縮全般に意図をおいたものである。

しかしこの二面性の区分は決して明確なものではなく、軍事、科学、経済などの面において、大国（the Great Power）間の原子力分野における覇権争奪戦が深みを呈するにつれ、その解釈のされ方も大国の利益に応じた曖昧なものとなっていくのである。

3 機関の差別化政策

2つめの機関の特徴は、機関と加盟国との間の関係に3つの異なったタイプが存在することである。これは機関憲章第6条A項に示されているが、理事会のメンバー国に関する条項である（第6条）。

第1のタイプは、現在、相当量の特殊核分裂性物質（Plutonium—239、Uranium—233）の生産国で、原子力に関する技術が最も発達している国である。このような国々は機関に対し核物質およびどのような援助も要請しない。逆に機関が核物質や技術をたよらなければならない国家群である[20]。

第2のタイプは、相当量の原料物質（source material＝Uranium, Thorium）[21]を生産している国で機関の事業にも協力できるし、一方、機関からの援助も要請できる国でもある[22]。またこれにはノルウェー（Norway）、スウェーデン（Sweden）、オランダ（Netherlands）などのように原子力全般において技術的な力は十分持ちながらも、原料物質が不足している国も含まれる。

第3のタイプは、原子力に必要な原料物質も技術も持たない国である。このような国々は機関の事業に協力するよりは、むしろ機関からの援助を一方的に

受けるのである。つまりこれらの国々は機関の事業に協力したとしても、機関に貢献するよりは、むしろそこから利益を受けるほうが大きいのである。ほとんどのアジア諸国はこの第3のタイプに属する。

以上の点は他の国際機関に例のない差別化政策であり、特に理事会のメンバーを原子力産業における科学技術の差や原料物質の有無に基づいて選定するということは稀に見ることであった。この差別化の背景には様々な利害関係が存在していることの証である。[23] 1つは軍事面における核兵器拡散の防止である。しかしこれはアメリカを中心とする原子力保有国が核拡散防止という名目で、戦略上の優位性を保持するという意図があることは否定できない。そしてもう1つは経済面における市場および利益追求の意図である。原子力商業利用に関する各国の関心は機関の設立準備合議以来、様々な原子力に関する国際会議において十分伺うことができる。つまり原子力保有国は原子力の軍事目的使用と商業目的利用における世界戦略また世界市場の独占策を常に企て、その実現の政策を展開しているといえる。IAEAのその差別化政策の実施がイラク、イラン、リビアまた北朝鮮などに北風となり、ひいては国際社会の平和と安定の逆風の戦乱と緊張をもたらせているといえる。

1) Paul C. Szasz, The Law and Practices of the International Atomic Energy Agency, IAEA, 1970, Legal Series No. 7. pp. 71-91. International Atomic Energy Agency, INFORMATION CIRCULAR. THE TEXTS OF THE AGENCY'S AGREEMENTS WITH THE UNITED NATIONS. http://www.iaea.org/Publications/Documents/Infcircs/Others/infcirc11.pdf
2) 33 Dept. of State Bull., 1955, pp. 666-672.
3) Annex III of the Report of the Working Level Meeting on the Draft Statute of International Atomic Energy, Doc. 31, Washington D. C., July 2, 1956.
4) Official Records of the 1956 Conference on the Statute of the International Atomic Energy Agency, 39, p. 2,（以下、IAEA / CS / OR. という）
5) Statute of the IAEA. IAEA. org.
　http://www.iaea.org/About/statute_text.html

6) List of IAEA Member States, IAEA. Org. http :// www.iaea.org/ About/ Policy/ MemberStates/
7) 憲章は1956年10月26日に署名のため開放された。憲章第4条A項、第21条A項。原加盟国は57ヵ国である。
8) Berehead G. Bechhoeber, Atomic for Peace, 1957, p. 1364.
9) Morehead Patterson Report, Eric Stein, 34 Dept. of State Bull. 5 at 6, 1956.
10) Berehead G. Bechhoeber, Atomic for Pease. p. 1365.
11) Mr. Barrington（Burma）, UN General Assembly Off. Rec. 9th Session（1954）, First Committee, A/C, 1/SR, 723, 37 1 at 372.
12) Indonesia, Ibid., A/C 1/SR, 765, p. 45 at 47. Israel, Ibid., A/C 1/SR, 765, p. 45 at 48. Liveria, Ibid., A/C 1/SR, 765, p. 53 at 47.
13) Ibid., A/C 1/PV., 765, pp. 22-23.
14) William R. Frye, Atoms for Peace : 'Haves' Vs. 'Have-nots' " in 35 Foregn Policy Bull. 41, 1955.
15) 8ヵ国草案第16条、12ヵ国草案第14条。NLB 3, 4, 6, 8, 10, 11, 12, 14 by Nuclear Energy Agency. OECD.
16) IAEA/CS/Art. XX/Amend, Ⅰ.
17) IAEA/CS/OR. 28, pp. 66-67.
18) Ibid., 36. p. 33.
19) Ibid., 1, p. 11.
20) 第1のタイプの国家群は、アメリカ、イギリス、ロシア（旧ソ連）、カナダ、フランスである。
21) 原料物質に関する定義は、The US. Atomic Agency Act of 1954, 42 U. S. C. A. 2014（X）。
22) 第2のタイプの国家群は、南アフリカ、ベルギー、チェコスロバキア、ポルトガル、オーストラリアである。
23) 34 Dept. of State Bull.5 at 6, 1956. IAEA／CS／INF. 4／Rev. 1, October 3, 1956.

第 2 部

原子力国際管理の Regimes

第**3**章

IAEAの保障措置制度(Safeguards)と査察制度(Inspection)

1 原子力商業利用の現状

1) 原子力発電の稼働

　原子力の商業利用は1953年12月8日、第8回国連総会におけるアメリカのアイゼンハウワー(Eisenhower)大統領による「Atoms For Peace」[1]の演説以来、急速に発展してきた。現在、原子力商業利用は広範囲に及んでいる。例えば医療、農業及び工業、各大学、研究所、企業における原子物理の研究、商業用原子炉等多方面にわたっている。特に原子力発電においてその活用はめざましい。2007年12月末現在、世界の原子力炉の運転中のものは30ヵ国で439基であり、建設中、計画中のものを含めると総計566基となっている。アジアにおいても、日本は、運転中の商業用原子力発電所は55基で、この設備容量はアメリカ、フランスに次ぐ世界第3位の規模である。2007年度電力供給計画によると、現在建設中の商業用原子力発電所は、北海道電力㈱泊発電所3号機及び中国電力㈱島根原子力発電所3号機の2基である。また、着工準備中のものは、東北電力㈱東通原子力発電所2号機、浪江・小高原子力発電所、東京電力㈱福島第一原子力発電所7、8号機、東通原子力発電所1、2号機、中国電力㈱上関原子力発電所1、2号機、電源開発㈱大間原子力発電所及び日本原子力発電㈱敦賀発電所3、4号機の合計11基である。以上の運転中、建設中及び着工準備中のものを含めた合計は、商業用原子力発電所は68基で、研究開発段階原子炉（もんじゅ）を含めると、69基になる。インドの原子力発電所の建設は現在のところ順調に進んでおり、2007年に運転開始したKaiga 3を含め現在17基が運転中で、さらに、ロシアのVVER 2基を含む6基が建設中である。また、政府は2007

NUCLEAR POWER REACTORS IN THE WORLD (end of 2007)

Group and Country	In Operation		Long-term Shut Down Reactors		Under Construction		Electricity Supplied by Nuclear Power Reactors in 2007	
	Number of Units	Total MW(e)	Number of Units	Total MW(e)	Number of Units	Total MW(e)	TWh	Percent of Total Electricity
North America								
Canada	18	12,610	4	2,726			88.2	14.7
United States America	104	100,582			1	1,165	806.6	19.4
Latin America								
Argentina	2	935			1	692	6.7	6.2
Brazil	2	1,795					11.7	2.8
Mexico	2	1,360					9.9	4.6
Western Europe								
Belgium	7	5,824					45.9	54.0
Finland	4	2,696			1	1,600	22.5	28.9
France	59	63,260			1	1,600	420.1	76.8
Germany	17	20,430					133.2	27.3
Netherlands	1	482					4.0	4.1
Spain	8	7,450					52.7	17.4
Sweden	10	9,034					64.3	46.1
Switzerland	5	3,220					26.5	40.0
United kingdom	19	10,222					57.5	15.1
Eastern Europe								
Armenia	1	376					2.3	43.5
Bulgaria	2	1,906			2	1,906	13.7	32.1
Czech Republic	6	3,619					24.6	30.2
Hungary	4	1,829					13.9	36.8
Lithuania	1	1,185					9.1	64.4
Romania	2	1,305					7.1	13.0
Russian Federation	31	21,743			6	3,639	148.0	16.0
Slovakia	5	2,034					14.2	54.3
Slovenia	1	666					5.4	41.6
Ukraine	15	13,107			2	1,900	87.2	48.1
Africa								
South Africa	2	1,800					12.6	5.5
Middle East and South Asia								
India	17	3,782			6	2,910	15.8	2.5
Iran, Islamic Republic of					1	915		
Pakistan	2	425			1	300	2.3	2.3
Far East								
China	11	8,572			5	4,220	59.3	1.9
Japan	55	47,587	1	246	1	866	267.3	27.5
Korea, Republic of	20	17,451			3	2,880	136.6	35.3
World Total(a)	439	372,208	5	2,972	33	27,193	2,608.2	14.2

Notes:
(a) Including the Following data in Taiwan, China:
― 6 units in operation with total capacity of 4921 Mw(e); 2 units under construction with total capacity of 2600 MW(e);
― 39.0 TWh of nuclear electricity generation, representing 19.3% of the total electricity generated.

NUCKEAR SHARE OF TOTAL ELECTRICITY GENERATION IN 2007

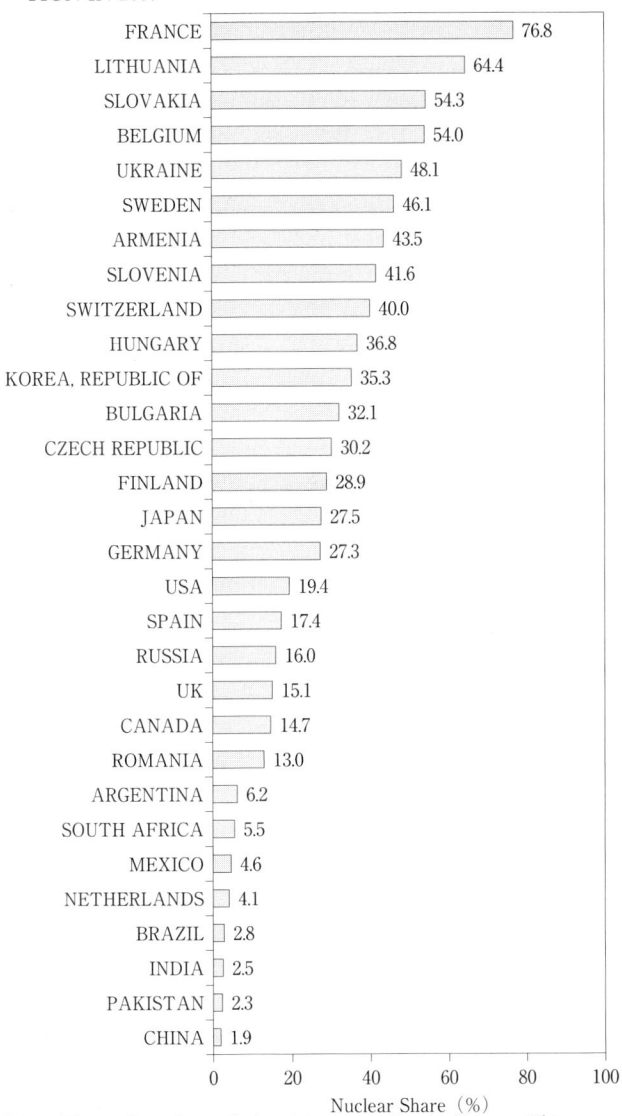

Country	Nuclear Share (%)
FRANCE	76.8
LITHUANIA	64.4
SLOVAKIA	54.3
BELGIUM	54.0
UKRAINE	48.1
SWEDEN	46.1
ARMENIA	43.5
SLOVENIA	41.6
SWITZERLAND	40.0
HUNGARY	36.8
KOREA, REPUBLIC OF	35.3
BULGARIA	32.1
CZECH REPUBLIC	30.2
FINLAND	28.9
JAPAN	27.5
GERMANY	27.3
USA	19.4
SPAIN	17.4
RUSSIA	16.0
UK	15.1
CANADA	14.7
ROMANIA	13.0
ARGENTINA	6.2
SOUTH AFRICA	5.5
MEXICO	4.6
NETHERLANDS	4.1
BRAZIL	2.8
INDIA	2.5
PAKISTAN	2.3
CHINA	1.9

Nuclear Share (%)

Note: The nuclear share of electricity generation in Taiwan, China was 19.3%.

ESTIMATES OF TOTAL AND NUCLEAR ELECTRICAL GENERATING CAPACITY

Country Group	2007 Total Elect. GW(e)	2007 Nuclear GW(e)	2007 %	2010(*) Total Elect. GW(e)	2010(*) Nuclear GW(e)	2010(*) %	2020(*) Total Elect. GW(e)	2020(*) Nuclear GW(e)	2020(*) %	2030(*) Total Elect. GW(e)	2030(*) Nuclear GW(e)	2030(*) %
North America	1,297	113.2	8.7	1,319	114	8.6	1,424	121	8.5	1,562	131	8.4
				1,345	114	8.5	1,479	128	8.6	1,634	175	10.7
Latin America	292	4.1	1.4	308	4.1	1.3	380	6.9	1.8	470	9.6	2.0
				327	4.1	1.3	487	7.9	1.6	726	20	2.8
Western Europe	773	122.6	15.9	795	120	15.1	880	92	10.5	983	74	7.5
				814	121	14.9	951	129	13.6	1,121	150	13.4
Eastern Europe	499	47.8	9.6	504	48	9.6	587	72	12.3	676	81	12.0
				531	48	9.1	777	95	12.2	1,073	119	11.1
Africa	112	1.8	1.6	118	1.8	1.5	153	3.1	2.0	199	4.5	2.2
				129	1.8	1.4	209	4.5	2.1	331	14	4.3
Middle East and South Asia	295	4.2	1.4	318	8	2.4	411	13	3.0	529	16	3.0
				332	10	3.0	495	24	4.9	719	41	5.8
South East Asia and the Pacific	170			186			241	1.2	0.4	306	1.2	0.4
				194			299	1.2	0.4	446	7.4	1.7
Far East	1,003	78.5	7.8	1,060	81	7.7	1,471	129	8.8	1,931	156	8.1
				1,077	83	7.7	1,611	152	9.4	2,209	220	10.0
World Total Low Estimate	4,441	372.2	8.4	4,606	376	8.2	5,547	437	7.9	6,658	473	7.1
World Total High Estimate				4,749	383	8.1	6,309	542	8.6	8,260	748	9.1

Note:
(*) Nuclear capacity estimates take into account the scheduled decommissioning of the older units at the end of their lifetime.
抜粋
To see a pdf presentation of the RDS-1 / 28, Department of Nuclear Energy, IAEA. org International Atomic Energy Agency
http://www.iaea.org/OurWork/ST/NE/Pess/rds-1/rds-1_charts_2008.pdf

年4月に8基の新規建設を承認した。(WNA Website, 2007／10) 韓国は、20基運転中であり、また、建設中が4基、計画中が4基となっている。台湾は、3つのサイトで合計6基の原子力発電所を運転中であり、現在、4番目のサイトとなる龍門にて ABWR2基が建設中である。イランでは、ロシアとの協力でブシェール原子力発電所1号機の建設が進められている。中国は、運転中の原子力発電所は11基となっている。建設中の原子力発電所は5基であり、計画中のものは35基である。パキスタンは2基が稼働中である。また1基が建設中である[2]。しかし開発が進むにつれて原子力の危険性も増加しつつあるといえる。原子力の軍事的使用をみると核兵器保有国の数は増加し、核兵器は量的にも質的にも増強されつつある。核兵器による脅威は米・ソの核兵器軍縮協定により幾分緩和されているとはいうものの、その破壊力は全地球上の生物を絶滅するに足るものであり、世界平和は常に脅かされているといっても過言ではない。

商業利用、とりわけ原子力発電所だけをみると、原子力による電力の供給は全電力供給量の相当量を占めている。原子力発電所は2008年9月現在、30ヵ国において439基が稼働中であり、原子力による総発電電力量は2007年実績で3億7,206万 kW に達しており、建設中、計画中のものを含めると総計566基、5億45万 kW／時に達し、世界の総発電電力量の約14.2%を占めている[3]。アジアの主な原子力先進国における総発電電力量のうち原子力発電の占める割合は、韓国35.3%、日本27.5%、台湾14%である。またインドは2.5%で、中国は1.9%であり、パキスタンは2.3%である[4]。

原子力による生活向上 社会生活への貢献度は計り知れない。しかし原子力の持つ放射能による人体は勿論、地球上の全生物への影響、地球中環境の汚染等に対しては十分な対策は講じられないままに、70年以上原子力は開発の一途を辿ってきた。このような原子力事業の安全性に対し、疑問を投げかけたのが2つの原子力事故である。

2) 原子力発電の事故

1979年3月28日、アメリカのペンシルヴァニア (Pennsylvania) 州のスリーマイルアイランド (Three Mile Island) 原子力発電所事故の発生によりアメリ[5]

カを始め原子力産業先進国の市民グループは原子力発電所の安全基準、放射能防止対策そして技術的な信用性に対し、疑問を抱き始めた。市民グループの専門家等による事故の被害状況調査は、この原子力事故による賠償及び保障責任に関する裁判で事実認定として相当採用され、公衆に対する絶対責任すなわち無過失責任の重要性が強調された。[6]

さらに1986年4月26日、ソ連のウクライナ共和国のチェルノブイリ（Chernobyl）原子力発電所の第4号基に事故が発生し、大量の放射性物質が周辺環境に放出された。[7] この事故の災害規模は近隣のヨーロッパ諸国のみでなく遠く離れたアジア地域にまで及んだ。チェルノブイリ（Chernobyl）原子力事故による数十万人に及ぶ人命に対する被害は、全世界に衝撃を与え、産業革命以[8]来、先端技術をリードしてきた原子力産業にも陰りが見え始めた。科学及び技術の刷新は常にリスク（risk）を伴うといわれるが、その典型として全人類に示されたのである。

このチェルノブイリ（Chernobyl）原子力事故は国際法においても大きな影響を与えている。第1には原子力事故による国家責任制度確立への契機を与えたことである。この国家責任制度とは原子力運転国の事故により他国に被害を与えた場合、被害を被った国家及び被害者に対し、国家責任（State Responsibility）として原子力運転国が責任を負うことである。これはまだ国際法として確立されてはいないが、現在多国間条約として関係諸国間の交渉を終え、国連での採択を待つばかりである。

そして第2にはチェルノブイリ（Chernobyl）原子力事故がもたらした2つの条約である。1つの事件により2つの条約が採択されたのは他には例がないと思われる。この2つの条約というのは、「原子力事故の際の早期通報に関する条約（Convention on Early Notification of a Nuclear Accident）」と、「原子力事故及び放射線緊急時における援助に関する条約（Convention on Assistance in Case of a Nuclear Accident or Radiological Emergency）」である。この2つの条約は原子力事故発生後の事故対策に適用される条約である。原子力分野の事故は一旦発生したら大惨事になりかねない。その危険性と人命尊重、公衆保護の立場から

第3章 IAEAの保障措置制度(Safeguards)と査察制度(Inspection) 57

The International Nuclear Event Scale and Examples

Level, Descriptor	For prompt communication of safety significance				Examples
	Off-Site Impact	On-Site Impact	Defence-in-Depth Degradation	
7 Major Accident	*Major Release:* Widespread health and environmental effects			Chernobyl, Ukraine, 1986
6 Serious Accident	*Significant Release:* Full implementation of local emergency plans			—
5 Accident with Off-Site Risks	*Limited Release:* Partial implementation of local emergency plans	Severe core damage		Windscale, UK, 1957 (military). Three Mile Island, USA, 1979.
4 Accident Mainly in Installation	*Minor Release:* Public exposure of the order of prescribed limits	Partial core damage. Acute health effects to workers		Saint-Laurent, France, 1980 (fuel rupture in reactor). Tokai-mura, Japan, Sept 1999.
either of:				
3 Serious Incident	*Very Small Release:* Public exposure at a fraction of prescribed limits	Major contamination, Overexposure of workers	Near Accident. Loss of Defence-in-Depth provisions	Vandellos, Spain, 1989 (turbine fire, no radioactive contamination)
any of:				
2 Incident	nil	nil	Incidents with potential safety consequences	
1 Anomaly	nil	nil	Deviations from authorised functional domains	
0 Below Scale	nil	nil	No safety significance	

Source: International Atomic Energy Agency

Sources:
ENS NucNet news # 397-402, 409, 410, 414 & 459 / 99, 36 / 00, 169 / 00 background # 10-12 / 99.
IAEA Report on the Preliminary fact-finding mission,
IPSN 1 / 10 / 99,
Yomiuri Shimbun 4 / 11 / 99
Atoms in Japan, Dec 1999

考えるとこの2つの条約の主旨は肯定されるものである。しかし原子力事故については、その危険性と多大な影響から鑑みて、事前の事故防止策の方がはるかに重要である。

原子力の商業利用において最も懸念されているのは、その安全性とともに商業利用目的の核物質の軍事目的への転換である。原子力生産のための核物質の処理は、商業利用であれ軍事使用であれ同様のプロセスをたどる部分が多い。それ故原子力の商業利用のみを確保するためには原子力生産に必要とされる全核物資を国際的に管理する必要性が生じる。

この原子力の国際管理という目的をもって創立された国際機関が国際原子力機関(IAEA)である。当機関は原子力の軍事目的への転用を阻止しつつ、エネルギーとしての利用を推進してきた。国際原子力機関による商業利用の分野における成果はいうまでもない。しかし軍事目的への転換に歯止めはかけられてきたであろうか。1967年1月1日までには核兵器保有国は米・ソ・英・仏・中国であった。しかし現在核兵器保有国また開発能力を有する国(準核保有国)は確実に拡大されつつある。

本章では国際原子力機関の主要任務である原子力商業利用の確保と推進、さらに商業利用に用いられるべき核物質、施設、設備等の軍事使用への転用の阻止という2つの目的のうち、後者に属する「保障措置制度」に焦点をあてて論じる。

第2節では国際原子力機関の設立に関する若干の経過、機関の目的を始め組織及び運営に関して、主に原子力保有国とアジアを中心とする非保有国との間で論争になった事項を考察する。これらの対立点は原子力政策全般に関わり、さらに保障措置制度にその影響が及ぶ。

第3節では国際原子力機関の最も重要な任務の1つである保障措置制度及びその制度の具体的な実施事項の1つである査察制度について論じる。

国際原子力機関の保障措置制度は1961年には100MW未満の原子炉のみを対象としていたが、1965年、1966年及び1968年にその見直しがなされ、現在動力用原子炉、再処理施設、転換及び加工施設にも拡大されて保障措置が実施さ

第3章 IAEA の保障措置制度(Safeguards)と査察制度(Inspection) 59

れることになった。[9]

　国際原子力機関の保障措置は各種の協定において実施される。このうち最も協定国の多いものが核兵器不拡散条約（Treaty on the Non-Proliferation of Nuclear Weapons, NPT）という。[10] (1967年1月1日時点）で核兵器保有国（米・ソ・英・仏・中）の数を増やさないことにより、核戦争の可能性を少なくすることを目的として、1970年3月5日に発効した条約である。NPT 締約国は189国（2007年末現在）である。

　この第3条において、「非核兵器国は、原子力が平和利用から核兵器等へ適用されることを防止するため、IAEA との間で保障措置協定を締結し、それに従い国内の平和的な原子力活動にある全ての核物質についてフルスコープ（full scope）の保障措置を受け入れる」と定めている。国際原子力機関はこの第3条により NPT の保障措置と協定を締結し、その協定当時国に国際原子力機関の保障措置を適用している。日本を始めとするアジアの原子力保有国は主に国際原子力機関の保障措置の対象になる。従って本論ではアジアに影響を及ぼす保障措置と査察に関する制度及び実施状況を考察する。さらに原子力は国際的に管理可能かという視点から、国際法上の問題点を若干指摘したい。

2　IAEA の設立に関する若干の経過

1）目　的

　機関の保障措置は商業的利用のための核物質が軍事的使用に転用され、核拡散するのを防ぐのが第1の目的である。また商業的利用目的の設備、施設、機器等が軍事的に使用されないように防止（control）するのが第2の目的である。さらに第3として原子力施設従事者に対する健康管理そして環境汚染防止のための対策を講じることである。

2）保障措置制度

　原子力に関する「保障措置」（Safeguards）制度とは原子力が商業的利用から[11]

核兵器等へ転用されることを防止するため、商業利用目的の原子力活動におけるすべての核燃料、その設備及び施設などについて定期的に立ち入り検査（the inspection）[12]をすることをいう。

しかし保障措置制度は機関憲章に批准したからといって適用されるわけではない。加盟国は新たに機関と保障措置に関する協定を締結することが必要とされている[13]。

保障措置制度は1951年、アメリカが原子力利用の制約とそれらの秘密保持のために制定したのが始まりである[14]。1954年、アメリカはさらに上記の保障措置制度を「原子力法」（Atomic Energy Act）として制定し、原子力商業利用においては国際及び国内を問わずこの制度を厳格に適用した。

アメリカは自国が提供及び供給した原子力の技術、設備、核物質そして情報が核兵器へ転用されることを事前に防止するため、また自国が提供した上記の物質が自国の許可を出さずに第三国に移送及び転送されることを防止するため保障措置制度を強化し続けてきた。

例えば保障措置に基づく義務を受領国が確実に実施しているかどうかを監視するため、「安全管理制度」（the Security Control System）[15]を設け、常にアメリカの統制を受けるようにしている等の点である。この制度の適用により、アメリカから原子力の技術、設備そして核物質等の提供を受ける受領国では、国家の主権とりわけ行政権に問題が生じてきた。つまりアメリカの管理制度によると、提供された原子力全般に関する査察は勿論、原子力施設労働者、それに関連する受領国の公務員までが、アメリカの査察員によって、査察されるからである。1国の（アメリカの）公務員による他国への査察行為は現行国際法上主権平等原則及び内政不干渉原則の遵守義務違反の恐れがある。国際的な交流と接触が頻繁になるにつれ、国内体制の一体性と自律性の変化により、国内管轄権に属する事項に対しても、他国の批判、勧告、注意、喚起等が行われている。しかし現行国際法上、主権平等及び内政不干渉原則は保護法（Legal interest）として遵守されている。従って他国の介入制度を正当な制度として受け入れる国家はない。アメリカの受領国に対する査察行為は受領国との協定に基づくも

のであれ、これらの原則とは相反する行為である。「国家間の実質的な格差、科学技術の進展等」による干渉は違法な干渉の範疇に相当するとも考えられるからである。そこでアメリカは受領国との間にこれらの原則に基づく摩擦を避けるため、自国の公務員ではなく、国際公務員による査察制度を構想し始めたと考えられる。これがIAEAを中心とする国際的な管理制度確立の背景の1つである。

このアメリカの安全管理制度はIAEAとヨーロッパ原子力機関（European Nuclear Energy Agency）の保障措置が制定される1957年まで国際的にもまたEuratom加盟国間国内にも適用されてきたのである。

機関の保障措置制度は第12条に定まれ、これは機関の最も重要な任務の規定である。しかしこの条項に基づく査察制度は国際機関と国家との管轄権の相違により、国際法と国内法との間で問題となる点も多い。というのはこの条項は、特に主権国家の国内管轄事項に対し、国際機関が制限を加えるものである。従来国家の主権は国際法上独立権であり、国家の最も基本的な権利であって、属地（領域）的に、他の権力に従属することのない最高の支配（統治）権利である。つまり国際法上禁止されない限り、原則的に対外的には自由に行動し、対内的には絶対的、排他的に統治を行うことを認められている。IAEAの保障措置の査察制度は、この国家主権の原則を制限する条項にもなるからである。

20世紀初期の国際社会においては、国家が唯一の国際社会の行動主体として構成されたが、20世紀中頃より国際社会の多様化により国家以外の行動主体（non-State entities）も国際社会のメンバーとして活動することになった。特に一定の共通利益達成のため、共同行動を行う国際組織が多く設立され、国連を中心とした国家間及び国際組織間の権利義務関係が複雑に絡み合う国際社会に変化してきた。このような状況で国際組織と国家間の権限の範囲に関する対立が生じている。しかし現行の国際法においては国際組織（international organization）と国家間の権利義務関係に関する規定はない（条約に関するウィーン条約第2条h、第34-38条等）。この点に関してILCは第35回期国連総会第6委員会（the Sixth Committee）に報告を提出した。それによると国家と国際機

関との同意（Consent）事項以外にはその相互間の権利、義務は生じないとしている。

IAEA の保障措置制度の査察行為は IAEA との協定により実施されるため、協定国は IAEA の保障措置の遵守義務を負っている。しかし国際組織と国家間の権利義務関係における対立は現在も続いている。

IAEA の保障措置と協定を締結した各国は原子力商業的利用の運営については自主的に行うが、核物質及び設備の検査は IAEA の査察制度（the Inspection System）[22] に基づく査察を受けなくてはならない（憲章第3条 A 項5号）。IAEA の保障措置制度の条項である機関憲章第12条の実施の範囲と国家主権の制限に繋がる事項をまとめると以下のとおりである。[23]

(1)専門的設備及び原子炉を含む施設の設計を検討し、それを承認すること。

(2)機関が定めている保健上及び安全上の措置の遵守を要求すること。

(3)原子力物質全般に関する記録の保持及びその記録の提出を要求すること。

(4)凝過報告を要求し、また受領すること。

(5)使用済み核燃料の処理、つまり回収され、又は副産物として生産された特殊核分裂性物質が軍事目的に転用されないよう、その物質の余分な蓄積を防止するため厳しく管理すること。またそのような物質を化学的に処理する方法に対して承認すること。

(6)国際査察員（International Inspectors）により構成された査察制度（System of Inspections）の確立。[24]

IAEA は原子力が全世界の平和そして保健及び繁栄に貢献し、またそれを促進し増大するための任務を負っている。しかし機関が全世界の平和に貢献するとすれば、商業目的で利用される特殊核分裂性物質、設備、施設及び情報の軍事目的への転用は事前に防止されなければならない。

そのためには受領国の原子力商業利用の物資に対し厳重な保障措置の適用が必要になる。その結果、受領国の原子力産業の運営、開発等に必要な原子力物資等の自由な流通はかなり制限され、原子力商業利用による繁栄の促進には歯止めがかけられることになる。また国家主権と国際機関職権との権限の範囲に

関する問題以外にいくつかの具体的な問題点を指摘すると、第1に核分裂性物質の流通（Trade）及び運搬（Transfer）に関する規定が定められていたことである。

これでは軍事的に転用可能な核物質が頻繁に取引され、核兵器開発を狙う国家は比較的簡単に核物質を入手することができることになる。第2に保障措置制度は受領国のみに適用され、供給国はなんの規制も受けないことである。供給国には核拡散防止の義務が課せられているか。1点は、核物質の取引に関しては供給国の裁量権に属することになりかねない危険な問題でもある。原子力物資は常に危険を有する特殊物質である。そのような危険物質の取引による莫大な利益を獲得し、その取引上の不法行為に対しては何ら法的制裁を受けないのであれば、法の平等原則に合致すると解釈しようとしても、合理的根拠に欠ける。上記の第2の問題は現在の文明諸国の国内法及び慣例そしてその慣習においても容認し難い制度である。

3）査察制度及び査察員

IAEA の保障措置制度の実施に関する事項及びその適用に関する規定は、理事会が機関憲章により原子力受領国との交渉のうえ決定される。

これは保障措置協定（Safeguards Agreements）といわれる。この協定は保障措置ドキュメント（Safeguards Document）[25]と査察制度ドキュメント（Inspectors Document）[26]に分けられる。

保障措置ドキュメントは核物質等の提供を受ける原子力プロジェクトに対する保障措置の適用に関して、理事会と受領国がその適用方法及びその範囲等を詳しく定めた規定である。また査察制度ドキュメントとは理事会と受領国が、査察制度を行う場合の IAEA の査察員の特権及び免除そして査察実施に関する方法等に関する具体的な規定である。

この2つのドキュメントは主に次の3点に重点が置かれている。

第1には現地査察（on-Site Inspection）[27]である。保障措置協定により課せられた受領国の協定履行義務の遵守状況の査察、原子力商業的利用の核物質量の

計量記録及び原子力施設、準備、資材さらに関連労働者等に関する協定上の諸基準の違反の有無の査察である。

第2には受領国において使用され、生産される全核物質量に関する記録の保持及び提出要求に関する事項である。[28]

第3には受領国から理事会に提出された原子力産業全般に関する記録に基づいての検認に関する事項である。[29]

そしてこれらの協定に基づき査察行為が理事会と受領国との交渉によって指名された IAEA の査察員によって実施される。

査察にはいくつかの種類がある。

(1)初期査察（Initial Inspection）[30] 保障措置協定の協定国が IAEA に対し、原子炉を含んだ原子力の設備施設の設計を検討し、軍事目的への転換防止策の基準に合致しているかを検認することである。

(2)通常査察（Routine Inspection）通常査察においては、受領国から IAEA に提出された報告に含まれる内容と、施設において保持されている計量及び運転記録との整合性が確認される。また通常査察において核物質の量、所在場所、シリアルナンバー等の確認が行われ、さらに受け払い間差異（当該物件についての払い出し側と受け入れ側との測定重量の差）、帳簿在庫の確認及び MUF（Materials Unaccounted for、不明物質量）の検査が行われる。

(3)特定査察（Ad-hoc inspection）特定査察においては、受領国からの冒頭報告に含まれる情報の検認が行われる。また保障措置協定の締約後に受領国から提出される冒頭報告の日時と補助取り決め（協定の補助取り決め）、（Subsidiary-Arrangements）が、原子力の個々の施設につき、効力が生じる日時との間に生じる状況の変化に関しても査察が行われる。なお核物質の国際輸送前後における検認も特定査察によって行われる。

(4)特別査察（Special Inspection）[31] 特別査察は通常査察に加えて実施されるもので、異常事態が発生し、それが「特別報告」として施設から IAEA に通知された場合、あるいは締約国が通常提出している情報に追加的情報を得ることが必要になり、または通常査察でも収拾できる情報ではあるが、それによるこ

とが適当ではないと判断された場合、これが適用される。

　特別査察には特殊な検認手法が執られることなる。IAEAの査察員（Inspector）は、その査察において以下の項目に関する検認を実施することができる。

　①関係記録の査察。
　②保障措置下の核物質の独立測定の実施（IAEA独自の機器を用いるかどうかは、その場合によって決められる）。
　③機器の機能検査と校正。
　④資料の収去とその採集、試験、操作及びIAEAへの輸送の確認。
　⑤IAEAの監視装置の使用及び点検。
　⑥IAEAの封印の取り付け、検査及び取りはずし。
等である。

　査察は兵器がたやすく製造されないような核物質を扱う生産、処理、使用及び貯蔵を含むそういった燃料サイクルに対して集中的に行われる[32]。しかもその査察活動はIAEA保障措置に規定された目的のすべての場合に合致したものでなければならない。すなわち核物質の有意量の転用の適時の検出を満足するものでなければならない。

　IAEAの査察員は保障措置に対する違反を見つけた場合、違反事項をIAEAの事務局長に報告する。さらにそれは事務局長によってIAEA理事会に報告される。理事会はその報告を受けて、違反国に違反事項の改善措置を講じるよう要求する。さらに理事会は保障措置の違反国とその違反事項をIAEAの全加盟国、安全保障理事会及び国連総合に通知又は報告しなければならなし（第12条C項）。

　IAEA理事会から改善命令を受けた違反国が、合理的な期間（reasonable time）内に十分な是正措置をとらない場合、理事会はその違反国に対し、IAEA及びその加盟国が提供する援助の削減、一時停止あるいは終了させることもできる[33]。

　さらにIAEA及びその加盟国から供給された核物質及び設備の返還を求め

Number of facilities under safeguards or containing safeguarded material

Facility type	Number of facilities (number of installations)			
	Comprehensive safeguards agreements[a]	INFCIRC/66[b]	Nuclear weapon States	Total
Power reactors	186(223)	11(14)	1(1)	198(238)
Research reactors and critical assemblies	141(152)	7(7)	1(1)	149(160)
Conversion plants	13(13)	1(1)	—(—)	14(14)
Fuel fabrication plants	38(39)	3(3)	—(—)	41(41)
Reprocessing plants	5(5)	1(1)	—(—)	6(6)
Enrichment plants	8(8)	—(—)	2(4)	10(12)
Separate storage facilities	67(68)	3(3)	7(8)	77(79)
Other facilities	82(92)	1(1)	1(1)	84(94)
Subtotals	540(600)	27(30)	12(15)	579(645)
Other locations	325(423)	3(30)	—(—)	328(453)
Non-nuclear installations	—(—)	1(1)	—(—)	1(1)
Totals	865(1023)	31(61)	12(15)	908(1099)

[a] Covering safeguards agreements pursuant to NPT and / or Treaty of Tlatelolco and other comprehensive safeguards agreements.
[b] Excluding installations in nuclear weapon States; ittcluding installations in Taiwan, China.
抜粋 IAEA Safeguards: Stemming the Spread of Nuclear Weapons, The IAEA in Action / Verification
http://www.iaea.org/Publications/Factsheets/English/S1_Safeguards.pdf

ることもできる。そして IAEA 加盟国として与えられた権利及び特権 (Privileges) に対し、一時停止または除外することもできる。

　IAEA の保障措置制度の特徴は原子力の商業的利用全般、すなわち核物質、設備、施設及び情報まで視察を行うこと、さらに原子力発電所の労働者の放射線チェック等、労働者の健康管理のため設けられた基準の適否についても査察力を発揮でき、その違反事項に対して制裁措置が適用される点である。

　一方、IAEA の保障措置制度の実施過程においては2つの問題点があると思われる。第1にはこの制度を厳格に適用すると原子力商業利用の面に支障が生じ、IAEA の目的の1つである「世界の生活水準の向上」に遅れがでることである。一方、商業利用に重みを置き、その制度を多少緩和して適用すると原子力が軍事的使用に転用される可能性は十分あるといえる。従ってこの制度の運営はきわめて重要であり、その実施にあたっては適用の技術と方法が慎重

に論じられなければならない。

第2の問題は軍事目的に使用される核物質を始め、設備、施設等のすべてが保障措置制度から除外されたことである。しかし「軍事的使用」がきわめて曖昧であり、どのような核物質、施設及び設備が軍事目的であるのかが明らかでない。現在のところは核兵器保有国の自主的な判断に委ねられており、従って商業利用目的の原子力物資が、軍事的に処理されるということは十分にありうる。これは保障措置制度に大きな抜け穴が開くことであり、国際平和と安全に危険が及ぶ可能性は否定できない。

3 保障措置制度の評価

IAEAは世界の平和、保健及び健康に対する原子力の貢献の促進及び増大、また一方で核拡散防止を目的として、保障措置制度を以下の3つの事項に重点[34]をおいて構成している。

(1)加盟国との間に締結された協定に基づく保障措置の適用。
(2)保障措置概念の基準の確立。
(3)有効な保障措置のための研究開発の調整、推進。

このIAEAの保障措置協定はNPTを始めEURATOM, OECDのNEA, TLATELOLCO条約と締結しまた国際機関さらに二国間原子力協定と締結している。これらの協定は次の5つに分類される[35]。

1) 協定内容
 a．プロジェクトアグリーメント（Project Agreement）
 機関は、機関憲章に基づき、加盟国に対し、物資、役務、設備、施設をみずから提供するか、またはこれらの物資等の他の加盟国の移転のために仲介者として行動した場合、その物資等が軍事目的に使用されないことを確保する責任を有し、その物資等輸入国は、機関と保障措置に関する規定を含む協定を締結しなければならない。インドネシア、イラン、日本、マレーシア、パキスタン、

フィリピン、タイ、ベトナム等がその適用を受けている。
　b．ユニレイティアルアグリーメント（Unilateral Agreement）
　機関の加盟国は、その領域内の特定の施設に対し、又場合によってはその全原子力プログラムに対し、機関が保障措置を実施することを要求することができる。北朝鮮、インド、パキスタン、ベトナム等がその適用を受けている。
　c．トリレイティアルアグリーメント（Trilateral Agreement）
　原子力資材、特に核燃料の供給能力を有する供給国と受領国との間の二国間原子力協定には、保障措置に関する規定を含み、供給国側が受領国内の核物質等に対する保障措置を実施することとなっている。ここで、機関の保障措置の制度を利用して、二国間協力協定に基づく供給国の保障措置を機関に肩代わりさせるために機関を含む三者間で締結されるのである。インドとカナダ及びアメリカとの協定、イランとアメリカとの協定、日本とアメリカ及びカナダとの協定、韓国とアメリカ及びフランスとの協定、パキスタンとカナダ及びフランスとの協定、フィリピンとアメリカとの協定等がそれぞれ機関を含めた三者間協定を締結している。
　d．地域的多数国間条約（1967年のトラテロルコ（Tlatelolco）条約）に基づき、その当時国は、機関に保障措置を求め、機関との間で保障措置協定を締結している。
　e．多数国間条約（NPT）は、その加盟国の非核兵器国に対し、機関と保障措置協定を結び、その領域内のすべての核物質につき機関の保障措置を受託することを義務づけている。

　2）概　要
　上記の5つの条約及び協定を基本的な土台にして、原子力商業的活動における国際保障措置を締約し、それによって全原子力活動を規制する。しかしこれだけの制度つまり各条約及び協定そして各国との連携機能をもって保障措置の実施が行われていても、核拡散は防ぎきれず、公衆の健康破壊・環境汚染の危険性がなくなったとは言い難い。その理由の1つとして国際的に避けられない

原則、すなわち「主権尊重原則」さらに条約締結の際の諸原則（留保、宣言等）による合法的な制度等が執行されるからである。

さらに原子力の軍事使用と商業利用との区別による対処から派生する問題がある。つまり、軍事使用における保障措置は各国の国内規制に委ねられている故、国際的な保障措置が存在しない。さらに商業利用における保障措置の実施の対象を核兵器国と非核兵器各国とに分類して講じたことである。つまり核兵器国には保障措置の適用が部分的で、さらに同意によるものであるが、非核兵器国に対しては、全原子力活動に適用され、その上強制的で、厳格な内容である。

しかし現在の核兵器拡散の実態を鑑みると、このように非核兵器国のみが一方的に重い制裁のもとに置かれるべきであろうか、再考すべき課題である。

このような政策の不備を生む制度上の弱点を含んだ保障措置は、もとから効果的な安全対策を求めるのではなく、むしろその弱点を利用して商業的な営利を意図し、さらに軍事技術面において常に主導権をとり、国家間における諸取極に力の政策を展開しようという企みが常に存在したとみえる。

原子力の国際管理の第1段階においてはアメリカの原子力独占政策が失敗に終わり、第2段階においては、核兵器保有国のみで独占しようとしたが、それも失敗におわりつつある。第3段階の原子力独占政策は従来の核兵器保有国の枠を広げるか、また全査察制度を強化して、力の原理をもって核兵器の開発を狙う諸国に圧力をかけ、その生産及び製造を封じるかになる。

原子力平和利用という名で小数の国家が富をかき集める現状においては、IAEAの保障措置制度を完全に適用したとしても、部分的な効果しか及ばないと考えられる。それは「一方は提供、一方は禁止の原理」には、各国が共通に通じる「合理的な目標」が存在しないからである。

4　まとめ

1945年に日本に投下された原子爆弾の巨大な殺傷力は、言語に絶する悲惨な記録を、人類の歴史上に刻んだ。原子力はこのような登場をしたが、一方では

様々な規制を受けつつ生活の中で利用されてもきた。このように原子力は商業利用と軍事使用という二面性が常につきまとう。原子力が軍事的に開発、使用された場合、もはや全世界の安全保障の問題だけでなく、地球上の生態系にまで深刻な影響をもたらすことは周知の事実である。

そこでIAEAを中心に原子力の軍事目的への転換防止のため厳格な保障措置を実施する一方、商業利用の面においては開発の促進を行ってきた。その保障措置の効果的な確立を図るため、査察制度が実施されている。

保障措置にはIAEAをはじめ、様々な機関の保障措置がある。多国間協定により実施されている原子力商業利用における保障措置は以下のとおりである。IAEAの憲章第3条の規定によるIAEAの保障措置、ローマ条約（The Treaty of Rome）第7条によるEURATOM[38]の保障措置、そしてヨーロッパ原子力機構（European Nuclear Energy Agency）[39]憲章第8条による保障措置（ヨーロッパ原子力機関は1972年日本の加盟により改名され現在はOECDの原子力機関（Nuclear Energy Agency）[40]）という。

そしてNPT条約第3条により保障措置、またトラテロルコ条約（The Treaty of Tlateloico）[41]の保障措置等である。

これら以外にも米、ソ、仏、等核兵器保有国とカナダ、ドイツ、日本、オーストラリア、スウェーデン等原子力商業利用先進国と受領国との二国間協定による保障措置が実施されている。[42]

このように多国間条約、地域間条約、二国間協定による厳格な体制のもとで、核拡散防止のため原子力は管理（control）されている。しかし核不拡散政策は成功したとはいえない。現在、核兵器開発能力を有する国（準核保有国）として、アルゼンチン、南アフリカ、インド、イスラエル[43]等があるといわれている。原子力商業利用の物資が軍事目的に転用された結果である。原子力物資の管理体制においては4種の国家群に分けられ、保障措置が適用される。[44]第1はNPT加盟の非核兵各国、第2はNPT非加盟の非核兵器国、第3はNPT加盟の核兵器国そして第4はNPT非加盟の核兵器国である。

日本を始めアジアの原子力保有国は第1のカテゴリーに属する。日本、韓国、

第3章　IAEA の保障措置制度(Safeguards)と査察制度(Inspection)

フィリピン、イラン、イラクの各国は IAEA と NPT の協定に基づいて、IAEA の全面的な (Full Scope) 保障措置が適用される。つまり自国内の商業的な原子力活動の関わるすべての核物資が、IAEA の保障措置による査察の対象となる北朝鮮 (1985年 NPT に加入、しかし保障措置協定未批准)、インド、パキスタンの各国は第2のカテゴリーに属し、当該国と IAEA 間の協定に基づく「一定の施設及び核物質」に IAEA の保障措置が適用されるか、または三者間移管協定に基づく IAEA の保障措置が適用される。つまり片務的合意 (Unilateral Submission) に基づくわけである。中国は第4のカテゴリーに属する。中国は1983年10月の IAEA 総合で IAEA への加盟が承認されたが、NPT の非加盟国であるため、IAEA の保障措置の適用においては1971年12月6日アメリカと IAEA の協定に基づいて IAEA の理事会で中国の研究炉及びその施設 (the reactor research facility) に IAEA の保障措置を適用すると決定した。従って中国も「一定の施設及び核物質」において IAEA の保障措置の適用をうける。

　第3のカテゴリーに分類される NPT 加盟の核兵券国、すなわちアメリカ及びイギリスは任意的合意 (Voluntary submission) に基づいて国家安全保障に関わるものを除く国内の全部または1部の施設の核物質に対する保障措置が適用される。ロシアは NPT の加盟国であるが IAEA の保障措置は適用されていない。フランスは第4のカテゴリー、つまり NPT 非加盟核兵各国であり、自国の商業利用に関する IAEA の保障措置は任意的合意 (Voluntary Submission) の適用を採用しているが、他国に移転された物質に関しては三者間移管協定に基づく保障措置を適用しているので上記の4つの分類の内、片務的合意 (Unilateral Submission) と任意的合意 (Voluntary Submission) の制度のもとでの保障措置の実施はきわめて限定された範囲に適用される。従ってその適用以外の核物質、施設及び設備においては IAEA の保障措置の効力が及ばない。このような制度のもとでは核散防止策の完全な実施を見だす可能性はきわめて困難な状況であるといえる。

　査察制度においては国内査察と国際査察に分類される。現在の査察はほとん

どが各国の政府による査察に基本を置いている。国際査察は国内査察のデータに基づいてその検証に終わるという現状である。また査察制度をより効果的、効率的なものにするために原子力における最先端の知識、技術を習得した専門家の協力が必要になる。なぜなら査察の対象は大型原子炉、再処理施設等のプルトニウムの取扱い施設及びウラン濃縮施設での任務を追行しなければならないからである。さらに核燃料廃棄物及びその貯蔵施設そしてそれらの施設の関係者等が対象になるからである。IAEA の査察制度の実施に伴う人材、査察用機材等は、原子力保有国のそれらより技術的にも性能の面からも劣っているという現状である。従って IAEA の原子力商業利用における保障措置は国内査察に相当依拠しているといえる。

　IAEA と NPT の協定による IAEA の保障捨置の重要任務である商業利用核物質の軍事目的への転用の防止、すなわち拡散防止の完全実施を確保するためには、上記で述べた保障措置適用上の分類制度の撤廃、そして国際査察制度の機能の強化および卓越した国際査察員の確保が急務である。

　また保障措置制度の完全実施を阻むもう 1 つの問題点は国際機関と主権国家との関係である。国家は「国際法上、生得的、本源的な法主体として包括的な権利能力が与えられている[47]」という現状において、IAEA が締約国（IAEA 保障措置協定国）にその条約義務の履行について IAEA の職権により国家に課せられた国際法上の義務について審査、査察などの範囲まで直接介入できるかという問題である。IAEA の職権により国家に課せられた国際法上の義務について審査、査察等の方法でその完全実施を図るのは、現在の国家の概念上困難であるといえる。特に国内行政とその管轄内の業務内容と国際機関との職権との抵触などについての解決には、相互の大幅な譲歩が必要である。従って現在の状況においては原子力商業利用目的の全物質が軍事目的へ転換される可能性を皆無にすることは不可能である。

　原子力の商業利用のみを確保するにしろ「国家責任」（State Responsibility）の体制を国際法及び国内法上確立する必要がある。慣習国際法において、ILC の報告には「国家は国際法のみずからの違反行為から生ずる損害に責任を負う

第3章 IAEA の保障措置制度(Safeguards)と査察制度(Inspection) 73

のみでなく、国家はみずから行った合法的な行為、とりわけ危険な活動(dangerous activity)から生ずる損害にも賠償責任を負う」[48]と明記されている。原子力活動はまぎれもなく危険活動である。その危険活動から生ずるあらゆる災害による人命、財産そして地球環境や生態系の保護を目的とする法的制度及びその完全実施体制の確立が先決である。

1) UNGA Off. Rec. (8th sess.), 470th Meeting, Para(s). pp. 79-126.
2) Nuclear Power in 2007, Nuclear Energy Agency, OECD. Nuclear Power Worldwide: Status and outlook, IAEA Press Releases, Press Release 2008／11. 世界の原子力の基本政策と原子力発電の状況、原子力委員会編『原子力白書』(平成19年版)。
3) 前掲　各国のエネルギー計画、『原子力白書』(平成19年版)。(2) Ibid. Nuclear Power Worldwide: Status and Outlook
4) 前掲　各国のエネルギー計画、『原子力白書』(平成19年版)。
5) 1979年3月28日、米国のスリーマイルアイランド(TMI)原子力発電所2号機で発生した事故。原子炉内の1次冷却材が減少、炉心上部が露出し、燃料の損傷や炉内構造物の一部溶融が生じるとともに、周辺に放射性物質が放出され、住民の一部が避難した。INES(国際原子力事象尺度)レベル5。この事故によりアメリカの原子力商業利用に関する法律の修正が行われた。Nuclear Law Bulletin, NO. 28, NEA, OECD, 1981, p. 27.
6) Ibid., No. 7, 1981, pp. 21-22. Ibid., No. 8, p. 32. Ibid., No. 29, 1982, p. 30.
7) 1986年4月26日、旧ソ連ウクライナ共和国のチェルノブイリ原子力発電所4号機で発生した事故。急激な出力の上昇による原子炉や建屋の破壊に伴い大量の放射性物質が外部に放出され、ウクライナ、ロシア、ベラルーシや隣接する欧州諸国を中心に広範囲にわたる放射能汚染をもたらした。INES(国際原子力事象尺度)レベル7。Chernobyl: The End of the Nuclear Dream, by a team of award — Winning, Observer correspondents, A Division of Random Hnuse, New York, 1987.
8) Ibid., p. 195.
9) 日本原子力産業会議『核不拡散ハンドブック』(昭和59年版) p. 5.
10) 科学技術庁原子力局監修『原子力ポケットブック』(昭和63年版) pp. 229-230.
11) Goldschmidt, B., The Origins of the IAEA, IAEA, Bulletin, Vol. 19, No. 4, pp. 18-19. Paul C. Szasz, The Law and Practices of the International Atomic Energy Agency, Legal Series No 7, IAEA, Vienna, 1970, pp. 53 at 657.
12) IAEA, INFCIRC／66／Rev. 2. 従来立ち入り検査は原子炉及び再処理原子炉、そしてそれに関連する施設において行われていたが、1968年にIAEAの理事会の保障措置対象

の拡大により転換工場 (conversion plants) と組立工場 (fabrication plants) まで適用することになる。

13) Ibid., The Safeguards Document.
14) Paul C・Szasz・Legal Series No. 7. IAEA, Vienna, 1970, p. 532.
15) アメリカとフランスの原子力協定第16条、102 Cong. Rec. 10398 (June 29, 1956).
16) 山本草二『国際法』(有斐閣、1985年) p. 180.
17) IAEA／CS／OR. 27, p. 36, pp. 67-68.
18) Public Law 85-846 Euratom Cooperation Act of 1958. Amendment to Section 5. NLB 6, 7, 12, 14, 15, by Nuclear Energy Agency, OECD.
19) 国際法学会編『国際法辞典』(鹿島出版会、1975年) p. 330.
20) Vanda Lamm, The Utilization of Nuclear Energy and International Law, Adademiai Kiado Budapest, 1984, pp. 76-77.
21) Report of the International Law Commission On the work of its thirty-second session, UNGA (35／388).
22) 日本のIAEA機関憲章の公定釈はInspection System及びInspectorを視察制度及び視察員として訳している。
23) Berehead G. Bechhoeber, Atoms for Peace, 1957, p. 1379.
24) 藤田久一編『軍縮条約・資料集』(有信堂、1997年)、p. 94.
25) The Safeguards Document in force at present, IAEA, INFCIRC/66/Rev. 2.
26) The Inspectors Document, IAEA, GC (V) / INF / 39.
27) The Safeguards Document, 第30-32項.
28) Ibid., 第33-35項.
29) Ibid., 第37-44項、第55項.
30) Ibid., 第45-54項、第56-58項.
31) 特別査察は異常事態が発生した時に行われる。例えば、1981年イスラエル空軍機のミサイルがイラクのバクダット付近の原子力研究センターのタムーズ1号原子炉に爆撃を行った後に特別査察が行われた。
32) Vanda Lamm, The Utilization of Nuclear Energy and International Law, Akademiai Kiado, Budapest, 1984, p. 68.
33) The Regulation of Nuclear Trade, OECD 1988, pp. 53-54.
34) IAEA憲章第7条A項7号、V項.
35) IAEA Safeguards Document, 第82項.
36) Phung. H. V. Procedures for the supply of nuclear materials through the IAEA, In Experience and Trends in Nuclear Law, IAEA, Legal's Series, No 8, Vienna, 1972, pp. 62-63.
37) 石本泰雄「原爆判決の意味するもの」『世界』218号 (1964年) p. 70.

38) The Regulation of Nuclear Trade, Volume l, Nuclear Energy Agency, OECD, 1988, p. 14.
39) Ibid., pp. 14-15.
40) EC加盟国以外は日本、オーストリア、カナダ、フィンランド、アメリカ。
41) 1976年2月14日、ラテンアメリカ核兵器禁止条約。International Treaties relating to Nuclear Control and Disarmament, Legal Series' No. 9, IAEA1975.
42) Simone Courteix, Le conterle de la proliferation des arms nucleaires, Numero Special Surled disarmament, Revue de droit de McGill, Vol. 28, No 3, July 1983.
43) 日本原子力産業会議『核不拡散ハンドブック』(昭和59年版) p. 14.
44) 二国間協定に基づき移転された核物質に対し、供給国に代わりIAEAが保障措置を適用することに関する受領国及びIAEAの三者間の協定。
45) The Regulation of Nuclear Trade, Volume l, Nuclear Energy Agency, OECD, 1988, p. 188.
46) 山本草二『国際法』(有斐閣、1985年) p. 87.
47) Report of the International Law Commission on the work of its twenty-Seventh session. Official Records of the General Assembly. Thirteenth session, Supplement No. 10, p. 6.
48) Ibid. p. 15.

第4章

各地域機構及び NPT における保障措置制度

1 保障制度の現状

　IAEA の保障措置制度が多国間に実施されているが、それと同時に地域ごとに各地域原子力機関があり、それぞれの機関の保障措置制度が適用されている。

　現在地域間及び準地域間条約による地域原子力機関による保障措置（The Regional or Quasi-Regional Safeguards）は資本主義国家では Europe 原子力共同体（the European Atomic Energy community, EURATOM）、OECD の原子力機関（the Nuclear Energy Agency, NEA）、そしてラテンアメリカ核兵器禁止機構（The Organization for the Prohibition of Nuclear Weapons in Latin America, OPANAL）などにおいて実施されている。共産主義国家には、旧ソ連を中心とする原子力共同研究協会（the Joint institute for Nuclear Research in Dubna, JINR）があるが、保障措置においては西側のような特別な制度の実施ではなく、むしろ原子力開発に重点をおき、商業的利用の研究開発に精進している。上記の OECD の原子力機関と原子力共同研究協会はその地域の国だけでなく、他地域の国々も当事国として加入しているため、準地域間保障措置といえる。

　そして IAEA と保障措置協定を締結している多国間条約「各兵器の不拡散に関する条約（the Non-Proliferation Treaty, NPT）」が多国間に適用されている。

　現在の保障措置の実施状況は NPT の保障措置との協定により IAEA の保障措置がもっとも広範に適用されている。

　では各地域間の機関及び保障措置を若干要約することにする。

2 OECDの原子力機関

 本原子力機関はOECDの前身であるOECDの時代に発足し、ヨーロッパ諸国のみを正規のメンバーとしていたが、1970年、OECDの事務総長の提案により全OECDの加盟国により構成されることになった。[1]

 本原子力機関の目的は「原子力平和利用における協定の発展を目的とし、そのために共同事業、共同サービス、技術協力、行政上及び規政上の問題の検討、各国法の調査、経済的側面の研究を行う」(Statute of the OECD Nuclear Energy Agency; NEA憲章第1条、第8条) ことである。そして、本機関の組織としては運営委員会がOECDの理事会の下にあり、その運営委員会が本機関の全事業の運営を行っている。現在 (2008年) NEAの加盟国は28ヵ国で、本部の所在地はパリ (Paris) である。[2]

 安全保障管理 (Security Control) 制度はNEAの憲章第6条に定められている。NEAの安全保障措置管理の目的は、当機関の指導及び援助のもとで、当時国もしくはその国家と共同設立した原子力施設において、核物質、設備および施設、そしてその操作 (services) などから軍事目的の転用を防ぐ制度を確立することである。[3]

1) 組織および役割

 安全保障を確保するためNEAの運営委員会 (the Steering committee NEA憲章第3条) によって指名された国際的な査察員 (international inspectors) が施設および設備の点検、核物質の量、特殊核物質の処理過程等をチェックする。さらに原子力事業の現場へ「立ち入り検査」(on-site inspection) を行う。

 協定義務 (duties in collaboration) に違反する国に対しては、機関の運営委員会の3分の2の同意をもって、適当な制裁を加えることができる。一方、違反国がその制裁に反論できるヨーロッパ原子力裁判所 (European Nuclear Energy Tribunal) を設けている点が他の保障措置と比較して例のない特徴である。幸

いに現在まで1件もこの裁判所に依託されたことはない。

　原子力運営員会は、査察員による原子力施設の立入検査に関する諸問題を取り扱うのが勿論、当機関の管理局（Control Bureau）と共に、原子力活動全般における規定を定めることができる。さらに原子力事業の運営において、各当事国との諸協定を立案することもできる。つまり当運営委員会は原子力に関するすべての事業の過程において法的規制及び運営面に関する指揮をとるのである。

　当原子力安全保障管理制度はIAEAと欧州原子力共同体（EURATOM）の保障措置制度を再現したものである。しかし原子力安全管理においてはより的確に対応ができ、IAEAの保障制度より技術的、資質的、経済的にすぐれたものであるといえる。1972年以後はNEAにアメリカをはじめ日本および韓国も加入したので、地域的にも安全管理が相当に広い範囲に及んでいる。さらに安全保障管理制度の実施に伴う諸問題に対処するため、EC委員会（the Commission of the European Communities）とIAEA間で協定を結び、査察員の査察活動に便宜をはかっている。

2) 機関の特徴

　当機関は他の機関とは異なる特徴を持っている。NEAもとは地域的機関、すなわちヨーロッパ原子力機関（European Nuclear Energy Agency）であったが、1972年4月に日本が当機関に加入したことによって、「European」をとり現在の名称に変わったのである。従って地域的機関というよりはむしろ技術的、経済的先進国間の機関であるといえる。

　さらに法的側面からみると、独立自主制度（autonomous）がないのである。つまりNEAの運営委員会の運営委員は各政府の担当大臣及び外務大臣によって構成されている。従って当機関の運営会は他の国際機関のように自治組織としての法的権限をもっていないのである。すなわち自主的な国際機関ではなく、各国政府間機関であるといえる。

　当機関は各国主権の維持に重点を置きながら、原子力産業を奨励していく立場にある。しかし、IAEAの査察制度は国家主権を若干制限しても、保障措

置を確保すべきであるという主旨で運営される。従って、このように相反する問題をもちつつ、両保障制度を効力ある制度として確立するには、国家の主権に関する摩擦が生ずる可能性があるといえる。機関の主な活動をまとめると以下のようになる。

3）概　要
(1)加盟国間の原子力の発展を図るため科学的及び技術的協力の推進。
(2)原子力事業に参加した国及び団体の労働者及び一般市民の放射線からの保護、そして原子力事故による保険及び第三者損害賠償制度確立における調整を図ること。
(3)原子力の需要のバランスを図ること。
(4)原子力事業の分野における情報、技術協力及び共同事業の運営の促進。
(5)加盟国間の原子力共同研究の支援。
などである。NEAは特に、加盟国の環境、国民の健康の安全確保を図るため、様々な放射線の許容量の基準を定め、加盟国に勧告している。そして原子力事故に対する補償対策として、保険対策さらに第三者賠償制度を確立している。この2つの制度は、NEAは勿論、IAEAの加盟国、さらに他の原子力保有国にもその分野の基準として採用されている。

つまりNEAの保障制度は、核拡散防止目的の査察についてはIAEAの保障制度に一任し[4]、むしろ環境、健康の保護、そして原子力事故の際の各種賠償対策を確立し、チェックする制度であるといえる。

3　原子力共同研究協会

1）組織および目的
当原子力共同研究協会（The Joint Institute for Nuclear research in Dubna; JINR）は旧ソ連を中心とした社会主義国家（CMEA or COMECON）の原子力分野における政府間機関である。

原子力共同研究協会の協定は1956年3月26日、11ヵ国より採択され、1956年9月23日に当研究所の憲章も効力が生じ、社会主義国家間の原子力平和利用の分野における活動が開始したのである。現在の加盟国は、ロシアを中心に18ヵ国である。

　この協会は一般的には Dubna 協会と呼ばれ旧ソ連を中心とした東ヨーロッパ諸国を始め、アジア、中南米の社会主義国家キューバをも当事国であり準地域的機関といえる。

　当協会の目的は「当協会の加盟国により原子物理学（Nuclear Physics）分野において理論的および実験的研究を促進する。」と当研究所憲章第4条に規定されている。

　また憲章第28条には当加盟国間の原子力分野の研究を確保するため、当協会のもとに実験室及び施設を確保することにしている。

　組織としては2つの委員会がある。1つは科学者委員会（the Scientific Council）であり、もう1つは財政委員会（the Finance Committee）である。

　科学者委員会は各加盟国より3名の科学者から構成され、当協会の研究全般における結果を検討、審議しそして許可を下すことが主な任務である。

　財政委員会は各加盟国より1名の代表で構成され、当協会の予算を成立させ、そしてその用途を監査することが主な任務である。

　また当協会の加盟資格としては社会主義国家だけに制限されるのでなく、どのような国家（any State）も加入する事が出来ると憲章第5条に定めている。ただし全加盟国の過半数の同意が必要である。

2）運　営

　当協会の保障措置制度は IAEA 保障措置制度と協定を結び、当協会の締約国には IAEA の査察制度を部分的に適用することになっている。従って西側諸国の保障措置と表面上別段変わりはないのであるが、実施状況から判断すると、当協会の目的達成のためには、制限もしくは禁止よりも原子力産業活動のすべてにおいて旧ソ連の主導によって行い、技術的、財政的そして政策面にお

いて制限を加えるという、旧ソ連型の保障措置、つまり旧ソ連の原子力独占、核物質からその利用および使用まで、原子力活動全般を統制することであった。現在、ロシアがその当協会、JINR の体制を維持しているが、最初の旧ソ連の意図通り機能を果たしているかは疑問である。

4　ラテンアメリカ核兵器禁止機構

1）目　的

当機構（The Organization for the Prohibition of Nuclear Weapons in Latin America, OPANAL[10]）はラテンアメリカ核兵器禁止条約（The Tlatelolco[11]）により設置された。すなわちトラテロルコ条約の第7条、「この条約の義務の履行を確保するため、この機構を設立する。」という条項により当機構が設立されたのである。

OPANAL の加盟国は、南アメリカを中心に2008年9月現在、33ヵ国[12]である当機構の目的は第1条、「締約国は、自国の管轄下にある核物質及び核施設を平和利用目的のためのみ使用すること（to use exclusively for peaceful purposes）と、ならびに核兵器を方法の如何を問わず実験し、使用し、製造し、生産し、および取得することを、自国の領域において禁止又は防止することを約束する」ということ[13]である。

当機構の保障措置（Control System）としては、第12条に第1条の規定に従って、締約国が受領した義務の履行を検証するために設けられるものとし、次の3つのことに関し検証を行う。

2）任　務

a．原子力の平和利用のための装置、役務及び施設を核兵器の実験及び製造に利用しないこと。

b．第1条の規定によって禁止されているいずれかの活動も、締約国の領域内において、外国から持ち込まれた物質又は核兵器によって行わないこと。

ｃ．平和目的のための爆発が第18条（つまり平和目的のためにのみ爆発できる条項）の規定に抵触しないことである。[14]

当機構の管理制度の任務は原子力平和利用のための核物質、装置そして施設のみを検証するのではなく、核兵器のテスト、製造および貯蔵の禁止に関しても監視するのである。

例えば「締約国は核兵器の実験、使用、製造、生産、所有もしくは管理に直接又は間接に関与し、これらを奨励もしくは許可し、または方法の如何を問わずこれらに参加することを慎むことを約束する。」としている。このような広い意味を持った保障措置制度の範囲はOPANALの管理制度をはかったといえる。しかし残念なことに禁止されるいかなる活動も自国の領域内において行われなかったことを記載した半年ごとの報告を、情報のために当機構及び国際原子力機関に送付する。ことになっており、それは各締約国の任意による検証である。

もちろんこのような制度はIAEAでも採用しているが、IAEAの場合は特別報告（special reports）、そして特別査察（special inspection）等を平行している。しかし、OPANALの管理制度の検証方法は半年ごとの任意的な報告のみである。（第15条、第16条）ただこのような方法で検証することに定められたのは、当機構のもう1つの条約によってカバーされているからである。その条約とはトラテロルコ条約の第2付属書（Additional Protocol II）第2条及び第3条であり、これらによって核兵器保有国がラテンアメリカ当条約加盟国に保障を与えている。つまり核兵器保有国がOPANAL締約国に対し、「第1条の義務の違反となるいかなる行動の遂行をいかなる方法によっても助長しないことを約束する。」と確約を与えたのである。さらに当付属書の第3条には「OPANALの締約国に対し核兵器を使用しないことを、または使用することに威嚇を行わないことを約束する。」としている。この付属書に核兵器保有国が同一に加入し、ラテンアメリカ核兵器禁止条約（Tlatelolco）の締約国に対し、原子力分野において平和利用目的の事業のみを推進していくための環境を整えたといえるだろう。

核兵器及び原子力分野における多国間、地域間条約ですべての核保有国が条約に同一に加入したのは当付属書が現在のところ初めてである。

OPANALの保障措置制度においては、EURATOMのような独自の実施機関を設けることなくIAEAの保障措置制度に委ねている保障措置とは違う、従ってOPANALの目的の1つである核兵器の持込み禁止を規制するための検証方法対策が制度上確立している。

当機構の保障措置はIAEAの保障措置適用の対象である。核物質および施設はIAEAに委ね、その以外の部分に適用する。例えば、OPANALの当事国が核兵器を持ち込んだ場合、査察及び検証を行うことができる執行機関が確立している。この点においては核拡散の防止の立場からみると評価できる保障措置である。

そしてOPANAL保障措置制度（The OPANAL Control System）は、当事国内での原子力活動全般において活動が行われる同時に、第16条においてIAEAの特別査察（Special Inspections）規定があり、核拡散防止について国内・外において効果的に対処し得る総合保障措置制度を確立している。[15]

5　ヨーロッパ原子力共同体

本原子力共同体（European Atomic Energy community、以下EURATOMという）は、1957年3月25日にローマ条約によって欧州経済共同体（EEC）と共に設立され、1967年には運営機関がEECのそれらに継承されるが、1993年に欧州諸共同体がEUの3つの柱構造の1つとして吸収されたあとも法的には独立して存在している。現在の加盟国はEU加盟国と同数の27ヵ国である。

1）目　的

EURATOM[16]の目的はEEC（European Economic Community）の加盟国間の国民の生活水準の向上と相互関係改善を原子力産業のより一層の発展と拡張を通じて企ることである。（第1条）

EURATOM は EEC の地域政府間条約による機関である。従って、本共同体は加盟国の原子力産業全般の運営に関する活動のみを事業対象としている。

本共同体の構想は1955年イタリアのメッシーナ（Messina）において開かれた EEC の委員会（Commission）の委員長のパウロヘンリスピーク（Paul-Henri Speaak）が提唱した、西ヨーロッパ諸国の原子力研究の開発及びエネルギー不足の改善を図るべきであるという報告書（一般に「the Spaak Report」という）により着案された。

2）任　務

本原子力共同体は上記の目的を達成するため、第2条において任務を定めている。具体的には、

(1)本共同体は原子力産業に関する核物質及び核燃料を含めたすべての科学的知識を利用できる体制の確保。

(2)加盟国が核物質を使用目的（Original Purposes）以外に使用することを防止するため、適当な監視制度（appropriate supervision）の確立。

(3)公衆と原子力産業の労働者の健康を保護するための統一した安全基準（the uniform safety standards）の確保。

(4)原子力産業の投資における金融自由化並びに技術専門家（specialists）の自由採用。

(5)核物質および設備の確立のため、共同市場の確立、などである。

本共同体の最優先任務は主に原子力産業の促進である。特に供給機関（Supply Agency）を設け（第6章）、各加盟国と原子力産業全般に関する物質及び設備などの調達における協定を別に締約して原子力産業の開発に精進した。（第52条）。この供給機関は核物質の提供において契約を締結する特別な権限を発揮できる。原子力産業全般の行政面において運営及び管理を担当している EC、委員会（the commission）と同様に供給機関は EURATOM の中枢組織である。さらに両組織は商業利用の側面のみを管理するのではなく、加盟国以外、つまり西側諸国と東側諸国との核軍縮に関する政策（Policy）にも大きな影響

を与えている。1986年2月17日に、「the Single European Act」の署名により、ECの原子力に関する諸活動において供給機関の任務は拡張される一方である。[18]

EURATOMの保障措置制度（the Measure of Safety Control）は第7章の第77条に定めている。当保障措置はEECの委員会の保障措置運営委員会（the Safety Control Management of the Commission）の決定及び実施により対処している。加盟国はすべての原子力活動において委員会の下の査察を受けなければならない。そして契約義務の違反者に対し罰則（penalties）を果すことができる。さらに原子力に関する全情報も査察の対象になる。[19]

またこのEURATOM保障措置制度はアメリカの原子力法の第123条の条件を遵守するという条件でアメリカとの協定によって講じられたものであり、国内法とほぼ同格の厳しい規制を行うことができる。すなわち物的、人的罰則を果すことができる。しかし当保障措置制度の適用の範囲の定義には問題がある。それは第2条の使用目的（Original Purpose）の定義である。加盟国が基本的にどの目的で核物質及び設備を使用するかの計画によって査察対象範囲が決定されることになっている。（第84条）従ってEURATOMの保障措置制度は軍事使用にも商業使用にも可能な図式であるといえる。核拡散を防止する立場に立って策案された他の国際的な保障措置と比較すると、この保障措置制度は明確な立場をとらず、加盟国の裁量に任せたものであり、改善を必要とする部分を内包している。

6　核兵器の不拡散に関する条約の保障措置

1）組　織

アメリカ合衆国、ロシア、中華人民共和国、フランス、イギリスの5ヵ国以外の核兵器の保有を制限し、核軍縮を進めるための条約のひとつである（the Non-proliferation Treaty）。元は第2次世界大戦の敗戦国であった日本とドイツの核武装を阻止するために提案されたものである。

NPTは、1963年、国連で採択され、関連諸国による交渉、議論を経て1968

年に最初の62ヵ国による調印が行われた。発効は1970年3月。締結国は191ヵ国（2008年10月現在）。日本は1970年2月に署名、1976年6月に批准した。インド、パキスタンは未加盟の核保有国、また未加盟のイスラエルが保有疑惑を持たれている（イスラエルは否定も肯定もしていない）。北朝鮮が2003年1月に脱退を表明した。

NPTでは、1967年1月1日の時点で既に核兵器保有（被許可）国（核兵器国）であると定められたアメリカ、ロシア、イギリス、1992年批准のフランスと中国の5ヵ国とそれ以外の国（非核兵器国）とに分ける。前者の核兵器国については、核兵器の他国への譲渡を禁止している。また、核軍縮のための交渉を進めることが義務付けられる。後者の非核兵器国については、核兵器の製造、取得を禁止している。また国際原子力機関（IAEA）による保障措置を受入れることが義務付けられる。他に、原子力の平和利用については条約締結国の権利として認めること、5年毎に会議を開き条約の運営状況を検討すること、などを定めている。

25年間の期限付きで導入されたが、発効から25年目にあたる1995年には、NPTの再検討・延長会議が開催され、条約の無条件、無期限延長が決定された。

2）成立動機

NPTの成立動機は1960年代に入ってアメリカ、旧ソ連、イギリスに次いで、フランスが核爆発実験に成功し、一方、原子力が平和目的分野においても本格的な進展を見せ始め、その両立を図る必要性が台頭したのである。その中、最も懸念材料は、原子力商業利用に伴い世界的な核兵器の拡散であった。

このような状況の中で、アメリカが1965年第8回18ヵ国軍備委員会に核兵器の不拡散に関する条約（NPTという）草案[20]を提出し、さらに同年9月に旧ソ連が対案[21]を提出したことを契機に、活発な論議[22]が行われたのである。

3）米・ソ対決

米・ソが当初提出した案は、

ａ．核保有国（the nuclear weapon states, NWS）は非核保有国（the non-nuclear weapon states, NNWS）に対し、核兵器などの委譲を行わないこと。

ｂ．非核兵器保有国は核兵器の製造、取得等を行わないこと。

ｃ．上記のｂの義務が履行されていることの確認手段（保障措置）の確立。

という３点から成るものであった。このような米・ソの草案に対し非核保有国３つの問題点を提起した。

ａ．核軍縮の要求。これは「核保有国による核軍縮が行われていないにもかかわらず、非核保有国のみ核兵器を保有しない義務を負うのは妥当ではない」という主張である。

ｂ．安全保障の要求。この要求は「非核保有国は核兵器を持たないということで核保有国から脅威を受けねばならず、これでは自国の安全が保障されない」ということに基づいたものである。

ｃ．原子力平和利用の確保の要求。これは「非核保有国における原子力平和利用の発展がこの条約によって阻害されること」、さらに核爆発装置の製造、取得も禁止された結果、これから得られる利益を享受できなくなることへの懸念である。また「非核保有国のみ保障措置の適用を受けるのは差別的である」という主張である。

これらの点に関し、ａ.について核保有国は核軍縮のため誠実（in good faith）に交渉を行うことに落ちついた[23]。またｂ.については1968年６月の国連安全保障理事会決議及びアメリカ、旧ソ連、イギリス政府による核保有国は非核保有国に対し核兵器の攻撃をしないという宣言で一段落ついたのである。ｃ.についてはNPTが非核保有国の原子力平和利用のための権利に影響を与えるものではないということを、NPT第４条に明記することと、さらに第５条に平和目的爆発の利益はすべての締約国に提供されることを明記することになり、合意に達したのである。そしてアメリカ、イギリスの保障措置を受け入れ宣言等により妥協が行われ、現条約として成立するに至ったのである。

4）NPT の保障措置

現条約の目的は、核保有国（1967年1月1日時点で米、ソ、英、仏、中の5ヵ国）の数を増加させないことにより核戦争の可能性を押さえることにある。この目的達成のための当条約の第1条、第2条、そして、第3条に保障措置を定めている。

では当条約の保障措置制度を含めた規定は以下のとおりである。

第3条「非核兵器国による保障措置の受諾、国際原子力機関との保障措置協定の締結等」

1. 締約国である非核兵器国は、原子力が平和的利用から核兵器その他の核爆発装置に転用されることを防止するため、この条約に基づいて負う義務の履行を確認することのみを目的として国際原子力機関との間で交渉しかつ締結する協定に定められる保障措置を受諾することを約束する。この条の規定によって必要とされる保障措置の手続きは、原料物質または特殊核分裂性物質につき、それが主要な原子力施設において生産され、処理されもしくは使用されているかまた、主要な原子力施設の外にあるかを問わず、遵守しなければならない。この条の規定によって必要とされる保障措置は、当該非核兵器保有国領域内若しくはその管轄下でまたは場所のいかんを問わずその管理の下で行われるすべての平和的な原子力活動にかかるすべての原料物質及び特殊核分裂性物質につき、適用される。

2. 各締約国は(a)原料若しくは特殊核分裂性物質または(b)特殊核分裂性物質の処理、使用若しくは生産のために設計され若しくは作成された設備若しくは資材を、この条の規定によって必要とされる保障措置が当該原料物質または当該特殊核分裂性物質について適用されない限り、平和目的のためいかなる非核兵器国にも供給しないことを約束する。

3. この条の規定によって必要とされる保障措置は、この条の規定及び前文に規定する保障措置の原則に従い、次条の規定に適合する態様で、かつ、締約国の経済的若しくは技術的発展または平和的な原子力活動の分野における国際協力（平和的目的のため、核物質及びその処理、使用または生産のための設備を国際的に交換することを含む）を妨げないような態様で、実施するものとする。

4. 締約国である非核兵器国は、この条に定める要件を満たすため、国際原子力機関憲章に従い、個々にまたは他の国と共同して国際原子力機関と協定を締結するものとする。その協定の交渉は、この条約が最初に効力を生じた時から180日以内に開始しなければならない。この180日の期間の後に批准書または加入書を寄

託する国については、その協定の交渉は、当該寄託の日までに開始しなければならない。その協定は、交渉開始の日の後18ヵ月以内に効力を生ずるものとする。
第7条「地域的条約を締結する権利との関係」
　この条約のいかなる規定も、国の集団がそれらの国の領域に全く核兵器の存在しないことを確保するための地域的な条約を締結する権利にて対し、影響を及ぼすものではない。
　NPTに基づく保障措置制度の目的を要約すると、「有意量の核物質が平和的な原子力活動から核爆発装置の製造のためまたは不明目的のために転用されることを適時に探知すること」である。

上記の制度の実質の範囲は以下のとおりである。
　1）原子力発電所及び設備、施設の設計情報の把握。
　2）核物質の受け入れ量、払い出し量、在庫量等の記録の備え付け。
　3）核物質の在庫変動及び収支等の報告の徴集。
　4）人員勘定、測定等の検認及び試料収去等の対する査察。
　5）不明物質量の解析等全体評価。
以上のようにNPTの保障措置制度はIAEAの保障措置制度とほとんど同一である。しかしいくつかの点において差異がある。
　まず第1にIAEAの保障措置の対象となるものは、協力協定に基づき移転された核物質、設備及び施設等であるが、NPTの下では当該非核兵器国にあるすべての核物質である。
　第2にIAEAの保障措置制度では国内制度の確立に対し、特に規定されていなかったが、NPTの下では各国は核物質についての計量管理制度を測定し、維持することが義務付けられ、IAEAはこの制度による結果を検証することになった。
　第3に査察の際、通常立ち入る場所については特に規定はなかったが、NPTの下ではあらかじめ合意された場所のみに限られている。
　第4に原子力施設に対する査察の頻度はIAEAには核物質が一定以上取り扱われる施設に対して常時立ち入りの権利があるが、NPTの下ではこれは一定限度に制限されている。

7 まとめ

　以上のように原子力商業利用の全般にわたる保障措置制度は、多国間的、地域的にまた二国間協定により異なる点があるが、IAEA と NPT との保障措置制度協定の締結により IAEA が実施することになっている。つまり IAEA が NPT の締約国である非核兵器国内にある原子力商業利用の核物質など全般にわたって保障措置制度を適用することになっている。各保障措置は論理的（technical）には一貫性を持った効力ある安全管理が確保できるが、実践的（practical）には保障措置の適用の際、施行手続き及び各国内の行政制度がことなり、試行錯誤の状態である。

　現在の保障措置制度の状況は二国間協定をもって IAEA の保障措置制度の不備点を補足して適用している。また原則的には各国領域内において適用されるのである。従って国家の力関係に左右されない、さらに領域を超えた国際的に有効な、実践可能な保障措置制度を確立する必要がある。

　IAEA の保障措置の制度化とその施行は、原子力国際管理の強化への第一歩であったといえる。しかし原子力産業全般に対し、物質及び技術援助が円滑にできないため、多国間に適用されることなく、その該当部分に限り、主に二国間協定によって、査察は実行された一方、NPT は適用範囲を多国間に拡大し、原子力の国際管理を強化した点において評価できる。

　上述の各地域間、準地域間保障措置制度はそれぞれに特色があるが、NPT の発効により、各保障措置における核拡散の防止策が一層強化されるよう求められることになった。NPT の締結により、原子力商業利用における保障措置は、最初の地球的体制の管理（the global regime of control）制度を確立したといえる。

　しかしこのような制度が、その実施におい多数の難問に直面している。それらは国際法、及国際機関そして各国内制度上の不一致に起因するものが多く、現在の各制度上では改善が見出し難い。

提供された核物質及び設備、施設が軍事目的に使用されないよう、また転用されないよう監督（supervision）及び管理（control）することである。（第2条）

1953年12月8日、アイゼンハウワー（Eisenhower）大統領が国際連合において原子力機関の構想を初めて打ち出した時から、この二面性に関する議論は機関が創立されるまで最も多く討論の議題となった。要約すると1つの機能は生活水準の高揚を目指し、またもう1つの機能は軍縮全般に意図をおいたものである。

しかしこの二面性の区分は決して明確なものではなく、軍事、科学、経済等の面において、大国（the Great Power）間の原子力分野における覇権争奪戦が深みを呈するにつれ、その解釈のされ方も大国の利益に応じた曖昧なものとなっていくのである。

さらに2つ目の機能の特徴は、機関と加盟国との間の関係に3つの異なったタイプが存在することである。これは機関憲章第6条A項に示されているが、特に理事会のメンバー国の選出に関する条項である。（第6条）

第1のタイプは、現在、相当量の特殊核分裂生物質（Plutonium-239、Uranium-233）生産国で、原子力に関する技術でもっとも進歩している国である。

このような国々は機関に対し核物質及びどのような援助も要請しない。逆に機関が核物質や技術をたよらなければならない国家群[25]である。

第2のタイプは、相当量の原料物質[26]（Source Material＝ウラニウム、トリウム）を生産している国で機関の事業に協力できるし、一方、機関からの援助を要請できる国でもある[27]。またこのようなグループはノルウェー、スウェーデン、オランダなどのように原子力全般において技術的な力は十分持ちながらも、原料物質が不足している国が含まれる。

第3のタイプは、原子力に必要な原料物質も技術も持たない国である。このような国々は機関の事業に協力するよりは、むしろ機関からの援助を一方的に受けるのである。つまりこのような国はもし機関の事業に協力したとしても、機関に貢献するよりはそれらの利益を受ける方が大きいのである[28]。

92　第 2 部　原子力国際管理の Regimes

1)　NEA Statute, The Nuclear Energy Agency (NEA), OECD, 1978.
2)　Home Web-site, The Nuclear Energy Agency (NEA), OECD. http ://www.nea. fr/html/nea/flyeren.html 「Australia, Austria, Belgium, Canada, Czech Republic, Denmark, Finland, France, Germany, Greece, Hungry, Iceland, Ireland, Italy, Japan, Korea of Republic, Luxembourg, Mexico, Netherlands, New Zealand, Norway, Portugal, Slovak Republic, Spain, Sweden, Switzerland, Turkey, United Kingdom, United States of America.」
3)　Convention of 20th December 1957 on the Establishment of a Security Control in the Field of Nuclear Energy. 1959年 7 月22日発効。Statute of the OECD Nuclear Energy Agency http : // www.nea.fr/html/nea/statute.html
4)　1976年10月14日は NEA の運営委員会の IAEA の保障措置との適用上重複をさけるために NEA の安全保障管理法規の適用を一時停止 (suspend) することを決定した。
5)　Nuclear Law for a Developing World. IAEA, Vienna 1959, pp.
6)　Multilateral Agreements. IAEA Legal Series No 1, Vienna 1959, pp. 29-39.
7)　現在の加盟国： JINR Member States Republic of Armenia, Republic of Azerbaijan, Republic of Belarus, Republic of Bulgaria, Republic of Cuba, Czech Republic, Georgia, Republic of Kazakhstan, Democratic People's Republic of Korea, Republic of Moldova, Mongolia, Republic of Poland, Romania, Russian Federation, Slovak Republic, Ukraine, Republic of Uzbekistan, Socialist Republic of Vietnam. http : // ftp.jinr.ru/JINRmembe.htm
8)　創立当時加盟国： Bulgaria, Cuba, Czechoslovakia, Germany, Hungary, Democratic People's Republic of Korea, Mongolia, Poland, Romania, the USSR and Vietnam.
9)　CAEM, 25ans, Ed by pragres, USSR1974.
10)　OPANAL という頭文字はスペイン語からである (Organismo para laproscripcion de las Arms Nucleares en la America Latina)。
11)　IAEA Bulletin, Vol. 24, No 2, p. 57.
12)　OPANAL Member nations Antigua and Barbuda, Argentina, Bahamas, Barbados, Belize, Bolivia, Brazil, Chile, Colombia, Costa Rica, Cuba, Dominica, Dominican Republic, Ecuador, El Salvador, Grenada, Guatemala, Guyana, Haiti, Honduras, Jamaica, Mexico, Nicaragua, Panama, Paraguay, Peru, Saint Kitts and Nevis, Saint Lucia, Saint Vincent and the Grenadines, Suriname, Trinidad and Tobago, Uruguay, Venezuela http ://en.wikipedia.org/wiki/OPANAL
13)　OPANAL の目的
　　(a)　The testing, use, manufacture, production or acquisition by any means whatsoever of any nuclear weapons, by the Parties themselves, directly or indirectly, on behalf of anyone else or in any other way, and

第 4 章 各地域機構及び NPT における保障措置制度 93

　　(b) The receipt, storage, installation, deployment and any form of possession of any nuclear weapons, directly or indirectly, by the Parties themselves, by anyone on their behalf or in any other way.
14) OPANAL の保障措置 ; Control System
　　(a) That devices, services and facilities intented for peaceful uses of nuclear energy are not used in the testing or manufacture of nuclear weapons,
　　(b) That none of the activities prohibited in Article I of this Treaty are carried out in the territory of the Contracting Parties with nuclear materials or weapons introduced from abroad, and
　　(c) That explosions for peaceful purposes are compatible with Article 18 of this Treaty. http://opanal.org/opanal/Tlatelolco/P-Tlatelolco-i.htm
15) IAEA の特別査察の規定
　　The International Atomic Energy Agency has the power of carrying out special inspections in accordance with Article 12 and with the agreements referred to in Article 13 of this Treaty.
16) 最初 6 加盟国 : Belgium, France, Germany, Italy, Luxembourg and the Netherlands.
17) Garcia Robles, a, Mesures de desarmememnt dans zones particculieres, 9/74. Vanda lamm The Utilization of Nuclear Energy and International Law, p. 9 at 110.
18) 加盟国 : Belgium, France, Ireland, Denmark, Norway（署名はしたが批准はしていない）Greece, the Federal Republic of Germany, Italy, the Netherland, Luxembourg, the United Kingdom.
19) UNTS, Vol. 298, No4301. EURATOM 保障措置第 7 章 http://eur-lex.europa.eu/en/treaties/dat/12006A/12006A.htm
20) Annualre francais de Droit intternational, 1966, pp. 692-709.
21) Role of International Organization in the Field of Nuclear Trade, OECD, 1989, pp. 29-30.
22) A Regional approach, IAEA Bulletin, Vol. 22, No. 314 p. 48.
23) Wolf, K2, The legal and factual problems of international security Control in the field of nuclear energy.
24) IAEA, INFCIRC / 153.
25) the SIPRI Year book of World Armaments and Disarmament 1968 / 69.
26) International Negotiations on the Treaty on the Nonproliferation of Nuclear Weapons by ACDA.
27) Ibid
28) IAEA Bulletin, Vol. 24, No 3, September 1982.

第5章

IAEA の保障措置と NPT そして EURATOM の保障措置制度の実施状況

1 状 況

　原子力商業利用の拡張に伴い原子力の国際管理の対策及び対処の方法も多用化している。

　第3章及び第4章で述べたように原子力の国際管理諸条約、それによる諸機関の保障措置も、原子力発展過程において国際環境の影響を真っ向から受けながら歩んできたといえる。

　原子力の国際的な安全管理（Security Control）という制度はアメリカの国内法から由来した。アメリカは第2次世界大戦後、最初に原子力の管理における法律を制定した。原子力法（United States Atomic Energy Act of 1946）は、原子力の全般、つまり核兵器および原子力の商業利用における管理体制を構築したのである。この法律により原子力委員会（the United States Atomic Energy Commission）を設置し、原子力の管理体制の強化をめざした。[1] その後1951年及び1954年、1946年法律の改正により、原子力法（the United States Atomic Energy Act of 1954）が採択され、「原子力商業利用の国際化の促進」を伴い、同時に「安全管理」の制度も国際化したのである。

　アメリカは1954年の法の改正により原子力の情報及び設備そして物質は二国間の協定において安全管理規定の遵守の義務を果たした上で提供するということにした。アメリカは原子力産業に用いる核物質などを軍事目的への使用転化防止を確立するため、原子力の受容国（the recipient country）に対して「Safeguards」制度の確約を課したのが始まりである。

　アメリカは保障措置の適用範囲として、アメリカが提供した原子力に関する

情報、設備、物質及び技術は勿論それらの第三国への移転（transfer）まで含むこととした。このアメリカの保障措置制度がしだいに国際的な原子力管理のための中枢機能の役割を果たすモデルとなる。

アメリカの保障措置の確約に受容国は自国の主権侵害に及ぶことに抵抗を感じ、アメリカ当局から直接査察を受けるよりは、国際機関からの査察を受ける方が望ましいという考え方を抱いた。一方アメリカ側の担当者からも商業目的の円滑な達成のためには第3機関が適当であるという意見が多数主張された。このような相互の考え方が IAEA の保障措置制度を同機関憲章第12条において定めるに至らせるのである。さらに EURATOM はローマ条約の第7条に、そしてヨーロッパ原子力機関（NEA）は機関憲章第8条に、それぞれ保障措置を定めることになった。NEA の保障措置は IAEA との適用に重複をさけるため1976年以来停止している。

現在実施されている保障措置制度としては、IAEA と EURATOM の保障措置が国際的に適用されている。

2　IAEA の保障措置と NPT などとの関連

1）IAEA の保障措置 NPT との関係

IAEA の保障措置は実施面において、1957年から1964年までには特別な進展はなかった。1965年ころ国連安全保障理事会の5常任理事国の核実験の実施により、国際的な政治、軍事面における不安が最高潮をむかえた。軍事巨大国のこのような動きに対し、第三世界を中心とする諸国が核の脅威に基づく反論が国連の舞台に頻繁に登場し始めた。1965年8月、米、ソの核拡散防止策論が国連の場において展開される。その結果 NPT の第3条に IAEA との連結した保障措置を原子力の国際管理の主要任務として置くことになる。

NPT の締約国（非核兵器国）は、原子力を平和利用から核兵器などへの転用を防止するため、IAEA との間で保障措置協定を締結し、それに従い国内の平和的な原子力活動にある全ての核物質についてフルスコープ（full scope）保

障措置を受け入れる、(第3条)義務を負っている。NPTはこの保障措置を非核兵器国の締約国に課するため、既存のIAEAの保障措置制度を活用することを考え、IAEAと協定を締結した。NPTは1970年に保障措置制度を作成し、同年IAEA理事会によりその承認を受けた[2]。

　IAEAはNPTにより課せられた保障措置上の義務を果たすため、NPTに加わることが期待される先進工業国の全体的な核燃料サイクルに対する適切な保障措置制度の立案が迫られた。IAEAはNPTの保障措置協定国の国家主権の大幅な譲歩に伴う諸査察行為に対しては、締約国ごとに協定を結び対処した。

　このような保障措置の協定によりIAEAとNPTの非核兵器締約国と間でIAEAの保障措置が適用されることになる。

　従って主要先進非核兵器国を含む全世界的な規模の保障措置が執行されることになる。

　次にIAEAの保障措置の実施及び執行に関し述べることにする。

2）IAEAの保障措置の実施

　IAEAがNPTの第3条保障措置協定な締結することによってNPTの保障措置を締結した全加盟国（非核兵器国）はIAEAの保障措置を受けなければならない。

　NPTに基づくIAEAの保障措置の協定に置いては、当該締約国は次の4つの基本的な点[3]において保障措置を受けることになる。

　　A．核物質の国内計量管理制度と保障措置、
　　B．核物質の計量管理、
　　C．封じ込めと監視、そしてD．査察である。

　A．について、当該締約国管轄権限内、または管理下の核物質について国内計量管理制度を制定、維持されなければならないことが規定されている。NPT批准国においてはIAEAの核物質の計量管理とその検認は、国内管理制度に基づき施設経営者が保障措置協定の要請に従うことを補することは国の義務とされている。これらの要請[4]とは、

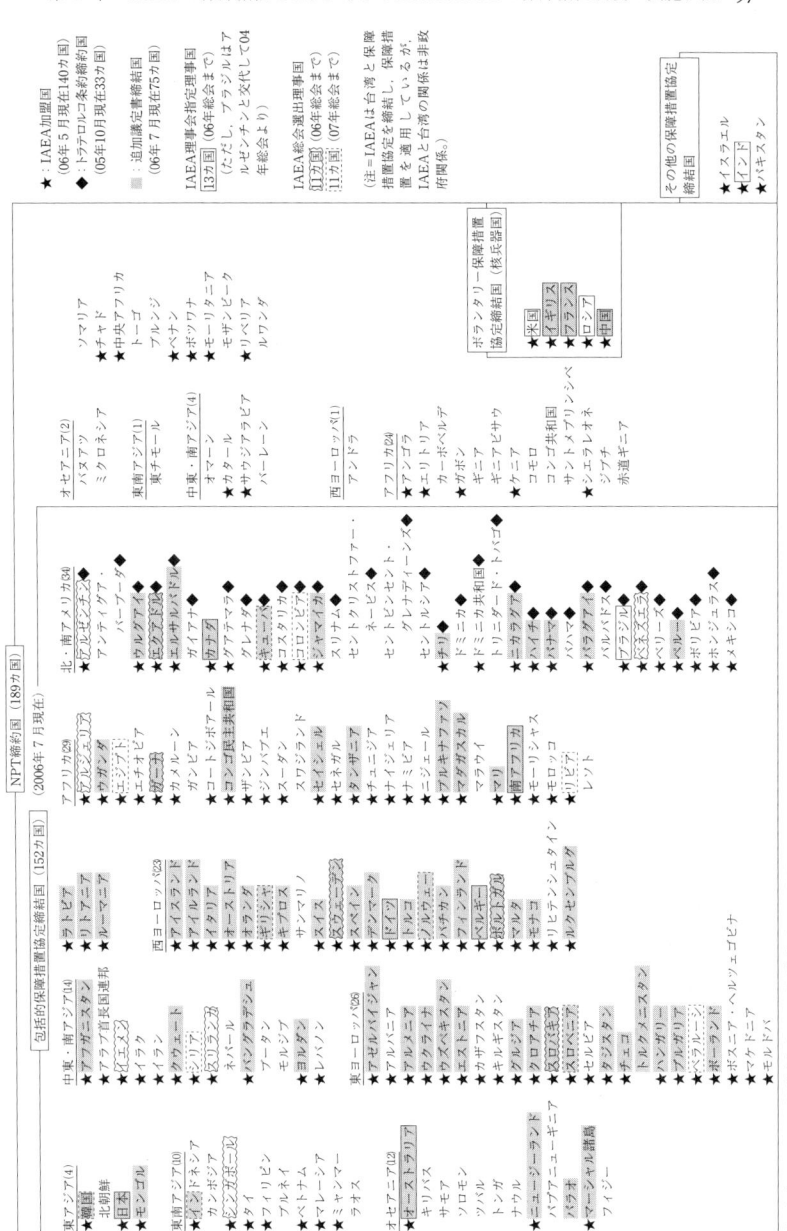

第5章 IAEAの保障措置とNPTそしてEURATOMの保障措置制度の実施状況　97

NPT締約国とIAEA保障措置協定締結国

★：IAEA加盟国（06年5月現在140カ国）
◆：トラテロルコ条約締約国（05年10月現在33カ国）
■：追加議定書締結国（06年7月現在75カ国）

IAEA理事会指定理事国 13カ国（06年総会まで）
（ただし、ブラジルはアルゼンチンと交代して04年総会より）

IAEA総会選出理事国
旧方面（06年総会まで）
11カ国（07年総会まで）

（注＝IAEAは台湾と保障措置協定を締結し、保障措置を適用しているが、IAEAと台湾との関係は非政府関係。）

その他の保障措置締結国
★イスラエル
★インド
★パキスタン

ボランタリー保障措置協定締結国（核兵器国）
米国　英国　フランス　ロシア　中国

NPT締約国（189カ国）（2006年7月現在）

包括的保障措置協定締結国（152カ国）

東アジア(4)
★韓国
★北朝鮮
★モンゴル
★日本

中東・南アジア(4)
★アフガニスタン
★イラン
★イラク
★クウェート

西ヨーロッパ23
★アイスランド
★アイルランド
★イタリア
★オーストリア
★キプロス
★ギリシャ
★サンマリノ
★スイス
★スウェーデン
★スペイン
★デンマーク
★ドイツ
★トルコ
★ノルウェー
★バチカン
★フィンランド
★フランス
★ベルギー
★ポルトガル
★マルタ
★リヒテンシュタイン
★ルクセンブルク
★オランダ

東南アジア(10)
★インドネシア
★カンボジア
★シンガポール
★タイ
★フィリピン
★ブルネイ
★マレーシア
★ミャンマー
★ラオス
★ベトナム

**ラトビア
★リトアニア
★ルーマニア**

北・南アメリカ34
★アルゼンチン◆
★アンティグア・バーブーダ◆
★ウルグアイ◆
★エルサルバドル◆
★ガイアナ◆
★カナダ
★キューバ◆
★グアテマラ◆
★グレナダ◆
★コスタリカ◆
★コロンビア◆
★ジャマイカ◆
★スリナム◆
★セントクリストファー・ネービス◆
★セントビンセント◆
★セントルシア◆
★チリ◆
★ドミニカ共和国◆
★ドミニカ◆
★トリニダード・トバゴ◆
★ニカラグア◆
★ハイチ◆
★パナマ◆
★バハマ◆
★パラグアイ◆
★ブラジル◆
★米国
★ベネズエラ◆
★ペルー◆
★ベリーズ◆
★ボリビア◆
★ホンジュラス◆
★メキシコ◆

NPT締約29
★アフリカ29
★アルジェリア
★アンゴラ
★ウガンダ
★エジプト
★エチオピア
★エリトリア
★ガーナ
★カーボベルデ
★ガボン
★カメルーン
★ガンビア
★ギニア
★ギニアビサウ
★コートジボワール
★コモロ
★コンゴ共和国
★コンゴ民主共和国
★ザンビア
★ジブチ
★ジンバブエ
★スーダン
★セネガル
★チュニジア
★ナイジェリア
★ニジェール
★ブルキナファソ
★マダガスカル
★マリ
★南アフリカ
★モーリシャス
★モザンビーク
★リビア
★レソト

東ヨーロッパ26
★アゼルバイジャン
★アルバニア
★アルメニア
★ウクライナ
★ウズベキスタン
★エストニア
★カザフスタン
★キルギスタン
★グルジア
★クロアチア
★スロバキア
★スロベニア
★セルビア
★タジキスタン
★チェコ
★トルクメニスタン
★ハンガリー
★ブルガリア
★ベラルーシ
★ポーランド
★ボスニア・ヘルツェゴビナ
★マケドニア
★モルドバ
★ロシア

オセアニア(12)
★オーストラリア
★キリバス
★サモア
★ソロモン
★ツバル
★トンガ
★ナウル
★ニュージーランド
★パプアニューギニア
★パラオ
★マーシャル諸島
★フィジー

中東・南アジア(4)
★カタール
★モーリタニア
★サウジアラビア
★バーレーン

オセアニア(2)
★バヌアツ
★ミクロネシア

東南アジア(1)
★東ティモール

西ヨーロッパ(1)
★アンドラ

アフリカ
★中央アフリカ
★トーゴ
★ベナン
★ボツワナ
★モーリタニア
★モザンビーク◆
★リベリア
★ルワンダ
★ソマリア
★チャド
★ブルンジ
★赤道ギニア

外務省軍縮・不拡散核兵器不拡散条約（NPT）

(1)施設において厳格かつ周到に記録を保持すること及び規定の形成で正確な報告を適時に行わせることを含蓄するものである。
(2)国の機関は核物質の量や組成の測定のための原子力施設における技術や危機が最新の国際基準またはそれと同等な基準で維持されることを保障されなければならない
(3)国の機関はIAEA査察員の各施設及び核物質に対する接近（access）を認め、また彼らの義務の履行のために必要な援助についての留意されなければならない。
(4)IAEA査察員が各原子力施設に設置する封じ込め及び監視施設（封印、カメラ及びその他の記録措置）について便宜をはからなければならないなどである。

B．の核物質の計量管理の目的は、規定された区域における核物質の量の認定、及び規定された機関における核物質の在庫変動量の確定である。計量及び基本的要素は以下の4つのとおりである。
(1)施設者は当該区域の物質を同定し、計数し、かつ測定する。
(2)施設者は当該物質に関わる全ての取扱い工程について、その記録を保持する。
(3)施設者の変動に係わる計量報告を作成し、国を通じてIAEAに当該報告を提出する[5]。IAEA及び各締約国の当該担当部署はその不明物質を量[6]（material unaccounted for, MUF、保障措置協定第98条）を査定する。MUFについてはその原因を検査するなどである。

　IAEAの保障措置の計量管理とは、施設または核物質について、施設者によるその確定から始まり、これは施設者の帳簿に記載され、その後施設者が当該初期在庫について在庫変動を追っていくという一連の行動である。施設者による定期の実在庫調査の結果は、当該帳簿在庫と照合される。これは核物質量の管理のため基礎をなすものである。ここで実在庫量と帳簿在庫量のいかなる差もMUFといわれる。不明物質量は測定の不確かさ、あるいはその他の技術的な原因に帰せられる。もしこれらに起因するとは考えられないほどのMUF

の量であれば、核物質が他の目的に転用された可能性が考えられる。

　C．の封じ込めと監視の方法は、核物質の異動や接近を制限、管理するための、原子力施設の壁、容器、タンクまたはパイプのような物理的障壁の有効性を利用したものである。こうした機器の設置は、核物質の設備の探知されない移動の可能性を減少させるものである。封じ込めと監視方法には、封印に対する不正を調査するための短波検出装置をも適用する。

　監視とは人間によるもの及び機器によるものの両方を意味し、これにより核物質の不正な移動、封じ込めでの不正な変更、情報の捏造、あるいは保障措置機器の不正な変更を検出する。監視には短波防護付カメラ、封じ込めの破壊のモニター設備、在庫監視の変動設備を含む。原子力施設従事者も常に、あるいは定期的に監視を受ける。

　D．の査察とはこれまでに述べてきた保障措置の実質において根幹をなすものである。その目的は IAEA 及び核当事国が保持する各施設に対する情報の有効性検認することである。査察の実施内容と実施頻度は、保障措置協定の取り決めにおいて具体的に決定され、また原子力施設の形態により異なる。なお通常査察の実施は予告なしに行なわれることがある。

　査察にはいくつかの種類がある。

3）査察の形態

(1)通常査察においては受領国から IAEA に提出された報告に含まれる内容と、施設において保持されている計量及び運転記録との整合性が確認される。また通常査察において核物質の量、所在場所、シリアルナンバー等の確認を行われ、さらに受け払い間差異（当該物件についての払い出し側と受け入れ側との測定量の差）、帳簿在庫量の不確かさ及び MUF の検査が行われる。

(2)特定（ad-hoc）査察

　特定査察においては、締約国からの冒頭報告に含まれる情報の検認が行われる。また保障措置協定の締約後に締約国から提出される冒頭報告の日時と補助取り決め（協定の補助取り決め、サブシディエリ（Subsidiary-Arrangements））が、

原子力個々の施設につき、効力が生じる日時との間に生じる状況の変化に関しても査察が行なわれる。

なお核物質の国際輸送前後における検認も特定査察によって行われる。

(3)特別査察[8]

特別査察は通常査察に加えて実施されるもので、異常事態が発生し、それが「特別報告」として施設からIAEAに通知された場合、あるいは締約国が通常提出している情報に追加的情報を得ることが必要となり、又は通常査察でも収集できる情報ではあるが、それによることが適当でないと判断された場合、これが適用される。

特別査察には特殊な検認手法が執られることになる。

IAEAの査察官は、その査察において以下の項目に関する検認を実施することができる。

①関係記録に査察。

②保障措置下の核物質の独立測定の実施（IAEA独自の機器を用いるかどうかは、その場合によって決められる）。

③機器の機能検査と校正。

④資料の収去とその採集、試験、操作及びIAEAへの輸送の確認。

⑤IAEAの監視装置の使用及び点検。

⑥IAEAの封印の取付け、検査及び取りはずし。

査察は兵器がたやすく製造されないように核物質が取り扱われているかどうか確認するため、原子力の生産、処理、使用及び貯蔵を含むそういった燃料サイクルに対して集中して行われる。しかもその査察活動はIAEA保障措置に規定された目的に全ての場合に合致したものでなければならない。すなわち核物質の有意量の転用の適時の検出を満足するものでなければならない。[9]

以上IAEAとNPTの保障措置制度について述べたが、これらに関し、3つの問題点が挙げられる。

4）課　題

第1に保障措置の実施は原則的に各締約国が自主的に行うという点である。

この「各国自主的運営」に関する問題は、当初アメリカ案では国際的権限のある機関による完全管理制度が主張されたが、旧ソ連の「国家主権の侵害の恐れがある」という強い反対意見にあい、現在の条項に変わったのである。

この自主管理制度は保障措置の目的に合致するかどうかという点において、最も重要なポイントである。というのは各締約国が原子力を自主的に管理し、任意的に提出した報告に基づいてのみ、IAEAが査察を開始するからである。IAEAの査察制度は通常各締約国の協力の上で適用されるので、IAEAの査察は「任意的」「自主的」という協定にたよるしかない。従って核拡散を防止することが最も重要な任務である保障措置の任務達成の道程は厳しいものであるといえる。

第2に特別制度にはIAEAの査察制度の特殊な方法を適用することができる。これは各締約国「自主的管理及び任意的報告」に対する、真意をはかるための制度である。従ってそれを検査するすべての科学的機器は最新機能を備え、最も精密なものであり、各締約国が使用している機器よりすべての性能において優れていることが要求される。しかし、IAEAはそのような先端技術を研究する機関ではなく、またそのような機器を購入する経済面においても、適時に対応できないという実状がある。従ってIAEAの査察員が検査する際に使用するすべての機器はその当事国のものに頼らざるを得ない状況である。結局、締約国の自主管理のもとで自主的に調査をしたのとあまり変わりはないのである。とするとIAEAの保障措置における実際の効力および信頼度は期待し難い。

第3に査察員の制度である。上記で述べたように、原子力の分野は科学の中でも最先端をいくものであり、また多くの科学の根幹をなすものである。従ってこの分野に立ち入る査察員はそれなりの科学的知識を持ち、実践面においても十分な経験が要求される。IAEAの査察員は各締約国の原子力分野の技術者よりも卓越した専門知識が備わっていなければならないのである。しかし、

現状は、IAEAの査察員はIAEAの理事会で任命されるが、人材確保において各国の思惑があり、保障措置の根幹である査察任務に適した査察員を選定することが困難な状況にある。その上、選定された査察員に対する教育及び実習に要する経済的負担が重く、現在のIAEAの財政でそれを賄うことは不可能である。

上記の3点において何らかの対策を講じない限り、すなわちその保障措置制度の実施における各締約国の遵守義務の確立と、その実施における諸支援制度の整備が急務である。特に経済的支援制度及び人材育成に対する対策が明確化されない限り、原子力の国際管理体制全体さらに国際管理に関する条約、協定も有名無実なものとなる可能性がある。

3　EURATOMとIAEA及びNPTとの関連

1）EURATOMの保障制度

第4章の各地域間の保障措置で明らかにしたように、EURATOMの保障措置は同条約第7章に定められ、その実施法規（implementing regulations）が1959年に制定され、EURATOMの保障措置制度が確立された。[10]

当保障措置はEU加盟国のみ適用されるのでその実施及び方法が他の国際保障措置とは異なる強い効力があった。しかしNPTの発効に伴い、EURATOMの各非核兵器国はNPTの保障措置の適用に難色を示し始めた。特にIAEAとNPTの二重の保障措置による諸査察義務に強い拒否反応をみせたのである。当時EC委員会はNPT第3条4項の「非核兵器締約国はNPTの保障措置を満たすため。個々にIAEAと協定を締結することができる。」という条項を採用し、各EURATOM加盟国にIAEAとNPTの保障措置と協定を締結することを求めた。その結果1973年4月に多数のEC加盟国がIAEAの保障措置制度条項と協定を締結した。[11] さらにIAEAとECの協定を締結したため、IAEAとEURATOMの保障措置の実施における重複を回避することが可能となった。すなわちIAEAとECの保障措置委員会との間で保障措置

第5章 IAEAの保障措置とNPTそしてEURATOMの保障措置制度の実施状況　103

に関する情報の連絡を緊密に講じ、不必要な重複する査察制度を除去することが可能となったのである。

2）NPTとの関連

結局NPTの条約義務から生じるIAEAの保障措置制度は形式的に適用され、実際に適用されるのはEURATOMの諸措置である。つまりECのNPTの非核兵器国締約国はEC委員会（the European Commission）とIAEAとの協定により保障措置が実施されることになった。従ってIAEAの査察制度の判断基準よりEC委員会からの判断基準に従うことになる。IAEAの査察制度もEC委員会及び協定の定めにより独自に実施することができる。

EURATOMの保障措置もIAEAの保障措置との協定の締結により、その実施面においてはIAEAの保障措置の影響を受けている。というのはEU加盟国がEURATOM以外の諸国との間で原子力商業利用に関する核物質を取り引きしなければならないからである。その際はIAEAと検査協定[12]（Verification Agreement）により拘束を受けるのである。

EURATOMの締約国にはイギリス、フランス、の両核兵器国が存在する。さらにフランスはNPTの締約国でもあるがそのNPTの義務履行には疑問点が残る。従ってIAEAの保障措置の実施面において制度上行きづまりのある[13]現状である。

4　各保障措置の現状

1）各保障措置との関連

上記のIAEAの保障措置制度とNPTの保障措置制度の協定により、IAEA及びNPTの保障措置制度の協定批准国はIAEAの保障措置が適用される。

IAEA及びNPTの保障措置制度の加盟国は2008年9月現在でIAEA145ヵ国、NPT191ヵ国である。従ってほとんどの国がIAEAとEURATOM両方[14]の保障措置の適用を受けることになる。

以下、5つの分類で原子力の保障措置制度の適用状況を述べることにする。

(1)非核保有国でNPTの保障措置が適用される国。

(2)非核保有国でNPT条約の加盟国ではあるが、NPTの保障措置制度の不批准国。

これに属する国はNPTの保障措置は適用されないが、IAEAの保障措置が適用される。

(3)非核保有国でNPTの非加盟国でもあり原子力商業利用活動が行われていない国。これらの国はサウジウラビアを始めとする中近東諸国、アルジェリアを始めとするアフリカ諸国である。

(4)準核保有国でNPTの非加盟国でもありIAEAの保障措置も特定分野では適用されない国。これらの国はインド、パキスタン、イスラエル、北朝鮮などである。

(5)核保有国でNPTの加盟国。これらの国はアメリカ、イギリス、フランス、中国そしてロシアである。これら5ヵ国はNPTの保障措置協定発効国でIAEAの保障措置の適用を受ける。ただし軍事的に使用される原子力活動は除外される。

上記の5つのカテゴリーに入らない国はトラテロルコ条約批准国であるバハマを始めとする6ヵ国である。これらの国はトラテロルコ条約機構の保障措置が適用されることになる。

原子力商業利用面において保障措置の適用範囲に関しては草案過程から様々な議論及び交渉が重ねられてきたが、結局、核保有国の対立状況の中で条約及び協定が採択された結果、弱いものは強いもの従わざるを得ないという内容になっている。従って核保有国はNPTの保障措置協定発効国でありながら、非核保有国と異なる「Voluntary Submission」[15]の方法を用いている。それも国家安全保障に係わるものを除く国内の全部または一部の施設に存在する核物質のみに対する保障措置である。特に中国は1984年1月にIAEAに加盟はしたが、特定な二国間協定に限ってIAEA保障措置の適用を受けている。例えば日本、アルゼンチン、ブラジル二国間原子力協定においてのみIAEAの保障措置が

第5章 IAEAの保障措置とNPTそしてEURATOMの保障措置制度の実施状況　105

適用されている。従って中国は自国内の商業及び軍事活動において利用する原子力全般においていかなる保障措置の適用も受けていないのである。

2）課　題

以上述べたとおり、原子力商業利用分野において適用される保障措置が一本化されているが、IAEAの保障措置制度は各締約国から提出された報告によって査察が始まる。つまりただ「検認」のみに終わるのである。

さらにその提出義務から除外されている事実核保有国もあり、核不拡散政策に大きな打撃を与えているという現状もある。例えばインド、パキスタン、イスラエル、北朝鮮などである。これらの国には核兵器用物質を生産する能力を持ち、IAEAの保障措置が適用されていない施設を有する。これらの国の中にはすでに核兵器保有済みの国もある。そしてアメリカの上院軍事委員会に提出された資料によると、核兵器およびミサイル生産能力を保持している核保有国であると明らかにされている。

従って保障措置の不備点を改善し、原子力国際管理の目的にそった効力ある保障措置を確立しない場合、核保有国及び準核保有国の数は増加し続けることになろう。

以上多数の条約、協定に基づいた多国間機関、地域間機関及び政府間機関によって採択された原子力の国際管理における諸条約及びその実施方法などに関し考察し、またそれらの若干の問題点に関して論じた。とりわけ各保障措置制度と実施面において、それぞれの異なる特徴をみてきた。しかし現状は国際原子力機関及びNPTの保障措置制度が国際的に原子力を管理しているという状態である。この2つの保障措置では核不拡散という保障措置の第1の目的を達成するのは困難である。現にインド、パキスタン、イスラエル、北朝鮮は核保有国として認知されており、ブラジル、アルゼンチン、南アフリカなどが核実験に成功したといわれている。このような状況では現在の保障措置制度のままで、核保有国の数が維持され、核拡散が防止される保障はない。

5 まとめ

　ここで本章のまとめとして原子力国際管理の必要性に沿った見地から、つまり原子力の国際管理が国際平和と安全に必須であるとの見地から、いくつかの改善対策を述べることにする。
　1．核兵器その他の核爆発装置の拡散防止、核軍備競争の停止、核軍縮及び通常兵器の完全軍縮に関する多国間条約など、宇宙、深海を含めた全地球規模の条約を確立すること。
　2．その確立された条約の目的に沿った実施方法を講じ、その実施において締約国の確固たるコミットメントの確約とともに、その違反に対する明瞭な責任制度を確立にし、またそれに関する厳格な制裁措置を確保すること。
　以上の2つの点の実現には原子力分野において、各国の利益と軍事的優越維持を放棄し、原子力を本当の意味での商業のみ利用することが本是であるという立場に立脚する必要がある。
　特に新たな東西陣営と非同盟国、中立グループの対立、先進国と発展途上国の対抗、西側諸国内の不調和、途上国内の足並みの乱れなど様々な問題を打開しなければならない。
　3．諸リスク（risk）の除去と危険（danger）の防御制度の確立である。つまり原発稼働による放射能による環境汚染、人類の健康の危機に対する対策を確立すること。とりわけ原子力商業利用に伴う放射能、また事故から被害、さらに外部攻撃からの危険の災害に対する対策である。
　本章で論じた各機関がその対策として、許容量の及び標準的な基準を定め、実施している。そして国連では「人間環境会議の決議」をうけて国連下部国際機関にその対策をすすめている。
　商業利用おいては2つの分野からの放射能の被害が及んでいるため、その対策が要求されている。第1には原子力発電所の運営において放出される放射能であり、第2には原子力廃棄物その他の廃棄物の投棄による放射能の被害であ

第5章 IAEAの保障措置とNPTそしてEURATOMの保障措置制度の実施状況　107

る。

　これらに関して、原子力保有国はその防止策を講じているが十分とは言い難い。原子力商業利用の開発は日進月歩であるのに対し、その防災対策は常に遅れをとっている。

　OECDのNEA原子力白書（2007年度）によると、各国のリスク（risk）および危険（danger）対策に対する予算は全原子力事業費のわずかにも満たない。このような開発のみに重点を置く状況を改善し、事故、損害などの防災対策に対しても十分な費用とその人材育成に投じてゆけば、原子力商業利用による被害は最小限に止められる。

1） アメリカの原子力法（Atomic Energy Act）
　　http://en.wikipedia.org/wiki/Atomic_Energy_Act
2） IAEA、文書、INFCIRC/153（corrected）
3） 核査察の実際
　　http://www.atomin.go.jp/atomin/popular/reference/atomic/nuclear/index_05.html
4） 日本での実例
　　http://www.atomin.go.jp/atomin/popular/reference/atomic/nuclear/index_06.html
5） IAEA, Ninth Edition, Legal Series, No 3, 1985.
6） INFCIRC/66
7） International Safeguards Information System（ISIS）.
8） The Regulation of Nuclear Trade, OECD 1988, p. 54.
9） Ibid, p. 53.
10） 制定当初は「Security control」という題目の下で規制が行われたがイギリスがEC加盟後「Safeguards」という措置として変更された。
11） Belgium Denmark, Germany, Ireland, Italy, Luxembourg, the Netherland, Greece（1981年）, Portugal（1986年）, IAEAと協定締結。
12） AEA、文書、INFCIRC/193.
13） Voluntary Submissionであるがイギリスは1976年、フランスは1978年IAEAの保障措置と協定を締結した。
14） NPTの締約国、the TLATELLOLCO条約締約国、the RAROTONGA条約締約国。IAEA、EURATOM協定国。Annuaire francais de droit international, 1972. EURA-

TOMとIAEAの協定に関する問題。
15) The Regulation of Nuclear trade, OECD, pp. 57-58 IAEA Annual Report for 1986, 392-404.

第6章

核物質保護条約

1 状 況

　核物質の国内および国際的流通は、核兵器推進国家やテロ組織による不法取得を目的とした攻撃を受ける可能性が非常に高い。そして核物質が不法に取得され、使用された場合、一般市民の健康をおびやかし、食糧や日常生活、社会的秩序の推持に困難をきたすことはもちろん、国家安全保障、さらに国際社会の平和にも重大な危機をもたらすこともありえる。従って例えば、核物質、特にプルトニウム輸送においては、核ジャックを恐れ、軍事機密並みの情報管制および警戒体制をしくのである。日本の晴新丸事件[1]、および最近のあかつき丸事件[2]等から核物質輸送の状況の一端をかいまみることができよう。また国内流通においては自国の領域内にある核物質および施設は自国の政府の責任の下におかれ、ある程度それらの安全は確保されるが、自国の領域外にある核物質[3]は国際的関連事項に属するためその安全確保の責任所在が不明瞭である。従って公海をはじめ領有禁止区域での核物質の流通には一層の危険性がある。

　各国の政府は、このような潜在的な危険を回避するため国内はもちろん、国際的な協力体制の下で、核物質安全防護に真剣に取り組まねばならなかった[4]。

　核物質の保護条約（Convention on the Protection of Nuclear Material）はこのような状況を鑑み、商業利用目的に流通する核物質を国際的に輸送する際、不法取得および使用に対する国際的に効力ある保障措置を確保することが目的である。

　本稿では、この条約成立以前の、原発保有国の原子力商業利用のための核物質の取り扱いに対し検討する。特に核物質の国際的な流通、国内的な流通、使

用、貯蔵、使用済核燃料などの危険性の状況とそれに対処するための方針をみておきたい。核物質保護条約の成立前の原子力商業利用における核物質の管理状況を把握することにより、核物質の不法取得の危険性をある程度伺い知ることが可能である。さらに本条約成立前後の核物質の国際管理、とりわけその流通における安全管理システム確立の進行状況の考察を通して、成立後の核物質の流通管理の実効性について考える。

具体的には本条約の草案過程から成立の段階までの核物質供給国と需要国との間の様々な対策に対し、その特徴を分析することにする。そして本条約の全体の概要、さらに核物質の流通における安全確保とその可能性という視点から、各条項別に検討したい。総じて原子力商業利用において、商業利用と核物質をはじめ、使用済核燃料処理などの安全確保が両立しえるのかについて検討することとする。

2 核物質保護条約成立以前の状況

1) 国際的対応

1960年から1980年代前半の原子力商業利用の全盛期に伴い、核物質の使用量が、急テンポに増加するとともに、核物質の移動が頻繁に行われるようになった。核物質の流通は2種類に分類される。商業利用のための核物質輸送と、軍事目的使用のための輸送である。前者は諸法規の適用の下で流通される。[5] しかし後者は、軍事秘密という黒いベールに包まれ、また各国の軍事法規で規制されている。商業利用の核物質のみ法律の制度の下で輸送、利用、貯蔵することができるのであるが、商業利用目的の核物質も軍事的に使用することが可能である。従って様々な手段を講じ、核物質を手に入れようとするテログループが相当存在するといわれている。さらにテログループのみではなくある国家まで含まれているという確認情報がアメリカ国会(上院)の軍事委員会で報告されている。[6] さらに1993年度のSIPRI (The Stockholm International Peace Research Institute) において核兵器国リストが明らかになっている。[7]

核物質は常に巨大な力を持っている。それを保持することにより、軍事的、政治的影響力は増大し、非保有国をおびやかす。また核物質が不法に使用された場合、兵器と同様、その被害は人命の損失はもちろん自然生態系の破壊にまで及ぶ。従って核物質の管理については、1970年代初頭からIAEAを中心に、各国政府や核保有国の専門家によって対策が論じられてきた[8]。その当時のIAEAには、各国の全核物質の防護に関しては法律上の責任（statutory responsibility）は持たなかった[9]。ただIAEAが各国に供給した核物質とIAEA自ら保管している核物質に対してのみ責任を有するものであった。さらにIAEAは各国の法律管轄のもとにある核物質の安全対策には何の権限も持たないと同時に、その安全対策の実施面においても無力であった。

しかし核物質が不法に使用された場合、その被害は一国にとどまらず近隣諸国にまで及ぶことは必至である[10]。従ってIAEAが核物質の防護を確立し、国際的な安全基準を設定せよという強い要望が、核保有国のみでなく、原子力商業利用を確保したい国からもよせられた。そしてIAEAは専門家会合を開き数回にわたってその対策の確立を企てることになった。

しかし効力のある国際的安全対策は結局実現せず、ただ各国内の制度として核物質の管理制度を確立するよう勧告することにとどまった。IAEAから勧告を受けた原子力商業利用の開発国にとって、核物質をいかに管理するかは難問であった。なぜなら核物質は様々なレベルに分類され、それらにより扱う施設も異なるからである。それらの基準の設定には、科学技術はもちろん、物理的、地理的条件、また防護面においては軍事的な技術にまで及ぶ相当の専門知識が必要である。従ってIAEAが核物質の安全確保の諸方面を研究、それらの指針および基準、それらの実施方法を設定し、必要とする国に提供することになった。

IAEAは、核物質のうちとりあえず商業利用に関する防護対策について専門家グループを構成し、1972年「核物質の防護に関する勧告（Recommendation for the Physical Protection of Nuclear Material）[11]」をまとめた。

この勧告には核物質の施設および輸送、使用、貯蔵に関する基準を設定し、

各国内の核物質の管理法規および施設のシステムを整備する際に指針とすべき事項で構成された。しかしこの勧告において核物質の諸基準や指針は不十分であいまいな点が多数あった。それでも各国のその勧告の採択ぶりは例のないほど多数におよび、それほど各国は核物質の安全管理に関する対策が欠けていたのである。[12]

2）OECD 諸国の対応

　OECD 各国は IAEA の上記の勧告をもとに原子力商業利用を推進した。これらの国は石油危機によるエネルギー不足に対処するため核燃料サイクルの確立が絶対的に必要であった。原子力の需要は石油危機に端を発したエネルギー危機を1つのきっかけに、世界的に急激に増加していったのである。

　OECD 各国にとって、核燃料の安全な供給と有効利用のための核燃料サイクルの確立は、ますます重要な政策の1つであった。従って天然ウランを始め、濃縮ウラン、使用済核燃料の再処理、それらの安全利用および処理そして防護のための施設などの確保は、IAEA の勧告に基づいて進行した。しかし各核物質の安全流通に関する問題は多数あり、特に核原料物質の供給面では支障が生じた。例えば天然ウランの場合、ウラン資源保有国の資源に対するナショナリズムが顕著であり、それに対する国際的な協力体制がなかったので、増大する原発の需要にウランを供給することができなかった。また天然ウラン資源保有国が限られており、探鉱および開発に各国の技術力と経済力の差が著しくついた。その結果、ウラン資源保有国とそれを加工処理できる技術保有国、それらの非保有国との間に対立関係が生じた。その当時、両方を保有していた国としては、アメリカ、カナダ、イギリス、フランス、オーストラリアなどである。

　原発の運転に濃縮ウランはきわめて重要な物質である。これはアメリカ、フランス、イギリスの3ヵ国のウラン濃縮工場により生産される。これらのうちアメリカが全体の5分の4を生産し、ほとんどの原発保有国に供給していた。アメリカの独占市場ともいえるこの分野においては、アメリカの核物質の安全措置にすべて服従しない限り、濃縮ウランを入手することはできなかった。ア

メリカ側の条件は非常に厳しく、例えば安全措置に必要なすべての資金、経費、人材の確保、機材の確保などが濃縮ウランを受け取る側の負担であった。またさらに経費はもちろん人材、機材などをすべてアメリカに頼らねばならない構造になっていた。従って核物質の需要国から IAEA に対し、核物質の円滑な流通を確保できる制度を措置するよう強い希望が出された。[13]

一方、原発の発展に伴い、使用済核燃料の排出量は増加の一途をたどることになる。従って使用済核燃料の再利用方法へと各国の関心は移動し始めた。しかし使用済燃料の再処理は、核燃料サイクルのかなめであると同時に、再処理の過程でプルトニウムを生産するため、兵器製造と直接関連してくるので危険性も増大する。従って様々な規制により、厳しく制限され、当初、再処理能力を持つ国はアメリカ、イギリス、フランスであった。しかし再処理核物質はほとんどアメリカの技術援助および協力によって、他の OECD 諸国の原発に供給された。再処理に関する核物質と施設および機材は、核兵器拡散防止対策である安全処置（safeguard）[14]とも絡み合い、各国の原発の使用済核燃料核物質再処理はそのほとんどがアメリカに委ねられていた。

このような状況の中で核物質の流通が国際的に行われてきた。原発保有国は、最初の段階では IAEA の勧告を採用したが、次々と核物質の供給国の安全設定基準に切り替えられ、実際アメリカとの二国間協定により取引が行われるようになった。IAEA の勧告は、しだいに有名無実なものとなっていったのである。しかしアメリカを始めとする核物質の資源および加工技術を持つ供給国に対し、原発のみを保有している需要国からは、不満が生まれてきた。特に各国の主権を制限しなければ、核物質の入手が不可能になるような状況に対して反発が高まった。また原発および原子力商業利用を望む国々は増え続け、それとともに核物質の供給国に対する不満も広がったのである。

上記のような諸状況の中で IAEA に対し、核物質の円滑な流通システムの整備を求める意見が OECD の加盟国から多数出された。これらの要望をふまえ IAEA は核物質の流通に関する対策を講じることとなり、さらにそれの条約制定をめざし、各国政府専門委員会を設置した。

このように核物質の管理においては、様々な問題があり、それらに対処するためには、国際的かつ国内的に効力（effect）があり、能率（efficiency）的な制度の確立が緊急であり、さらに核拡散防止を確立するためにも必然的な措置である故、核物質の流通における防護条約の締結が実現されたのである。[15]

3　核物質保護条約をめぐって

1）条約の必要性

第1章で述べたように、様々な状況のもとで核物質の安全確保は困難をきわめていた。核物質の保有国は商業上の利益を拡大する一方で、核兵器の拡散防止にも相当の安全対策[16]を講じなければならない。非核物質保有国は商業利用の促進については賛成としながらも、一方で核兵器の拡散防止および核物質の安全管理に関するきびしい諸措置については、あくまでも国内事項不介入の原則（Principal of nonintervention in domestic matter）をあげ、自国の主権の下で自主管理したいと主張した。核物質の安全管理面において核物質保有国と非保有国との間に対立[17]が生じてきたのである。この対立を解決し、保有国と非保有国との不信感を緩和する措置が緊急課題となった。さもなければ核物質の需要と供給のバランスがくずれ、さらに両側間の政治的状況が悪化する可能性が充分あった。

IAEAは原子力平和利用の促進という目的にもとづき、これらの状況に対処するため専門家会合を召集した。[18] IAEAは1972年各国の核物質および施設の管理に対する勧告を1975年、1977年の2回にわたり修正し、核物質の防護、利用、輸送、貯蔵の措置などのガイドライン（Guide Line）等を勧告した。さらにIAEAと原子力保有国との間に、核物質の供給、安全措置協力における協定を締結した。こうしてIAEAの諸勧告が各国の法規（legal norms）として適用されることになり、IAEAは核物質の合理的な取引（reasonable trade）こそ、原子力平和利用のかなめ（essential）であることを再認識し、核物質の流通全般に対処することになったのである。

第6章 核物質保護条約　115

　上記の法規以外に核物質の防護における各種 hard ware（安全保護のための装置機械、武器）、核物質にアクセス（access）また監督および指揮の手続きに関する制度、さらに核物質の安全措置に必要な施設のデザインやレイアウトまで、総合的な対策を条約化し、制定しようとしたのが本条約である。

　2）条約の草案過程
　1977年9月 IAEA 第21回総会が90ヵ国代表の参加を得て、ウィーンで開催された。その会議で1つの決議が採択された。それは、「IAEA 全加入国を招請し、核物質、施設および輸送の安全防護対策に関する条約と、その条約をできる限り多くの国が加入しやすい条約を制定するための会合を開く」ことであった[19]。1977年10月31日から11月10日まで、各政府代表者会合が開かれた[20]。その会合では、36ヵ国の代表と10ヵ国のオブザーバーと地域的機関である EURATOM、OECD の原子力機関（NEA）そしてラテン・アメリカ核兵器禁止条約機構（OPANAL）が参加し、各物質の防護に関する条約草案の作成に着手した。まず IAEA の出した条約草案に対し、各国のコメントが出された後、主要案件の集中審議に入った[21]。そして2つの作業グループ（working group）を編成した。

　1つは法的な問題を取り扱うグループであり、もう1つは技術的な問題を取り扱うグループである。
　前者のグループは処罰されるべき犯罪（punishable offences）の制定、引き渡されるべき犯罪（extraditable offences）、犯罪人引き渡し（extradition）および治外法権（extraterritoriality）そして犯罪者の拘留の義務などの制定に関する審議をした。
　後者のグループは核物質管理における技術面に必要な条項および核物質の分類に関する問題を審議した。これは条約草案の附属書（Annex）となる。
　2つの作業グループの共同会合で合意されたリポートは IAEA が提出した条約草案とほぼ同じものであった。しかし2つの点で激しい議論が起こった。1点目は「核物質防護の適用の範囲」の問題で、つまり核物質が国際的に輸送

される間だけ適用されるのか、また国内の輸送も含め、貯蔵、使用、さらに施設まで適用されるのかということである。また2点目は「どの程度の核物質」まで適用するかという点であった。しかし結局、この2点に結論を出すことができず、次の会合でさらに審議されることになった。

第2回の政府代表者会合では1978年4月10日から20日まで、IAEAの本部において40ヵ国が参加して開かれた。この会合では条約の範囲および目的、法的問題そして技術的問題という3つの分野に分かれてそれぞれ審議することになった。

この2回目の会議では条約草案の各条項がほぼ成立に近づき、核物質の定義、国際的な核物質の輸送、核物質の国際的輸送における防護レベル、国内法による処罰すべき犯罪、そしてこの条約の解析または適用に関して締約国間の紛争処理など諸規定において合意がまとまった。しかし1回目の会合の際、結論を出すことができなかった以下の3つの問題について、またも同意が得られなかったので、次回の会合で再審議することになった。それらの問題とは、この条約に軍事目的で使用する核物質を取り扱うべきかどうか、また核物質の輸送にあたり、国際的および国内的な輸送を問わずこの条約を適用すべきかどうか、核施設内の核物質までこの条約を適用すべきかどうかという点である。これらは各国の主権とも絡みあう問題であるため、次回の1979年2月の定期会合で審議することになった。ただこれらの問題の円満な解決のため非公開な会合が1978年9月7日から2日間ウィーンで開かれた。

そして第3回目の政府代表者会合が、50ヵ国の参加を得て、1979年2月5日から16日までウィーンで開催された。この会合では特殊な問題に対処するため、国際航空輸送協会（the International Air Transport Association）が、またOECDのNEAはオブザーバーの資格として、さらに特別資格（a special status）としてE. C. 委員会（the Commission of European Communities）などが参加した。この3回目の会合において、これまで未解決だった軍事使用目的の核物質の問題は、アメリカ、旧ソ連を始めとする核兵器保有国の強い反発にあい、結局この条約の適用範囲から除外されることになった。また第三世界を中心に提出され

た核物質の国内における自主管理の主張は、核保有国の国際、国内を問わずこの条約の適用範囲とすべきであるという主張と真っ向から対立したが、EC委員会から提出された仲介案が採用された。この案は核物質の国際的な輸送についてはすべてを適用範囲とし、国内輸送については部分的に条約を適用するという案であった。さらに核施設内の核物質についても、この条約の適用を受けることとなり、条約草案作成上の難問はいちおう解決された[25]。ただ条約成立の手続きについては、次回の総会で図られることとなった。

3）条約の成立

核物質の防護に関する条約は、1974年9月国連総会における当時のキッシンジャー（kissinger）米国務長官の提唱以来、アメリカの基礎草案のもとに3年にわたる各国政府代表および専門家会合での審議ののち、ついに1979年10月26日に採択された[26]。この条約の審議過程に参加した国は58ヵ国におよび、またEC委員会を始め、いくつかの地域機関が参加した。この条約は1980年3月3日、ウィーンのIAEA本部とニューヨークの国連本部で同時に各国の署名のため開放され、21ヵ国の批准をもって効力を発することになった。

本条約は法規的側面においては、核物質の国際的輸送（International transport）の防護に関する安全基準を制度化した[27]。また条約当事国の核物質に関する犯罪においても、処罰基準を設定している。さらに条約当事国は核物質の犯罪を事前防止するための協力体制また核物質の盗難、サボタージュ、搾取などを防止するための情報交換の制度を確立するよう定めている。

また技術的側面においては、輸送中の核物質のその特性による防護レベルを設定し、核物質の特性による分類は本条約の附属書において定めている。

本条約の修正は、条約当事国の3分の2以上の賛成をもって成立する。さらに本条約の効力発生の5年後に、本条約の実施状況ならびにその時の状況に照らした本条約の妥当性を検討するため、締約国の会議を召集することになっている[28]。

本条約は、原子力商業利用における核物質の防護制度としては初めてのもの

であり、核物質安全管理に関して一応、一歩前進として評価することができる。

4 核物質保護条約の考察

1）条約の概要

この条約は、平和目的に利用される国際輸送中の核物質の防護措置をとることを義務づけることが主な目的である。しかし国内の核物質の使用、貯蔵そして輸送においても適用される。

さらに軍事目的使用の核物質に関しては、本条約の適用範囲から除外されたが、本条約の前文に「軍事目的のために使用される核物質の効果的な防護が重要であることを認め、また当該物質が厳重に防護されており、そして引き続き防護されることを了解する」ということを強調している。さらに核物質に関する犯罪行為の処罰のための国際的な協力体制を設けることを義務づけた内容を含むものである。本条約は前文、本文23条、末文並びに本条約の必須規則（an Integral part of the Convention、分類基準）である附属書ⅠおよびⅡから成り立っている。[29]

現行核物質防護条約[30]は、締約国に対し、国際輸送中の核物質について警備員による監視等一定の水準の防護措置の確保を義務付けるとともに、そのような防護措置がとられる旨の保証が得られない限り核物質の輸出入を許可してはならないとしている。また、核物質の窃盗、強取など核物質に関連する一定の行為を犯罪とし、その容疑者が刑事手続を免れることのないように、締約国に対して裁判権を設定することおよび本条約上の犯罪を引渡犯罪とすることを義務付けるとともに、容疑者の引渡しまたは自国の当局への付託を義務付けている。

2007年7月に採択された改正（未発効）により、条約の名称が「核物質および原子力施設の防護に関する条約」（仮称）に改正されることとなり、締約国に対して核物質および原子力施設を妨害破壊行為から防護する体制を整備することを義務付ける他、処罰すべき犯罪が拡大されること等が規定されることとなった。

現行条約は1987年2月に発効し、締約国は128ヵ国および1国際機関（欧州原子力共同体）（2007年10月10日現在）。日本は1988年10月に同条約に加入し、同11月に効力が生じた。

　なお、現行条約の改正については、2005年7月に改正が採択され、現在、各国において国内手続が行われている。改正はすべての締約国の3分の2が批准書等を寄託した日の後30日目の日に発効する。改正の現在の締約国は12ヵ国（2007年10月現在）。

　本条約の主要項目の概要は3つの部分に分けて考えることとする。第1は本条約の適用範囲と国際的な協力体制の確立について、第2は法律制度の設置について、第3は技術的制度についてである。[31]

　第1については、第2条に「本条約は平和目的に利用される核物質であって、国際輸送のものについて適用するほか、一部の規定は国内において使用、貯蔵または輸送されるものについても適用する」としている。核物質の安全管理などのためには、第3条に「締約国は国際輸送中の核物質が自国の領域内または自国の管轄下の船舶もしくは航空機内にある場合は附属書Ⅰに定める水準で防護されることを確保する」とし、第4条には「締約国は附属書Ⅰに定める水準で防護される保証を得られない限り、核物質の輸送および非締約国からの輸入を認めてはならず、また非締約国間で輸送中の核物質が自国の陸地、内水、空港または海港を経由して領域を通過することを認めてはならない」としている。さらに第5条および第6条においては「締約国は核物質が不法に取得された場合またはそのおそれがある場合には関係する国および国際機関に速やかに通報するとともに活動を調整する」、そして「締約国はこの条約に基づきまたはこの条約の実施のための活動に参加することにより秘密のものとして受領した情報の秘密性を保護するために適当な措置をとる」ことになっている。

　第2の法律制度の制定の義務に関しては、第7条に「核物質の窃取その他の不法な取得、その不法な使用、核物質を用いての脅迫および強要等の核物質に関連する一定の行為をその未遂および加担行為とともに犯罪として、その重大性を考慮した適当な刑罰を科することができるようにする」とし、裁判管轄権

においては第8条に「締約国は犯罪が自国の領域内でまたは自国において登録された船舶もしくは航空機内で行われた場合および容疑者が自国民である場合に、自国の裁判権を設定するとともに、容疑者が自国内に所在し、かつ当該容疑者を前記のいずれの国に対しても引き渡さない場合においても、自国の裁判権を設定すると同様に必要な措置をとる」と定めている。そして容疑者の引き渡しまたは自国当局への事件の付託の場合には、第10条で「容疑者が領域内に所在する締約国は、容疑者を引き渡さない場合には、訴追のため事件を自国の当局に付託する」と定めている。さらに刑事手続きにおける協力体制の確立という面においては、第9条および第11条から第14条にわたり定めている。これらは以下の4点に分けて考えることができよう。

　第1点は容疑者が自国内に所在する締約国は状況に応じ、当該容疑者の所在を確実にするための措置をとり、その措置を関係国に通報する。

　第2点には締約国は第7条に定める犯罪を引き渡し犯罪とする。

　第3点に締約国は第7条に定める犯罪についてとられる刑事訴訟手続きに関し、相互に証拠の提供を含む最大限の援助を与える。

　第4点に容疑者を訴追した締約国は、実行可能な場合には、訴訟手続きの確定的な結果を直接の関係国および委託者に通報するということである。

　第3の技術面における核物質の防護の水準の設定は、附属書Ⅰおよび Ⅱに定めている。附属書Ⅰは附属書Ⅱに区分される核物質の国際輸送において適用される防護の水準である。まず核物質のうちプルトニウム、ウラン235、ウラン233、そして照射済み燃料（irradiated fuel）を防護するのに必要な程度に応じて第1群から第3群に区分している。上記の核物質は、国際輸送中の貯蔵における防護水準と国際輸送中の防護水準とに分けて対処しなければならない。具体的には以下のとおりである。

　まず「核物質の国際輸送中の貯蔵における防護の水準において、第3群に属する核物質は出入りが禁止されている区域内におくこと。第2群に属する核物質においては、警備員または電子装置により常時監視し、かつ物理的障壁によって囲まれた区域内におくこと。そして第1群に属する核物質には、第2群に

定める防護区域内におき、かつ信頼性の確認されたもの（person who trustworthiness has been determined）のみが出入りでき、警備員が関係当局と緊密な連絡体制になるようにすること」と規定している。

さらに核物質の国際輸送中の防護水準において、第3群と第2群にあたる核物質に対する措置は、荷送人、荷受人の間とで事前に取り決められる措置等の特別な予防措置のもとで輸送すること。第1群に属する核物質については、第3群および第2群の輸送について定める特別の予防措置をとるとともに護送者により常時監視し、かつ関係当局との緊密な連絡体制が確保される条件のもとで輸送することになっている。

2）条約の分析

以上が本条約の概要であるが、その中で重要な点をいくつか分析してみる。

第1にこの条約の目的である「国際的な核物質の輸送（International Nuclear Material Transport）」についてである。国際輸送がどこで始まり、どこで終わるのかという範囲については、第1条C項に「最初の積み込みが行われる国の領域外への核物質の輸送（輸送手段の如何を問わない）であって、当該国内の荷送人の「施設」からの出発をもって開始し、最終仕向け国内荷受人の「施設」への到着をもって終了とする」と定義されている。しかし「施設」（facility）という言葉の定義が明らかではなく、それは各締約国の解釈に委ねられている。これでは核物質の安全輸送における責任制度が確保されたとはいい難い。この問題は核物質の保有国と非保有国との間で、強く対立した問題である。[32] 核保有国は非保有国の原発まで輸送することを主張した。それに対し非保有国は港湾、空港、一般の荷物を置く倉庫まで含む自国の領域内に設置されているいかなる施設でも責任ある体制をつくり、自主管理のもとで輸送すべきであると主張した。特に第三世界を中心とする国々では、核物質の輸入においては国内法上様々な規則を受けなければならず、また物質の特性により入国手続きも異なる。このような国内制度を免除し、核物質およびそれに付随する人、機器、いわゆるハイテクの電子装置、また防護に要する武器等1つの軍備にも

相当するような体制を、他国の元首なみに待遇することば、各国の主権上受け入れ難いと主張した[33]。しかし結局は核保有国の主張がほぼ認められた。しかし「施設」ということばの定義についてはなお解決されていないため、核物質の国際輸送の防護における責任の範囲に様々な対立が生じることは必至である。そしてそれらは核物質の「ある国とない国」との力関係で解決されるという可能性が生じる。

次に第4条で定められている核物質の輸送に必要な安全防護保証（Assurances）についてである。安全防護保証（Assurances）が得られない限り、いかなる取引も始まらない。もちろん附属書ⅠおよびⅡにおいて基準があるが、その基準に適格かどうかを判断する権限を持つ機関がなく、その判断は関係国相互に委ねられている。IAEAが間接的な判断をすることは可能であるが、それは関係国相互が同意に至らない場合にのみ判断請求を受けてすることになっている。関係国相互において核物質の安全に関する保証に意見の相違が生じた場合、それを解決するまでに相当の時間を必要とする可能性は充分ある。とすると核物質安全輸送の大原則、つまり「核物質の安全輸送にあたり、最短時間を要する」という原則に相反するだけでなく、不法に取得される可能性も助長することになるのである。

3）課　題

さらに次の問題点として第4条3項の「核物質の安全防護の保証を得られない限り、自国の領域を通過することを認めてはならない」という点と、国際法の原則である無害通航権（Right of Innocent Passage）とのかかわりである。国際法上、無害通航権は慣習国際法に基づき、領域を持つすべての国に課されている領域権の制限である。簡単に述べると、沿岸国の平和、秩序または安全を害しない通過をさすものであるが、沿岸国は自国の領域において無害通航を妨害してはならないと同時に「無害」でない通航を防止するために領域内で必要な措置を執る権利をもっている[34]。実際には、はとんどの船舶が沿岸国の検査なしに領海を通過している。さらに危険物質を積載していても、通過する限りに

はその進行を妨げないことになっているのが現状である。しかし核物質の輸送に当たっては締約国は無害の確認とは異なり、条約に定めている「防護水準の保証」を確認しなければならないと同時に、確認されるまで通航を停止しなければならない。また通過を認可しない場合もありうる。そして本条約の締約国間においては領域を通過する際は、事前に通知し書類上の保証を確認することができるが、非締約国の領域を通過する場合、または非締約国が締約国の領域を通過する場合、核物質の安全上の保証を与える方法も確認する方法も確立されていない。

　従って核物質の国際的輸送に支障が生じる可能性は充分ありうる。

　次に第5条についてである。第5条では、核物質が搾取され、強奪されそしてその他の方法で不法に収得された場合、締約国は当該物質の回収および防護について実行可能な最大限度（the maximum feasible extent）の協力または援助の義務を負っているとしている。そして締約国は危険にさらされた核物質を防護し、回収し、またそれを返還するにあたり、国内的に諸措置をとるとともに、関連国と連絡体制を密にして救済しなければならない。このような協力体制、特に犯罪行為に関する情報の国際的な交換の制度は本条約が初めてではないが、盗まれたり、あるいは紛失した物質などを回収することに協力する制度を定めたのは、多国間条約としては最初であると思われる。しかしこのような問題の処理にあたる各国の国内的行政体制が異なり、対策に遅れがでる可能性がある。また核物質を取り扱うためには科学技術知識はもちろん、ハイテクの機器、それに関する安全装備などを確保しなければならない。従ってそれに伴う経済的負担は国によっては深刻な問題である。もちろんIAEAが方法については指導できる立場であるが、経済的問題については援助できず、強く推進できない状況である。

　第7条の「犯罪行為および刑罰」そして第8条の「裁判権の設定」などの条項は、商業目的の核物質の国際輸送中の犯罪のみに適用されるのではなく、国際輸送中はもちろん、国内における核物質と関連のあるすべての犯罪に適用することになっている。さらにこの条約の非締約国に対しても、核物質の犯罪を

処理するため協力および援助を要請しうることになっている。(第5条2項)この条項では核物質に関連するすべての犯罪者に対し、逃れられる場をなくすことが目的であった。つまり「犯罪者の聖域」(a sanctuary for offender)[35]を世界のどの地域にもつくることを不可能にすることである。これらの条項は、女性および子供の売買の禁止、貨幣の偽造、麻薬などの禁止条約、そして航空機不法奪取防止条約、民間航空不法行為防止条約、そして外交使節団の安全保護に関する協定などの諸条約をモデルにして制定されたのである。[36]

しかし本条約では犯罪構成要件を厳しく定める一方、それらの処罰にもきびしい対策を要求している。しかし各国の刑法および刑事訴訟法が異なり、核物質に関連する犯罪者の聖域をなくし、核物質の安全管理を保証するために締約国が一貫した措置を実行できるかについては疑問が残るところである。本条約の草案の過程において核物質の供給国(Nuclear Suppliers Group: NSG 45ヵ国、当時 London Group と称し、7ヵ国)[37]と OECD の加盟国と非同盟国との間で、この問題に対処する方法が対立し、核物質の供給国の思惑が浮きぼりにされた。当時ロンドングループ(London Group)は各犯罪ごとに刑罰も世界的に統一し、きびしく処罰すべきであると主張し刑罰の細かい条項まで提案した。

また非同盟国はそれらの犯罪者の刑事的な処罰は完全に国内で処理すべき事項であると主張し、特にロンドングループ(London Group)と強く対立した。その妥協の産物として生まれたのが上記の条項である。つまり犯罪として処罰すべき行為についてはロンドングループ(London Group)の主張が通り、それらの行為の処罰については IEAE の協力を得て、犯罪の状況に応じた刑罰を国内法により制定することになった。そして非同盟国の主張の一部である刑の執行は国内の自主性に任せるということになった。[38]

この条項は苦しい妥協の産物として制定された。従ってその執行面において、各国の法律的、社会的状況により、様々な方法で実施されている。それ故本条約の目的の1つである核物質に関連する犯罪者に聖域を与えず、核物質の安全防護体制を確立するという本旨が十分に現実化するとは確信しがたい。

第11条では、条約の第7条に定められている犯罪人に対しては引き渡し犯罪

とするとしているが、いままで国際的な犯罪人の引き渡しの場合は、ほとんどが二国間協定により行われている。本条項では締約国は原則的に、その犯罪人の自国への引き渡しをすることになっている。この点においても各国の刑事処罰権および外交保護権などとの複雑な問題が起き得ると考えられる。草案の過程でロンドングループ（London Group）からは、もし犯罪人の刑罰が公正さに欠ける場合、犯罪人引き渡しを請求すると主張した。それに対し非同盟国らは強く反発した。現行国際法上では、一般に国家に犯罪人引き渡し義務があるとはいえず、引き渡すかどうかは国家の自由であり、引き渡し請求を受けても請求国に引き渡さず、自国に滞在を認めることができる[39]。従って非同盟国は領域主権の立場を堅持するという理由で、ロンドングループ（London Group）の提案を拒否したいきさつがある。

　本条約では引き渡せない場合、国内で処罰することが義務づけられており、従来の国際法の原則、特に領域主権と両立しえない点がある。また同一犯罪において2ヵ国以上から引き渡し請求がなされることがありえる。この条約では引き渡しが競合する場合の対処についての対策が講じられていない。

　さらに本条約の締約国から自国民の引き渡し請求を受けることがありうるが、自国で処罰しない場合、またその処罰が公正ではないと判断された場合、引き渡さなければならない。このような状況においては、従来の国際法上「自国民不引渡し原則」[40]と抵触することになる。

5　条約の評価および改正

1）評　価

　上記のような不十分な点はあるが、本条約は次の3つの点で評価できると考える[41]。

　第1に核物質の防護体制において国際的に統一された条約が成立し、運用されることとなり、一応一歩前進したと評価できる。

　第2は核物質に関する故意的に行われる犯罪の危険性を阻止し、また犯罪の

被害を最小限にとどめるための国際的な協力体制の確立において、国際法に強い影響を与えた点である。

第3にNSG 45ヵ国と核物質の需要国の間との核物質の取引において、以前はケースバイケースで行われていたのに対して、本条約の附属書ⅠおよびⅡによって行われることになったことと、さらに本条約の非締約国もこの基準を採用できるようになった点である。

2) 改　正

本条約はIAEA事務局長の招請により、1999年11月より数回にわたり、「条約改正の要否を検討するための非公式専門家会合」が開催され、2001年5月、核物質防護条約を強化すべき明らかな必要性が存在するとの報告が採択された。その後、2001年12月から2003年3月にかけて「核物質防護条約改正案作成のための非公式専門家会合」が開催され、本条約の適用範囲を、国内輸送・使用・貯蔵中の核物質及び原子力施設に拡大し、核物質及び原子力施設の妨害破壊行為からの防護を含む防護措置の強化、条約上の犯罪の拡大等を骨子とする最終報告が採択された。しかし、一部の論点について合意が得られず、改正案の一本化には至らなかった。

2004年7月に、IAEA事務局長より、オーストリアが中心となって作成した条約改正案（日本を含めた25ヵ国の共同提案）が締約国に配付され、改正案の審議のための（締約国）会議の開催が提案された。その後、軍隊行為の適用除外に係る規定に関する中国案の提示等もあり、会議の開催に必要な締約国の過半数の支持が得られたことから、2005年7月4日から8日に88締約国及びユーラトムの参加を得て同会議が開催された。

同会議では、改正案に中国提案を加えたものをベースに審議が進められ、一部の論点（軍隊行為の適用除外、犯罪化規定等）について、調整が必要とされる局面もあったが、最終的には、改正がコンセンサスで採択された（なお、本改正が発効するためには、すべての締約国の3分の2以上が批准等の締結手続を行う必要がある）。

6 主な規定（改正後）：下線は改正箇所

1）条約の目的（第1A条）
平和的目的のために使用される核物質及び平和的目的のために使用される原子力施設の世界的かつ効果的な防護を達成し及び維持すること並びにそのような物質及び施設に関連する犯罪を世界的に防止し及び撲滅すること並びにそうした目的に向けた締約国間の協力を容易にすることである。

2）条約の適用範囲（第2条）
(イ)この条約は、平和的目的のために使用される核物質であって、使用され、貯蔵され又は輸送されるもの、及び平和的目的のために使用される原子力施設に適用する。

(ロ)国際人道法の下で武力紛争における軍隊の活動とされている活動であって、国際人道法によって規律されるものは、この条約によって規律されない。また、国の軍隊がその公務の遂行に当たって行う活動であって、他の国際法の規則によって規律されるものは、この条約によって規律されない。

(ハ)この条約のいかなる規定も、平和的目的のために使用されている核物質又は原子力施設に対する武力の行使又は行使の脅威に法的許可を与えるものと解してはならない。

3）防護措置（第2条A）
使用、貯蔵、輸送中の核物質の盗取及びその他の不法な取得から防護すること、核物質及び原子力施設を妨害破壊行為から防護すること等を目的とし、各締約国は、自国の管轄権下にある核物質及び原子力施設に適用される適切な防護体制を整備し、実施し及び維持する。

4）条約上の犯罪及び刑罰（第7条）

(イ)犯罪

(a)不法に行う核物質の受領、所持、使用、移転等により人の死亡若しくは重大な傷害又は財産若しくは環境の実質的な損傷を引き起こし又は引き起こすおそれのあるもの。

(b)不法に行う核物質の国内への又は国外への運搬、送付又は移動

(c)原子力施設の運転を妨害する行為であり、放射性物質の放出により、人の死亡若しくは重大な障害又は財産又は環境の実質的な損傷を故意に引き起こす意図をもって、若しくはそのおそれがあると知りながら行うもの。

(d)脅迫、未遂、共犯

(ロ)刑罰

締約国は、犯罪について、その重大性を考慮した適当な刑罰を科することができるようにする。

5）裁判権の設定（第8条）

(イ)締約国は、第7条に定める犯罪についての自国の裁判権を設定するため、必要な措置をとる。

(ロ)締約国は、容疑者が自国の領域内に所在し、かつ、自国が上記(イ)のいずれの締約国に対しても第11条の規定による当該容疑者の引渡しを行わない場合において第7条に定める犯罪についての自国の裁判権を設定するため、必要な措置をとる。

6）引渡し又は訴追（第9条、第10条及び第11条）

(イ)容疑者が領域内に所在する締約国は、状況によって正当であると認める場合には、訴追又は引渡しのために当該容疑者の所在を確実にするため、自国の国内法により適当な措置をとる。

(ロ)容疑者が領域内に所在する締約国は、当該容疑者を引き渡さない場合には、いかなる例外もなしに、かつ、不当に遅滞することなく、自国の法令による手

続を通じて訴追のため自国の権限のある当局に事件を付託する。

(ハ)第7条に定める犯罪は、締約国間の現行の犯罪人引渡条約における引渡犯罪とみなされる。

7）政治犯罪との関係（第11条A及び第11条B）

(イ)第7条に定める犯罪は、犯罪人引渡し又は法律上の相互援助に関しては、政治犯罪、政治犯罪に関連する犯罪又は政治的な動機による犯罪とみなしてはならない。

(ロ)この条約のいかなる規定も、第7条に定める犯罪に関する犯罪人引渡しの請求又は法律上の相互援助の要請を受けた締約国が、これらの請求若しくは要請が人種、宗教、国籍等を理由として行われたと信じ又はそれに応ずることにより請求若しくは要請の対象者の地位がこれらの理由によって害されると信ずるに足りる実質的な根拠がある場合には、引渡しを行い又は法律上の相互援助を与える義務を課するものと解してはならない。

本条約改正の発効は、その批准書、受諾書又は承認書を寄託した締約国について、締約国の3分の2が批准書、受諾書又は承認書を寄託した日の後30日目の日に効力を生ずることになっている[42)]。

8）課　題

本条約の改正は2001年度アメリカの同時多発テロ以来、核のテロの可能性が日々高まり、その対応策が緊急を要し、アメリカ政府の主導で公式および非公式に国際会議が開催された。核物質の安全確保と核拡散の防止に重点をおき、さらに不法に危険にさらされた物質を回収するため国際的協力および援助体制を求められた条約で、従来の条約と異なり各国の主権をより制限する条約といえる。しかし現在の条約において、科学的側面とりわけ原子力に関する問題と、地球環境保全の問題は超国家的な対策を確立しなければならない。その観点からみると本条約は国際法において1つの「引き金」となったといえる。つまり自国の事故により、他国に被害を与えた場合にはその責任を国家が負わなけれ

ばならないという状況になりつつあり、このような事故を事前防止するため、今後も様々な条約が採択されるであろう。従って本条約において国際的協力体制の確立は一応前進したといえる。

しかし核物質の防護にあたり、一般市民の財産および利益そして健康を守るための安全措置およびその基準がほとんど確立されていない。核物質から放射される放射能の被害に対する救済制度の重大性にもかかわらず、制度化には至らなかった。この条約の第1の保障目的は、核物質の事故および犯罪から被害をこうむった一般市民におくべきであった。核物質の安全防護体制の確立において、各国は核物質に対する固意的な犯罪は言うまでもなく、事故による被害もきわめて重大なものであるということを強く認識しなければならない。

この条約が発効に至ったのは、旧ソ連のチェルノブイリ（Chernobyl）原発事故[43]以来、各国がその重大性を再認識したことが背景の1つとなっている。核についてはもちろんのこと、原子力産業全般にわたり、正確な情報を一般市民に提供しなければならない。またそのための法律体制を確立する必要があると思われる。各国は本条約から負った義務を履行するにとどまらず、自主的に核物質からの被害の対策を講じなければならない。というのは、本条約のみでは核物質の安全管理についてまだ不十分である。

特に本条約の適用基準から使用済み核物質およびアイソトープに利用される各種核物質が除外されたのである。

7　まとめ

米ソ両国間の冷戦が終了し、混沌とした20世紀を経て瑞光の21世紀を迎え、新たな世界平和の新秩序が模索されている。核拡散は勿論、現存の核兵器の撤廃においては明るい兆しが見えてくることも期待している世紀でもある。アメリカとロシアのSTART（Strategic Arms Reduction Talks；戦略兵器削減交渉）[44]の調印をはじめ、CTBT（Comprehensive Nuclear Test Ban Treaty；包括的核実験禁止条約）[45]により、その条約の発効後で、戦略核弾頭数が現在の3分の1に削減

され、また核実験が全面禁止になるとこれ以上核兵器が増えることはない。条約上での規定であるが期待に値する。しかし一方おいては、核物質の不法取得および不法に使用される可能性は高まっているともいえる。旧ソ連の崩壊によって今まで厳重に管理されていた核物質および核兵器関連技術、人材の流出における核拡散、さらには核兵器そのものの取引の可能性が懸念されている。またそれに伴い、原子力の商業利用においても同様の不安が高まっている。核物質の商業利用と軍事使用という二面性の問題は常に表裏一体なのである。

核物質および核施設の国際的防護体制が確立される以前のきわめて危険な状況から、その改善策として核物質保護条約が締結され、国際的安全管理制度の確立を一応成し遂げた。しかし制度の施行によって核物質の安全防護が完全に解決したとはいい難い。原子力が従来併せもつ危険な二面性を除去しない限り、そして商業利用の核物質の軍事使用への転換の企てが消滅しない限り、その商業利用についても常に危険がつきまとうのである。

原子力の商業利用とその安全性の確立が両立しえるかという問題は、現在の状況では不可能であるといえよう。エネルギー開発だけを重視し、エネルギー事業の拡張のみに没頭した原子力産業界の政策のみが先行しているからである。今日でもその状況は続いている。しかしアメリカのTMI事故[46]および旧ソ連のチェルノブイリ（Chernobyl）原発事故[47]以来、原子力産業における風向きに変化が生まれつつある。しかし現在においてもなお、エネルギー開発に投じられる資金と災害および被害を防止するための安全策への投資とは著しい大差のある現状である。

核物質は膨大なエネルギーを持つとともに、きわめて毒性が強いというのも事実である。この生来の二面性のため、商業利用と安全確立との両立は非常に困難であるといえる。ただ安全確立への投資や研究がエネルギー開発と同等、あるいはそれ以上になされるならば商業利用から起きる諸被害もある程度とどめることは可能であると思われる。

地球環境保全と改善は人類の福祉と健康に影響を及ぼす主要課題である。[48]原子力商業利用における環境破壊は、人間、社会そして水、大気を始め地球とそ

の生態系に及び、危険なレベルの汚染が拡大しつつある。

　われわれがすでに発見し、発明し、現在それらを使用および利用していることがらは、われわれが発見すべき、また発明すべきことの多さから見れば、まだほんの一部分であると考える。核物質というまだまだ未知なものを前にして、その安全管理という問題は、全人類の課題であり現在においてはわずかに一歩踏みだしたのみといえるだろう。

1）　NHK 取材班『NHK 特集　追跡ドキュメント核燃料輸送船』（日本放送出版協会、1985年）。
2）　『月刊新聞ダイジェスト』1993年1月号（新聞ダイジェスト社、1992年）pp. 73-79.
3）　日本原子力産業会議編『放射性物質等の輸送法令集』（1991年度版、1991年）.
4）　The Regulation of Nuclear Trade, OECD, 1988, p. 147.
5）　日本原子力産業会議編『放射性物質等の輸送法令集』（1991年度版、1991年）.
6）　Japan Time, 20 October 1992.
7）　Ibid. 2 March 1993.
8）　Nuclear Law Bulletin, No. 20, OECD / NEA, 1979, p. 147.
9）　Ibid. No. 35, 1985, p. 114.
10）　Peter Mounfield, World Nuclear Power, Routledge, 1991, pp. 377-378.
11）　Nuclear Law Bulletin, No. 35, OECD / NEA, 1985, p. 115.
12）　The Regulation of Trade, OECD, 1988, pp. 147-148.
13）　IAEA, INFCIRC / 255 / Rev. 1. The U. N. Disarmament Yearbook, Vol. 1. 1976, pp. 276-277.
14）　魏栢良「IAEA の保障措置制度」『大阪経済法科大学アジア研究所年報』第2号（1991年）p. 25.
15）　IAEA, INFCIRC / 255 / Rev. 1. The U. N. Disarmament Yearbook, Vol. 1. 1976, pp. 276-278.
16）　The Safeguards Document, IAEA, CG（V）/ INF / 39.
17）　The Convention on the Physical Protection of Nuclear Material, IAEA Bulletin, Vol. 22, No. 3 / 4, pp. 58-59.
18）　Nuclear Law Bulletin, No. 24, OECD / NEA, 1979, p. 28.
19）　Resolution GC（XXI）RES / 350.
20）　The Convention on the Physical Protection of Nuclear Material, IAEA, Legal Series,

第6章 核物質保護条約 133

Vol. 12, 1982, pp. 22-36.
21) Ha-Vinh Phuong, the Physical Protection of Nuclear Material in Nuclear Law Bulletin, No. 35, OECD / NEA, 1985, pp. 113-115.
22) The Convention the Physical Protection of Nuclear Material, IAEA, Legal Series, Vol. 12, 1982, pp. 40-50.
23) Official Record of the Negotiation, IAEA, Legal Series No. 12, 1982.
24) The Convention on the Physical Protection of Nuclear Material, IAEA, Legal Series, Vol. 12, 1982, pp. 51-78.
25) Official Record of the Negotiation, IAEA, Legal Series No. 12, 1982.
26) Nuclear Law Bulletin, No. 24, OECD / NEA, 1979, p. 28.
27) Ibid. pp. 36-48.
28) Ha-Vinh Phuong, the Physical Protection of Nuclear Material in Nuclear Law Bulletin, No. 35, OECD / NEA, 1985, pp. 115-116.
29) INFCIR / 274 / Rev. 1.
30) 軍縮・不拡散、核物質の防護に関する条約（概要）、外務省 http://www.mofa.go.jp/Mofaj/gaiko/atom/kaku_gai.html
31) Convention on the Physical Protection of Nuclear Material, IAEA, Legal Series No. 12, 1982, pp. 87-125.
32) L., A., Herron, Nuclear Inter Jura'81, Proceedings of INLA congress, Palma de Mallorca, pp. 293-303.
33) Convention on the Physical Protection of Nuclear Material, IAEA, Legal Series No. 12, 1982, pp. 306-345.
34) 国際法学会編『国際法辞典』（鹿島出版会、1975年）p. 658.
35) The Regulation of Nuclear Trade, OECD, 1988, pp. 50-151.
36) Convention on the Physical Protection of Nuclear Material, IAEA, Legal Series No. 12, 1982, p. 90.
37) Nuclear Trade, Vol. 1, OECD / NEA, 1988, pp. 17-18.
38) Official Record of the Negotiation, IAEA, Legal Series No. 12, 1982.
39) 国際法学会編『国際法辞典』（鹿島出版会、1975年）p. 564.
40) Ibid. p. 304.
41) Ha- Vinh Phuong, The Physical Protection of Nuclear Material in Nuclear Law Bulletin, No. 35, OECD / NEA, 1985, pp. 118-119.
42) 軍縮・不拡散、核物質の防護に関する条約（概要）、外務省、抜粋 http://www.mofa.go.jp/Mofaj/gaiko/atom/kaku_gai.html
43) 魏栢良「国境を越えた原子力事故対策」『大阪経済法科大学アジア研究所年報』第4号（1992年）p. 33.

44) 黒沢満『核軍縮と国際法』(有信堂、1992年) pp. 211-254.
45) 包括的核実験禁止条約、フリー百科事典『ウィキペディア (Wikipedia)』http://ja.wikipedia.org/wiki/
46) Andrew Blowers and David Pepper, Nuclear Power in Crisis, Croom Heim Ltd., 1987, pp. 272-294.
47) Frederik Pohl, Chernobyl, A Bantam Book, pp. 72-94.
48) 国際教育法研究会編『教育条約集』(三省堂、1987年) p. 245.

第7章

越境原子力事故対策

1　状　況

　原子力の軍事面における威力は、原子爆弾として日本の広島と長崎に投下された際、全世界に示された。それ以来、軍事面における原子力は想像以上の開発が進められ、現在では地球上の全生態系を絶滅できる破壊力を備えている。

　一方原子力の商業利用面においては、1953年第8回国連総会においてアメリカのアイゼンハウワー（Eisenhower）大統領の「Atoms for Peace」[1]という演説以来めざましい発展を成し遂げた。原子力は主要なエネルギー源の1つとして全世界の総発電電力量の16%を占める[2]に至っている。またその放射線利用についても活発に開発が行われ、工業、農林水産業、医療、資源環境保全、研究等多方面において利用されており、日常生活においても重要な位置を占めている。例えば、放射線の食品照射は米を始めとして60品目にのぼり、食品管理に必須のものとなっている[3]。

　国連では原子力を軍事使用においては多数国間条約および協定締結を通じて制限と抑止策を講じる一方、その商業利用においては国際機関であるIAEA[4]、が世界の平和、保健および健康に対する原子力の貢献の促進および増大を任務としてその利用を拡大させてきた。国連の総会においてもたびたび原子力商業利用問題が決議として採択されてきた。

　1977年第32回国連総会においてユーゴスラビアを中心とする第三世界グループの主張により、「経済的社会的発展のための原子力平和利用国連会議」の開催を検討する決議が採択された[5]。この採択以来「原子力平和利用国連会議」が設置され原子力商業利用における国際協力促進の方策を確保およびその改善策

を講じ続けている。つまり原子力国際安全管理確保の実現政策を模索している。

しかし原子力の軍事的使用と商業的利用が拡大されるにつれて、その災害および被害も増大し、危険性は募る一方である。ここでは軍事面、核兵器実験等の被害を除く、商業利用面、特に原子力発電所事故を取り上げることにする。

原子力発電所の事故として国際的に衝撃を与えた事故は、アメリカのペンシルベニア（Pennsylvania）州のTMI（The Three Mile Island）事故である[6]。この原子力事故は1979年3月28日未明、いくつかの事故が重なって起こったもので、それによる放射能漏れは付近の住民を避難させなければならないほどであった。その情報が世界に伝わり原子力保有国のみでなく、原子力非保有国の国民にも衝撃を与えたのである。大惨事には至らなかったが、原子力事故が事前に防止できなかったのみではなく、事故後の処理においても被害対策上の諸問題が提起された。TMI原子力事故は環境汚染防止政策に重大な課題をもたらしたのである。

さらに原子力商業利用史上、最大級の発電所事故が1986年4月26日、旧ソ連のウクライナ共和国で発生した。これがチェルノブイリ（Chernobyl）原子力発電所事故である[7]。この事故はTMI原子力事故と異なり、原子力事故が一国のみへの被害に留まらず、近隣諸国はもちろん、遠くアジア諸国にまで放射性物質の被害を及ぼしたという点においてさらに重大である。従って国際的な対策を講じるために、国連をはじめIAEA等国際機関に重大な任務、つまり国際的原子力事故対策が課せられることになる。

本論ではIAEAを中心とし、各国が深い関心を持って取り組んだ原子力事故防止対策における国際法、とりわけ国境を越えた原子力事故対策として締結された「原子力事故の際の早期通報に関する条約」と「原子力事故および放射線緊急時における援助に関する条約」という2つの条約に関し考察することにする。

また国際条約のみを論じると、法的側面のみが全面に出される。しかしながらこの条約が負っている目的を正確に把握するには、原子力の性質と原子力利用およびその事故をめぐる国際関係の理解が必須と考える。従って第1におい

てはチェルノブイリ（Chernobyl）原子力事故の原因および国内外の被害状況を論じ、きわめて危険な特質を持つ原子力に対し現代の最先端の科学技術を用いて安全確保できるのか、さらにそのような原子力活動について国際法を適用して安全管理の確立が可能か、また不可能か、以上の点について若干指摘したい。

2 原子力事故

1）国際的な原子力大事故

　科学および技術の革新は常にリスク（risk）を伴うと思われる。特に原子力はその典型であるといえる。原子力は科学的・技術的な面にさまざまな発展をもたらした反面、数々の分野に危険性をも伴わせるのである。

　原子力は商業利用により人類の生活の向上および促進に貢献する一方、軍事使用により数十万の生命をうばい、さらに全世界の生物を絶滅させるという恐怖を増長させているのである。原子力はその二面性を持ち、それ故に様々な問題をいだきながらも、数多くの分野で日進月歩の目ざましい発展を続けている。

　原子力の発展に伴う諸般のリスクの1つが、近年例にない大きな事件として現実となった。それはチェルノブイリ（Chernobyl）原子力発電所事故といわれる旧ソ連の原子力発電所でおこった事故である。

　1986年4月26日、旧ソ連ウクライナ共和国のチェルノブイリ（Chernobyl）原子力発電所4号機で事故が発生し、大量の放射性物質が周辺環境に放出された[9]。この事故に起因する放射性物質は事故発生地域にとどまらず国境を越え、近隣のヨーロッパ諸国ばかりでなく、遠く離れたアジア地域でも検出され、その被害は諸方面に拡大されたのである[10]。これは原子力商業利用歴史上、最も深刻な事故であり、その被害は事故発生国のみにとどまらず他国にまでおよび得ることを示し[11]、原子力事故の際の国際的な通報および相互援助に関する国際的な枠組みの整備の重要性が確認された。このためIAEAが中心となって条約の草案作りが進められる一方で、この事故をめぐる国際的な対応が活発に行われたのである[12]。

2）事故の経過および原因

a．経　過

事故が発生したチェルノブイリ（Chernobyl）原子力発電所は白ロシアウクライナ（the former Ukrainian Republic of the Soviet Union）低湿地と呼ばれる地域の東部に位置し、ドニエプル川に流入するプリヤート川河岸にある。この原子力発電所では事故の発生時点で4基の原子炉が運転中で、さらに5、6基の原子炉が建設中であった。そのうち運転中の第4号基に今回の事放が発生した。

第4号基の原子炉の炉型は、黒鉛減速沸騰軽水圧力管型原子炉の「RBMK-1000型（ソビエト型）[13]」という形式のものである。第4号基では1986年4月25日（旧ソ連時間）保守のため原子炉の停止が予定されていたが、この機会に外部電源が喪失した場合、タービン発電機の回転慣性エネルギーをどれだけ所内電力需要に使えるかを試す実験を行うことにし、そのため準備が行われていた。[14]

b．原　因

このような実験は原子炉の安全性を確認する重要な実験で十分な安全対策を要するが、それも講じられておらず、実験の指揮者は原子炉の専門家でなく電気技術者であったという不備なものであった。

実験は午後1時から始まり、定格出力（320万KW）から出力低下を開始した。実験計画によると、午後2時以後も出力低下を続け、出力70～100万KWで実験を行うはずであったが、他の地域から電力供給の要請により、その後約9時間にわたり160万KW運転が続き、この間、非常用炉心冷却装置（ECCS）は運転規制に違反して長時間バイパスされたままであった。

午後11時10分、運転員は160万KWより出力低下を再開したが、操作ミスのため出力は急激低下した。運転員が手動操作で出力を調整したが、出力は予定より大幅に低い3万KWに低下した。このため、運転員は制御棒を手動でひき抜き、出力の上昇につとめ、その結果、4月26日1時になりようやく出力20万KWを維持することが可能となった。この間、核分裂連鎖反応をふせぐキセノン（Xenon）[15]が炉内増加しており、20万KWまで出力を上昇させるのが精一杯であった。

70万KW以下の長時間運転は運転規則に違反していたが、それにもかかわらず実験をおこなうための準備がすすめられた。「反応度操作余裕」が6から8本になり（30本が必要最低）、炉を緊急停止すべき状態になったが運転員はこれを無視した。さらに運転員は危険な状態のまま実験を開始した。実験開始後、発電機に接続されている給水ポンプの回転速度に異常が発生し、給水流量が減少し、それにともなって冷却材の温度が上昇した。その結果、炉心の出力が上昇し始めた。

1時23分40秒、これに気付いた現場の責任者が炉の緊急停止を命じ、原子炉緊急停止ボタンが押されたが、効果があがるまでの約6秒間に出力はさらに上昇した。

1時23分44秒には出力は定格出力の約100倍となった。このためそれに伴う圧力管の急激な圧力上昇がおこり、その結果、圧力管の破損に至り、1時24分頃、2、3秒間間隔をおいて爆発が2回発生した。原子炉の爆発により、黒鉛および燃料の一部が微粒子の状態となって炉外飛散し、核分裂生成物が周囲に放出されたのである。[16]

原子炉の機能を試す実験では最先端の科学技術を熟知する専門家と最高の安全対策が必要である。なぜなら原子炉は最先端の科学技術の結晶であるからである。この基本姿勢を無視して行われた実験は、事故の発生予測が十分可能であり、いわゆるサボタージュ（sabotage）ともいえるのではないか。

3）事故後の措置

爆発が生じた結果、施設内の30ヵ所以上で火災が発生した。4月26日1時30分、プリヤート市およびチェルノブイリ（Chernobyl）市からの消火活動を行った結果、原子炉および建物内に発生した火災は5時までには鎮火した。

4月27日から5月10日までの間、ヘリコプターによって原子炉にヨウ素40トン（再臨界防止）、ドロマイド800トン（燃焼防止）、遮蔽および放出制御の鉛が2400トン、フィルター効果のある粘土および砂が5000トン投下された結果、放射性物質の放出はほとんど停止した。

140　第2部　原子力国際管理の Regimes

　旧ソ連は事故の再発を防止するため、今回の事故と同様の原子炉RBMK型の設計上の改善策を講じるとともに、運転員の作業規律の強化および原子力発電所の管理に関する対策を講じることとなった。[17]

　原子炉にいったん事故が発生した場合、それを鎮圧し、その被害を最小限にくいとどめるためには物質的にも技術的にも莫大な投資が必要である。そしてそれをもってしてもなお被害は甚大なのである。今回の事件は原子力発電所事故の場合、その災害対策にも限界があることを証明している。

3　国境を越えた放射能の影響

1）旧ソ連国内

　今回の事故に伴って周囲に放出された放射性物質の量は、事故10日後の時点で希ガス5000万キュリー及びそれ以外の放射性物質の量は、約5000万キュリーとされている。(旧ソ連がIAEAに提出した資料による)

　4月26日、爆発にともない燃料の破(砕)片が飛散し、1200万キュリーという大量の放射性物質が放出された。2回目の放出は5月2日～5日にかけて炉心の燃料が崩壊熱などにより17000℃以上に加熱されたことにより、再び放射性物質の放射率が増加した。[18]

　1979年3月28日発生したアメリカのTMI事故時に放出された放射性物質の量は希ガス約250万キュリーおよびヨウ素131約15万キュリーと評価されている。今回の事故はそれと比較すると放出の規模はきわめて大きいものである。

　また放射能による環境の汚染度はきわめて高いものであった。旧ソ連およびヨーロッパ地域の自然放射線レベルは0.008～0.012ミリレントゲン／時である。事故の発電所から30km圏内においては自然放射線の1,000倍以上のレベルが10日間以上も続いた。また90～270km圏内においては数倍から数十倍のレベルが50日間以上も続いていた。原子炉から1.5～30kmの土にもヨウ素、ルテニウム、ジルコニウム、セシウム等が検出された。

　旧ソ連各地で検出された牛乳中のヨウ素の濃度もかなり高い数値であった。

大気中に放出されたヨウ素131は呼吸あるいは牧草などを通じて乳牛にとりこまれ、その一部が牛乳中にでてくる。旧ソ連では5月1日に放射性ヨウ素の濃度が0.1マイクロキュリー／l以上の牛乳の採取が禁止されたが、事故から2〜3日後において白ロシア南部ではこれより一桁高い1マイクロキュリー／l程度の濃度が検出されている。また一部の地域においては100マイクロキュリー／l近くに達していた。一方野菜類、食肉、魚等の食品からも多量の放射性物質が検出された。

プリヤート市では、放射性物質に汚染され、4月26日夜、放射線レベルが上昇し始め、やがて旧ソ連における無条件で避難することが必要なレベル（家の中にいてなんの対策も行わなかった場合に、全身75レム以上被爆する放射線レベル）に達した。その結果、安全な避難ルートが設定され、27日に大型バス約1100台を用いて約4万5千人が避難した。このほか30km圏内における住民約9万人も避難した[19]。

避難した住民の健康への影響は被曝線量によって異なるが、全体として人体の直接的な危険（急性障害）はないとされている。ただし13万5千人の住民が今後70年間に自然発生ガンで死亡する予想人数の1.6倍と推定されている。またヨウ素131の摂取による今後30年間の甲状腺ガン死亡者、またセシウム134およびセシウム137の内部被曝による今後70年間のガン死亡者は、自然発生ガンで死亡する予想人数の1％に達すると推定されている。事故当日に重度の火傷で人が死亡し、行方不明1名を含めて、死者総数は86年8月21日現在31人に達しており、また3人が重体であると報じられている[20]。

さらに放射性物質の放出を防止するため万全の対策を講じたにもかかわらず、炉心の燃料の崩壊熱等による2回目の爆発は多量の放射性物質の放出をもたらした。

このように事故による放射性物質は自然放射性レベルの1000倍に達し、人間はもちろん動物、植物さらに自然界の生態系にまで被害は及んだのである。

原子力産業とは一旦事故が生じると、一般産業の事故とは比較にならないほどの大災害を引き起こすと共に、その被害の影響は事故後も数十年、あるいは

それ以上に及んでゆくのである。

2）近隣諸国

4月28日朝（スウェーデン時間）に初めてスウェーデンで大量の放射性物質が検出された。それ以来ヨーロッパ諸国をはじめとする各国で4月末から5月初めにかけて放射能レベルの急増がみられた。これはいうまでもなく旧ソ連の原子炉の事故に伴い放出された大量の放射性物質が放射性雲となって大気中に広く拡散し、風にのって移動したと考えられる。

風向きによる放射性物質の拡散状況をみることにする。4月28日頃までに北北西に直進しバルチック海に達している。5月1日には東へ別れ、一部がシベリア上空の西風によりバイカル湖の上空に達した。5月3日にはシベリア東部から南下し日本に達している。10日にはグリーンランド方面にむけた放射性物質が大西洋をわたり、米国東岸に達する一方、極東を通過した一部が太平洋を渡り、米国に達し、低緯度を除く北半球のほぼ全域が汚染されている。

ヨーロッパ諸国およびアメリカにおいて放射線対策として、牛乳、雨水および生鮮野菜の摂取制限ならびに食料品輸入禁止措置等が行われた。

6月5日に世界保健機構（World Health Organization；WHO）が公表した資料によるとスウェーデンとオーストリアでは、家の外に出ない、また子供を砂場で遊ばせないという措置をとった。牛乳の摂取の禁止および乳牛に生草を与えないという措置をとった国は西ドイツ、イギリス、オーストリア、スウェーデン、フィンランド、ポーランド、チェコスロバキア、ユーゴスラビアである。雨水を飲まない、また乳牛に与えないという国はイギリス、オーストリア、スウェーデン、フィンランド、ユーゴスラビアである。生鮮野菜を食べない国は西ドイツ、フランス、イギリス、オーストリア、スウェーデン、ポーランドである。旧ソ連および東ヨーロッパからの食料品輸入禁止は西ドイツ、フランス、イギリス、スウェーデンなどがとった。

旅行者への対策としては、旧ソ連、東ヨーロッパへの旅行禁止はスウェーデン、フィンランド、そして旧ソ連、東ヨーロッパからの帰国者を検査する国は

第7章 越境原子力事故対策　143

西ドイツ、フィンランド、ユーゴスラビア、アメリカである。[21]

　チェルノブイリ（Chernobyl）原子力発電所事故による災害は旧ソ連国内のみでなく、近隣諸国の広い範囲にまで及んだ。一般市民の日常生活にまで規制が行われるといった被害は、産業界の事故としてはかつてない規模のものである。[22]この事故以来、各国の原子力関係者は原子力事故再発防止対策に力を注ぐことになった。[23]また事故当事国住民はもちろん、近隣諸国の住民は原子力発電所の事故防止対策を、国内のみでなく国際的にも緊急に講じるよう各政府当局に強く要求し、事故対策に拍車がかけられたのである。

4　条　約

1）条約の成立過程
a．条約の必要性

　今回事故が国際的に影響を及ぼしたことは前述したとおりである。そのためIAEAの活動をはじめとする様々な国際的な対応が活発に行われた。特に原子力の安全確保はまさに世界共通の問題としてとらえなければならないということを、各国があらためて認識したことである。

　このような認識のもとで、国際的に原子力管理の諸問題に関心が高まる最中、1986年5月4日〜5月6日に東京において、主要先進国首脳会議（東京サミット）[24]が開催された。ここで、旧ソ連の原子力事故が議題としてとりあげられ、このような事態に対応できる通報体制、支援体制の整備などを内容とする「原子力事故の諸影響に関する声明」が5月5日に発表された。この声明文によってIAEAの場を通じて国際的な協力のもとに今回の事故をめぐる諸問題を対処するということと同時に、国際的な条約の必要性の方向づけが行われた。

　条約の必要性を強く訴え、その実現に拍車をかけたのは旧西ドイツ（以下ドイツという）である。当時ドイツはIAEAに対し、今後の方針を至急検討するために特別理事会を招集することを求めた。[25]さらに5月16日には、コール（Khol）首相みずからが、原子力発電所を運転ないし建設している35ヵ国の首

脳にあてた書簡で、原子炉の安全性に関する政府高官による国際会議の開催を提唱した。このドイツの行動により条約の必要性は固まり、草案作りへと積極的に取り組まれることになったのである。

　b．条約の草案過程

　5月21日、IAEAはドイツの要請にこたえて特別理事会を開催し4項目が決定された。[26] そのうち第1項目の東京サミットの声明をうけ国際的事故通報システムおよび事故時の援助体制の確立のため2つの国際協定を策定するための会合を開催すること。第4項目のIAEAのもとで原子力安全問題全般に関する閣僚レベルによる国際会議を早期に開催すること。以上2つの項目が条約の草案作りに拍車をかけることになった。

　以上の決定に対応してIAEAにおける国際条約草案のための専門委員会が7月21日〜8月15日の間にすすめられ、最終的に2つの条約の草案としてとりまとめられ、9月24日〜26日にウィーン（Wien）で開催された閣僚レベルによるIAEA特別総会で採択されることになる。

　2つの条約の原案はIAEA事務局において作成された。原案の主な目的は「国境を越えて影響を受けた国に対し、事故当該国は全責任を負う」。またはその影響をうけるおそれがある国に対しても、「事故防止対策の責任を負う」ことである。これら以外に事故の影響の拡大を防止し、その被害を最小限にとどめることを目的とした「早期の事故に関する情報を発送し、また入手できる制度を義務づけること」であった。

　この制度は従来のIAEAの持つ事故通報システム（Incident Reporting System、以下IRSという）という制度に由来したものと思われる。

　このシステムは1983年から実施されたもので、原子力の安全管理のため用いられる。例えば、原子力事故がおこった場合、それに関する情報はIAEAを通じて、IAEA加盟国を問わず原子力発電所の所有国に通報することになっている。実際にこのシステムはアメリカ、イギリス、フランス、ドイツなどOECD／NEA加盟国のみが運用を開始した。88年度からはIAEAにおいてもIRSが実施されており、2007年度末までに報告された件数は約2400件に達し

ている。[27]

　この2つの条約では従来のIRSの運用を補強し、各国の事故に関する情報を通報する義務を負わせるようになった。さらに、緊急に通報することを要するとした。

　原案において「原子力事故の早期通報に関する条約」は前文、本文17ヵ条および末文からなり、そして「原子力事故または放射線緊急事態の場合における援助に関する条約」は前文、本文19ヵ条および末文から成る。

　このような原案は1986年7月21日～8月15日の各政府専門家会議にかけられた。この専門家会議はIAEA主催の62ヵ国の政府専門家、10の国際機関等約280人の参加を得て開催された。そして1ヵ月弱という異例の短期間で原案が検討され、最終的には2つの条約の草案としてまとまることになった。

　専門家会議では、東西間において次の2点が対立し問題となった。まず1つは「原子力の事故による影響として他国に被害を与えた国はすべての責任を負う」という問題。もう1つは「放射線緊急事態の場合、援助活動をする人々に特権免除および便益を与える」という問題であった。

　第1の問題は旧ソ連を中心とする東ヨーロッパ諸国が責任の範囲の不明確さ、および被害の策定に基準がないという理由で強く反発し、結局、西側陣営もその問題は二国間の協議事項であるという認識のもとにこの国家責任事項は廃案になった。

　第2の問題は東西間の若干の国々が国家秘密保護および国家主権の侵害の恐れがあると指摘し、その点に関しては保留事項（第8条9項）を設けることで一致し、原案通り採択された。

　しかしこれらの問題は東西間の防衛領域（the defense of the realm）といった戦略上の観点や、政治的利益を追求する自国本位の政策(5)の観点ではなく、原子力事故による人間を始めとする地球全体の生態に与える被害の立場から考えるべきであった。各国家はもちろん各個人も地球的義務がある。[28] つまり過去の世代から受け継いだ自然および生態系に被害を与えてはならない。さらにその状態を改善し、よりよい環境を将来の世代に残さなければならないという義務

を負っている。その立場から考察すると、われわれにとって必要なことは国家責任の枠組みを確立し、原子力事故防止に最善を講じることである。

2）条約の成立

専門家会議において採択された草案は9月24日から26日までの総会で正式に採択され、早期通報に関する条約は1986年10月27日に発効するに至った。[29]

総会においては、2つの条約に関する説明および報告が行われ、その後別段の異議もなく採択され条約は成立することになった。

多数国間条約の成立過程は、専門家や政府代表等による会合を経るといった段階を踏んで、通常数年かかり、やっと採択されることになる。

しかしこれら2つの条約はこういった段階を踏まず、異例の速さで採択に持ち込まれている。今回の原子力事故による災害および被害、またそれによる損失があまりにも広範囲において膨大であるので、事故対策の必要性が切実であったからといえる。

5　2つの条約の考察

1）原子力事故の際の早期通報に関する条約（Convention on Early Notification of a Nuclear Accident）[30]

a．条約の概要

この条約は国境を越える影響をともなう原子力事故が発生した場合において、その影響を受けた、または受ける恐れがある国が事故に関する情報を早期に入手し事故の拡大を防止し、またその影響を最小限にとどめることを目的とするものである。

この条約は以下の6つに分けて考えられると思われる。

　　第1に対象となる事故の範囲（第1条）、

　　第2に通報および情報提供（第2条および第5条）、

　　第3に他の原子力に関する事故の任意通報（第3条）、

第4にIAEAの任務（第4条）、

第5に権限のある当局および連絡上の当局の通知（第7条）、

第6に最終決定（第11条～第17条）の以上である。

b．条約の分析および評価[31)]

第1条の対象となる事故の範囲は、a．全ての原子炉（any nuclear reactor wherever located）、b．すべての核燃料サイクル施設、c．すべての放射性廃棄物取り扱い施設、d．核燃料または放射性廃棄物の輸送および貯蔵、e．農業、工業、医療、科学および研究の目的のための放射性同位元素の製造、利用、貯蔵、廃棄および輸送、f．宇宙物体（space objects）における発電のための放射性同位元素の利用（原子力衛星など）といった施設または活動で発生した事故であり、国境を越えて（international trans-boundary）放射性物質を放出し、また放出する恐れがあり、他国に対し放射線事故に基づく影響を及ぼしうるようなものと定義されている。

この条項の定義には軍事利用施設関係の事故は含まれているが、核兵器関連の事故は含まれていない。その点が不備といえば不備であるが、それは軍事機密とからみ、また各国の安全保障等が関与する問題であるので、核兵器保有国の任意的な通報とするという条項（第3条）を設けることで妥協したのである。

第2条および第5条の通報および情報提供は、事故がおきた場合、IAEAおよび被害をうける可能性のある国に対して、ただちに事故の発生およびその性質（it's nature）、日時および正確な場所を通報するとしている。また第5条には、さらに安全対策上必要とされる詳細なデータ（事故の原因、予測される進展、放出された放射性物質の量、防護措置（the off-site protective measures taken or planned）など）を可能なかぎり提供するとしている。

第2条a項は事故現場を正確に通報することと原案ではなっていたが、専門家会議で現場を正確に通報することに限界を設けるべきであるという主張があった。従って商業用、実験用に関しては正確に通報することができるが、軍事利用施設の関係は通報義務から外すことになり、「適当な場合には（appropriate）」という文言を明記して軍事利用施設の場所を通報することとし

た。

　第3条は他の原子力に関する事故の任意通報で、締約国は第1条にあげられた対象外の事故の場合も通報することができる。つまり核兵器に関連する事故をさしているが、この種の事故に関しては当該国が自発的に通報しうる（may notify）ということである。[32]

　軍事使用関係の事故は年間800件（IAEA報告）で、その被害は相当なものであると推定されている。当該国の自発的な通報に任せるという任意制度は、軍事関係の事故が商業利用原子炉の事故より頻繁で、もし大事故がおきれば商業利用原子炉より数十倍も大きい大惨事になる危険性を含んでいるだけに、原子力の事故対策の安全面からみると重大な過ちを含んでいる制度であるといえる。

　第4条はIAEAの任務で、機関は締約国に対し、入手した通報および情報をすみやかに提供することを定めている。

　第5条は提供される情報の範囲であるが、この条項には特殊な情報が含まれている。これはe項の「気象学的または水文学的条件に関する情報」(Information on current and meteorological and hydrological conditions)である。これは今回の旧ソ連原子力事故の放射性物質の被害が風によって拡散され、また湖の水路により拡大されたことによるものである。[33]

　第7条は連絡体制で締結国はIAEAおよび他の締結国に対し、権限ある当局および情報の提供などに責任を有する連絡上の当局に通知することを定めている。そして締約国およびIAEAの連絡先は常時連絡可能な体制（the Agency shall be available continuously）とするということである。この体制は原子力分野における多国間条約において初めて採用されたものである。これは原子力事故を正確に把握し、それに基づいて対策を講じ、被害を最小限にとどめるためには評価できる制度であるといえる。

　第11条から第17条までは紛争の解決（第11条）、署名、批准などの締結手続き、効力発生など（第12条）、改正（第14条）、廃棄（第15条）など最終規定である。

2）原子力事故および放射線緊急時における援助に関する条約（Convention on Assistance in Case of a Nuclear Accident or Radiological Emergency）[34]

　a．条約の概要

本条約は原子力事故または放射線緊急事態の場合において国際的な協力のもとに、迅速な援助の提供を容易にし、原子力事故の被害を最小限に抑えるための国際的な枠組みを定めることを目的としている。

この条約は以下の9つにわけて考えられると思われる。

　　第1は援助の提供（第2条）

　　第2は援助の措置および管理（第3条）

　　第3は権限ある当局および連絡上の当局の通知（第4条）

　　第4はIAEAの任務（第5条）

　　第5は秘密情報の保護（第6条）

　　第6は経費の償還（第7条）

　　第7は特権、免除、便益（第8条）

　　第8は請求および補償（第10条）

　　第9は最終規定など、の以上である。

　b．条約の分析および評価[35]

第2条は援助の提供に関する規定で、4つにわけてまとめることにする。第1に締約国は原子力事故または放射性緊急事態の場合において援助を要する時は、他の締約国またはIAEAに対し、援助を要請することができる（第1項）。

第2の援助の要請をうけた締約国などは速やかに、その援助が可能か否か、ならびに与え得る援助の範囲および条件（the scope and terms of assistance）を決定し、援助を要請した国に通報する（第3項）。

第3に締結国は原子力事故などの場合において援助のため利用できる専門家および資機材（materials）など当該援助を提供する際の条件とともにIAEAに通報する（第4項）。

第4にIAEAは要請に応じて直接の援助活動を行い、他の締約国もしくは国際機関にその要請を伝達し、また要請がある場合に援助を国際的に調整する

（第6項）などである。

　この規定では締約国は必要とする場合、他の締約国、IAEA および国際機関に対し援助を要請することができる。そして要請を受けた国は、その援助が提供できる立場にあるか否かを、援助し得る範囲および条件とともに速やかに決定し通知することと定めているが、問題は2点あるかと思われる。

　1点目は援助を必要とする国（the requesting state party）が、必要とする援助の範囲や種類などを決定する点である。原子力事故は一刻を争う緊急の対策を必要とし、その上、非常に高度な科学的知識と技術が必要である。従って必要な援助の内容を早期に決定するのは容易ではなく相当な困難を伴う。技術的にはトップレベルを誇る旧ソ連でさえも、今回の事故の際、その状況把握にあたり数多くの難関に出会っている。

　2点目は援助を提供する国（the assisting state party）が、援助物資および活動、専門家に関する諸条件を決定し、援助を受ける国に通知する点である。援助を受ける国と提供する国とではそれぞれの状況が異なり、国家の思惑がからみあって相互の妥協が難しい。特に専門家らの得た情報の取り扱いについては国家の秘密とビジネスのノウハウがつきまとう。今回の旧ソ連の原子力事故においてもそれらの情報の多くは秘密にされた。

　第3条は援助の指導および管理を定めた規定で、まず援助要請国領域内における援助の指導、管理は援助要請国の責任（the responsibility）で行う。また援助要請国は援助物資、人材などの保管、管理に責任を負う。そして援助実施において用いられる機器などの所有権は援助提供国に属し、その要請により返却しなければならないと定められている。

　この規定は援助提供国と要請国との力関係はもちろん、国家主権の侵害の恐れもありえると専門家会議の際に指摘されたのである。例えば事故現場にある原子力に関する秘密文書の取り扱い、また人員の移動および動員に関する問題である。そして提供国の人員、機材物資に関する科学的および技術的な情報の管理に相互の信頼関係がからみ、共同作業上問題がおこる可能性があると指摘され、結局、二国間において別段の合意を設けることにしたのである。

第5条はIAEAの任務で、IAEAは原子力事故などの場合に利用できる専門家および機材物資などについての情報を収集し、締約国などに提供するほか、要請がある場合には、原子力事故などにおける緊急計画および法令の準備などにつき締約国などを援助することになっている。

　IAEAはこの規定により科学者はもちろん、その分野の法律専門家または各分野の事故対策専門家などで構成した「専門家グループ」(liaison)を編成することになった。

　第6条は秘密情報の保護を定めている。援助要請国および援助提供国は、援助に関連して入手した秘密情報の秘密性を保護(the confidentiality of any confidential information)するものとし、当該情報は援助のためにのみ用いられることとしている。

　この規定では高度な軍事機密ならびに科学的機密を保護するため、提供国と要請国との複雑な問題がおこり得る可能性が十分考えられる。すなわち機密保護が優先されるため、事故の的確な情報を得ることを不可能にしたのである。

　例えば今回のチェルノブイリ(Chernobyl)事故においても、上記で論じた通り医学的情報およびそれに関連したすべての情報をアメリカと旧ソ連の責任で、一般的情報以外は秘密にするという合意があったのである。

　専門家会議では、事故に関する情報は政治的プロパガンダとして利用する可能性があるという第三世界からの指摘もあり、結局それらの情報を秘密にすることにしたのである。将来の事故の安定対策面から考えると情報を提供し、事故をすみやかに解決することが本旨である。にもかかわらず情報を隠蔽し、事故対策に必要な情報を乏しくしては、その結果、事故対策に際し、人命およびその他の損害が大きくなるのは必至であろう。

　第7条は経費の償還(Reimbursement of costs)で、援助を要請した国は援助の全部または一部が有償で提供される場合には、提供される役務に要する経費および援助に関する経費を負担することを定めている。この規定は原則的には援助提供者は無償ですることになっているが、専門家会議においてOECDの原子力機関(NEA)が全部または一部を有償で援助することを提案した。それ

に対して第三世界グループが反対を表明し、結局、援助の提供を無償にするか、しないかの基準を設けることで妥協したのである。その基準の1つに「開発途上国の必要（the needs of developing countries）」（1項(C)）という項目が入っている。つまり援助国は発展途上国に無償で、先進国には有償で事故対策に臨むことになる。

しかし発展途上国と先進国との境目の定義がまだ明確にはなっておらず、結局その問題は二国間の協定事項として解決されることになる。従ってその当事者国間の様々な政治的取引が予想される。

第8条は、特権、免除および便宜に関する条項で、援助を要請した国は、援助のための人材などに対し、その任務を遂行するために必要な特権、免除および便宜を与える（訴訟手続きおよび課税の免除など）としている。この規定はIAEAの人員の従来から持っている特権をそのまま採択したのである。

第10条は請求および補償に関する規定である。つまり援助を要請した国は別段の合意がない限り、援助の提供中にひきおこされた損害に関し、援助のための人員等に対する第三者からの訴訟および請求を処理し、当該人員などに損害を与えないようにするとともに、当該人員などのこうむる損害について補償を定めている。この規定において、援助提供関係者は、援助中の行為について故意による場合を除き、その損害賠償を免れることができる。また先進国と発展途上国との間に、法的側面や金額的側面での格差が大きいため、二国間で協議できるように、第2項に「別段の合意がないかぎり（unless otherwise agreed）」という文言を入れると同時に、第5項に条約の署名、批准などの際に、第2項に定められた事項に対して全部または一部免除の宣言をすることができるとしている。

この規定は結局、援助要請国と提供国が二国間で妥協でき得る体制をつくったのである。

第13条から第19条は最終規定で紛争の解決（第13条）、署名、批准などの締結手続き、効力発生（第14条）、16条改正、17条廃棄などに関して定めている。

この2つの条約はチェルノブイリ（Chernobyl）事故が、原子力商業利用の分

野における事故として史上最大級であり、またその放射性物質による被害は近隣諸国のみならず地球上のほぼ全域におよぶという事態に直面し、やむをえず成立したのである。

　この条約において評価できる点は2つあると思われる。

　第1は原子力に関する事故対策において国際的な体制をある程度確保している点（原子力事故の際の早期通報に関する条約第7条）と、原子力分野の管理運営面において自国責任を強化した点である。

　第2は原子力の商業分野のみならず、軍事使用分野まで、事故対策のためとはいえ広い範囲の情報を多く得ることができるという点である。さらに当該国の任意であるが核兵器に関連する事故の情報を得、事故対策に利用できるという点（原子力事故の際の早期通報に関する条約第5条）である。

3）課　題

　原子力事故および放射性緊急時における援助に関する条約は、原子力事故からの被害および災害、特に国境を越えた損害を最小限に押さえることを目的とした条約である。しかし原子力の持つ特有の性質、つまり軍事、商業両面における危険性のゆえ、当該国がその対策として諸方面において制限措置を実施する。従ってこの条約の目的遂行が困難な状況に陥る可能性もある。それは原子力の二面性、原子力の商業利用を推進しながら、一方でその軍事的使用転換への情報および技術流出の防止とまた放射性物質の放出による社会への影響等に関して厳格な管理体制を引いていかなければならないからである。従って人命安全確保を最優先する立場よりも、軍事戦略上および原子力産業上の情報および技術の独占とその享有が重要視されているといえる。また放射性物質による住民の反原発の声を事前に押切り、住民不在の軍、官、産体制の維持のみが強調される危険性があるといえる。

　このような原子力に対する姿勢は今回の旧ソ連原子力事故で十分露呈されているのである。[36]

　これら2つの条約の不備な点といえば、第1に原子力事故の当該国の責任問

題である。つまり他国に与えた損害に関する賠償問題、同時に国際的な責任問題における諸規範の定義を確立することができなかった点である。

第2には原子力事故を事前に抑止および防止する体制の基礎が整えられていない点である。

原子力分野の事故は一旦起きたら大惨事になりかねない性格を有するので、事故後対策よりは、事故前の対策がもっと効果的な体制として構築されなければならないのである。

6　まとめ

原子力は発明当時から現在に至るまで、常に科学技術の最先端に位置し、軍事、商業両面において、その発展状況は他の例を見ないほど著しい進展を遂げている。しかし原子力科学、技術の開発および発展に伴う諸活動は、人命を始め、地球環境に影響を与えるのみではなく、その周辺は常に危険性が伴うのである。

原子力の軍事使用および商業利用両面の危険性は国際社会においてその安全対策の確保に法規範面から検討され60年が経過した。[37] 地球環境保護対策と同じくOECD加盟諸国が中心になり、原子力を始めエネルギー全般に対し検討し、その規模および実施の促進を図っている。[38]

国際法上においては、「国家の国際社会における責任制度」の確立によって、原子力の国際的安全管理を構築しようとする動向が高まっている。「国家の国際社会における責任」とは「国家はその主権に基づいて自主的に決定した判断と行動により他国の法益を侵害すれば、国際法上の責任を負う。」[39] という伝統的な国家責任、つまり国家間関係において国家が国際法上責任を負うという義務である。従来の国際法上の義務違反による国家責任とは民事的な側面つまり原状回復または損害賠償等の要素が強かった。しかし最近の動向として1978年以来国連国際法委員会（ILC）において「国際法上禁止されていない行為についての国際責任」を確立する動きが活発化している。さらにチェルノブイリ

（Chernobyl）原子力事故以降いっそう拍車がかけられることになった。その背景は高度な危険性を常に内抱している原子力活動が危険活動として法認され、その対策を講じなければならない状況に追い込まれたのが1つの原因となっている。

危険活動責任制度は民事責任（civil liability）と混合責任（mixed liability）として国家の専属責任（state liability）における免責事由を一層厳しく限定した無過失責任を採択して国家責任を強化することを図っている。しかし国家の国際責任制度（state responsibility）はまだ実定国際法上定着していない。従って原子力から生じる諸損害の救済措置について国家責任の下、完全実施はまだ期待できない。

原子力が軍事および商業両面に利用されうるという特質上、国際法とりわけ国際条約NPTの締結の過程において原子力保有国と原子力非保有国間の利害の対立、南北間の原子力利用をめぐる権利、義務に関する議論は、その両面の均衡保持政策の困難さを如実に示している[40]。現代国際社会においては紛争の平和的解決手段の確保が重要視されるのみでなく、軍事力をもって、さらにその行使によっての国際紛争の解決はもはや法認されない[41]。にもかかわらず原子力の軍事的使用を企てる国家は増加している。アメリカをはじめ「国家の至高の利益」のみを確保する現代国際社会の体制においては原子力商業利用の完全確保は至難であり、さらに人命、財産、資源、地球規模の環境安全対策には無数の難関があるといえる。従って国境を越える原子力事故の可能性は十分ありえる。またその安全および救済対策は現在の科学的最先端技術を用いても、人命、財産、自然環境への膨大な損失を防ぎ得ないのである。さらに原子力の国際安全管理およびその事故対策上における国際法規範の完全実施は現代主権国家体制下の国際的枠組みにおいては、法的、政治的さらに軍事上、商業上の秘密主義のため実行不可能なことが多い。

国境を越える原子力事故対策より、その事前防止対策の構築が唯一の道である。人類が国家、民族、地域を越えて共生できる世界を創り出すためには、地球的権利、義務を始め[42]国連人間環境会議による人間環境宣言の中で諸原則を遵[43]

守し、その履行を促進しなければならない。

1) UNGA Off. Rec.（8th sess），470th Meeting Paras. 79-126. 魏栢良「IAEAの保障措置制度」『大阪経済法科大学アジア研究所年報』第2号（1991年）p. 25.
2) 原子力委員会編『原子力白書』（平成3年度版）p. 19.
3) Ibid. pp. 221-232.
4) 魏栢良「IAEAの保障措置制度」『大阪経済法科大学アジア研究所年報』第2号（1991年）pp. 27-31.
5) 日本原子力産業会議編『原子力年鑑'86』p. 228.
6) Andrew Blowers and David Pepper, Nuclear Power in Crisis, NichoIs Publishing Company, pp. 272-294, 1987. NHK取材班著『原子力　秘められた巨大技術』（1982年）pp. 117-120。Peter R. Mounfield, World Nuclear Power, Routledge, pp. 294-296, 1991.
7) Ibid. pp. 296-305.
8) Philippe Sands, Chernobyl, Law and Communication, The Research Center for International Law, University of Cambridge, pp. 1-47, 1988.
9) A team of award — winning observer correspondents, Chernobyl; The End of the Nuclear Dream, A Division of Random House. New York, 1987.
10) Nuclear Law Bulletin, 39, OECD / NEA, p. 58, 1987.
11) Ibid. pp. 63-65.
12) Nuclear Law Bulletin, 38, OECD / EA, pp. 44-46, 1986.
13) 黒鉛減速計水冷却沸騰水型炉。旧ソ連ではアメリカ型のPWR（加圧水型炉）と類似したVVER 什40 / 230加圧水型炉が多く占める。
14) Blix, Hans, Director — General's Statement to the Board of Governors of the IAEA, 21 May, 1986. 原子炉が異なるタイプで、アメリカおよび日本はそのような実験は不要。
15) Xenon：元素名で、元素記号Xe、原子番号54、原子量131・130、希ガス元素の1つ。核分裂生成ガスとして主要なもの。フリー百科事典『ウィキペディア（Wikipedia）』http : //ja. wikipedia. org/wiki/
16) Blix, Hans, Director — General's Statement to the Board of Governors of the IAEA, 21 May, 1986.
17) Gorbachev, Mikhail, television address. 14 May, 1986. New York Times, May 15, 1986.
18) 原子力安全委員会編『原子力安全白書』（昭和61年度版）pp. 2-41. 同（昭和62年度版）pp. 44-50.
19) Ibid.

20) The Japan times, 17, 18 April 1992.
21) Marshall, Sir Walter, Talking about Accidents. Paper to the IAEA International Conference on Nuclear Power Experience, Vienna, September 1987.
22) Le Monde, 7th January 1987; New Scientist, 23rd, April 11, 1987.
23) Nuclear Law Bulletin, 38, OECD / NEA, pp. 67-69, 1986.
24) INFCIRC / 333 38, 1986. Nuclear Law Bulletin, 37, OECD / NEA. pp. 37-38, 1986. 原子力安全委員会編『原子力安全白書』(昭和61年度版) pp. 386-387.
25) 前掲 『原子力安全白書』(昭和61年度版) pp. 48-49.
26) Ibid. p. 49.
27) 前掲 『原子力安全白書』(平成3年度版) p. 122. The IAEA / NEA Incident Reporting System; Using Operational Experience to Improve Safety. http://www.iaea.org/Publications/Booklets/IaeaNea/iaeanea-irs.html
28) David Fischer, Stopping the Spread of Nuclear Weapons, Routledge, 1992, pp. 188-194.
29) Edith Brown Weiss 著、岩間徹訳『将来世代に公正な地球環境を』(日本評論社、1992年) pp. 61-62.
30) Nuclear Law Bulletin, 38, OECD / NEA, p. 57, 1986.
31) Ibid. Supplement No. 38, pp. 1-10.
32) 原子力安全委員会編『原子力安全白書』(昭和61年度版) pp. 52-53.
33) Semenov, Boris, Information about the accident at Chernobyl; it's consequences and measures initialed, address to the Board of Governors of IAEA, May 1986.
34) Nuclear Law Bulletin, Supplement No. 38, OECD / NEA, 1986, pp. 11-22.
35) 原子力安全委員会編『原子力安全白書』(昭和62年度版) pp. 53-54.
36) The Japan Times, 27 April, 1992.
37) Shaker, Mohamed Ibrahim, The Nuclear Non-Proliferation Treaty, 1, 2, 3, Oceana, 1980. Licensing and Regulatory Control of Nuclear Installations, Legal Series No. 10, IAEA, 1975. Convention on the Physical Protection of Nuclear Material, Legal Series No. 12, IAEA, 1982.
38) Energy and the Environment: Policy Overview, OECD / IEA, 1989.
39) 山本草二『国際法』(有斐閣、1985年) p. 531.
40) 黒沢満『軍縮国際法の新しい視座』(有信堂、1986年) pp. 123-158.
41) 藤田久一『軍事の国際法』(日本評論社、1985年) p. 324.
42) Edith Brown Weiss 著、岩間徹訳『将来世代に公正な地球環境を』(日本評論社、1992年) pp. 42, 69-118.
43) 寺澤一、山本草二、広部和也編『標準国際法』(青林書院、1989年) pp. 288-292.

158

第8章

越境汚染損害賠償制度

1　問題の所在

　国連および国際機関は、近代産業における危険活動から災害、被害を防止し、その損害を最小限にとどめるため、国内・外に渡り広くその対策を講じてきた。特に原子力の商業利用活動に伴う大災害の対策、その越境汚染の事前防止策ならびに賠償および補償制度の確立は、1960年代から国際機関をはじめ各国政府間の交渉の議題に頻繁にあげられた代表的な例である。このような越境汚染損害賠償の対策として、現在発効している民事責任の地域間および多国間条約は、原子力損害賠償制度に関連してパリ条約、ウィーン条約などがある。そして他の分野では国際海事機構（IMO）の「油による汚染損害ついての民事責任に関する条約＝油汚染損害賠償条約」があり、また国家賠償責任（State Liability）に関する条約では「宇宙物体により生じた損害の国際賠償責任に関する条約＝宇宙損害賠償条約」がある。

　原子力商業利用における活動には、我々の想像をはるかに越える損失を引き起こす可能性が十分ある。各国の原子力への依存率が高くなるにつれ原子力の事故率も必然的に高くなる。そして原発の周辺住民を始め、全世界の人々の不安も増大する一方である。1986年4月26の旧ソ連のチェルノブイリ（Chernobyl）原子力発電所4号機で史上最大の事故が発生し、相当量の放射能がヨーロッパ各地で検出されて以来、世界の各原子力保有国は原子力事故対策の確立に万全を期することになった。またその事故の被害状況の膨大さは国際社会の世論を巻き起こし、原子力事故対策に関する新しい国際条約の成立ならびに既存の国際条約および国際安全基準の修正に拍車をかけるに至っている。特にそ

の対応策の中でも最重要課題である事故後の被害および災害の補償対策の確立は緊急を要した。そして1997年には、ウィーン条約改正議定書および原子力保有、非保有を問わず各締約国は原子力事故越境損害賠償の基金に拠出分担金の義務を定めた国家の国際責任といえる原子力損害賠償補充基金条約が採択された[5]。この条約により被害者保護の立場に立った原子力損害賠償制度と保険制度が確立され、またその改善に力が注がれることになったのである。

　本論では原子力商業利用における原子力事故（nuclear incident）の越境汚染の被害及び災害の救済措置、つまり国際民事損害賠償責任措置として適用される主な地域間および多国間条約を検討し、それらの条約の目的、原則、適用対象、その効力などを考察する。またその問題点を指摘し、人命、財産、環境保全の立場からその改善策に若干言及する。さらにそれら国際条約の適用により全世界に存在する原子力に内包される危険性が払拭され、IAEAの主たる目的である「全世界における平和、保健及び繁栄に対する原子力の貢献を促進し、及び増大する」（IAEA憲章第2条）ことができるかを間接的に見ることにする。

　その際の視点は次のようなものである。つまり、核兵器及び化学兵器などの無差別殺傷兵器、また超危険活動として認定されている原子力活動などは、現代科学技術から生まれながらも、そのコントロールならびに事故の完全防止およびその完全救済が不可能なものである。これらに関連する国家活動では、国家の主権がある程度制限されることを認めなければならない。なぜなら近代国際法の「国家主権観念」を貫く限り、原子力を含む最先端の科学・技術に起因する災害と損害を効果的に規制し救済し、第三者の人身・財産・安全と環境の保全を維持することは困難だからである。原子力のような現代産業に起因する越境汚染を防止し、その損害の救済を図るためには、従来の国家領域主義を越えて新しい観点からの国家の国際責任の再構築が必要であるとする学説、主張が増えつつある[6]。子孫への共存共生の基盤の継承を人類の責務とするならば、これ以上の破壊及び破滅を生み出す現代産業活動の危険責任の放置に歯止めをかける必要がある。

　国際法が人類の安全と平和維持をその本旨とするならば、国家の国際賠償責

任(The International liability)制度の確立は、当然のことであろう。

原子力事故における損害賠償民事責任制度は、国際賠償責任主義の趣旨に沿う制度の確立を促進する役割を果たしているかどうかが問題となる。

2 民事損害賠償条約の概要

1）原子力損害賠償に関する国内法

原子力損害賠償制度に関する国内法は、1957年のアメリカを先頭に1959年にドイツ、そしてヨーロッパの原子力保有国の順に民事責任制度として制定された。その起源は原子力が軍事使用から商業利用に転換される1950年代の後半に遡る。民間の原子力産業界が積極的に原子力の商業利用に参入するにつれ、原子力の需要も増大の一途をたどった。原子力の商業利用は、生活水準の向上というメリットを与える一方、その活動による危険性というデメリットも生じることが予想され、その対策は不可欠であった。そこで原発の事故に起因する被害および損害におけるアメリカの原子力委員会の危険予想図の下で、放射能の許容量を含むさまざまな評価基準が設定された。

一般に、各国の原子力損害賠償法には、原子力活動の危険性に応じていくつかの特徴がある。第1は危険責任主義の採用で、これは一般民事法の「汚染者賠償責任原則」の制度とは異なる点である。原子力商業利用活動は、他の産業活動に含まれる危険性とは異なる膨大な危険を生み出すという性質を有し、法的には「事業活動の運営管理者」に無過失および厳格責任主義などの原則を徹底すべき諸々の条件が付随している。第2は強制的な損害賠償措置額の設定である。この法定措置額は民間の責任保険と国の補償金で構成される。第3は越境損害賠償の統合である。原子力商業活動は「超危険活動」(ultra-hazardous)として特定され、その災害は越境汚染として他国の安全を脅かす可能性が高く、世界の広範囲に被害がおよぶ。従ってその救済および損害賠償を効果的に実施するためには、各国内法の異なる賠償範問および額などの統合と、国際的に一貫した対策に取り組める協定が必要である。そこで以下の諸条約はこれら3つ

のポイントを基本として実定国際法上、国際危険責任主義の新しい機能を発展させたのである。

2）諸条約の要点

原子力分野の第三者賠償責任に関するパリ条約（The Paris Convention on Third Party Liability in the Field of Nuclear Energy, 以下パリ条約という)[7]

パリ条約はOECDの加盟国18ヵ国中（1960年)[8]、16ヵ国で構成している欧州原子力機関（ENEA)[9]において1960年7月29日に採択され、1968年4月1日に効力が発生した。[10]

本条約は、1964年と1982年に補足議定書が採択され、2度にわたり修正されている。またさらにこの条約は、1997年9月にウィーン条約改正議定書が採択されたことにより、修正を目指して締約国の会合が重ねられている。

a．目　的

条約の目的は、各締約国における原子力災害の第三者賠償責任及び保険法を調整すること、ならびに原子力事故の被害者に対する十分かつ公平な賠償と補償制度の基本を定め、原子力平和利用の健全な発達に資するための必要な措置を確立することである。

b．特　徴

条約の特徴は2つある。第1は、条約の適用範囲である。欧州27ヵ国地域全体を適用範囲に取り入れ、その地域の原子力商業活動における損害賠償を適用対象としている。第2は、条約の「原子力事故」という定義である。原子力の「事故」の定義を「accident」ではなく「incident」という単語のみなおし、その適用範囲を拡大すると同時に言語による解釈上の論争を事前に解決している。

核物質の国際輸送の際、公海上および非締約国領域における原子力事故において、低レベルの放射能からの被害は除外されるものの、それ以上の原子力商業活動から生じるすべての「nuclear incident」を対象にし、その事故の適用範囲を拡大したのがこの条約である。[11]

c．損害賠償責任の性質（Nature of Liability）

条約の基本損害賠償責任は、無過失損害賠償責任と厳格責任（'absolute or strict' liability, with few exonerations）ならびに原子力事業者への責任集中主義（exclusive liability 'channeled' to the operator of the nuclear installation）を採用している（第6条）。原子力事業者は、原則として、人身の損傷・死亡（loss of life of any person）と財産の損害・滅失（loss of any property）が原子力事故により生じたことが立証されれば、その損害賠償責任を負うべきものと定めている（第3条）。ただし、国内法により一定の条件の下で、輸送業者が賠償責任を負うことも規定することができる。事業者の求償権（a right of recourse）行使については、故意に損害を引きおこした個人（法人ではなく）または特約による責任負担を合意した場合にのみ認められる（第6条f項）。一般民事上の原則のように被害者に原子力事業者側の故意・過失または施設の瑕疵を立証させることは、被害者の保護に欠けることになる。高度で複雑な現代科学産業において、損害賠償発生要件の立証はきわめて困難であり、被害者がその因果関係を立証することはむしろ不可能であるからである。

　d．責任免除（Exonerations）

条約の原子力事業者の損害賠償の免責事由は厳しい。原子力事業者は、戦争行為もしくは反乱（an act of armed conflict, hostilities and insurrection）ならびに内乱（civil war）に関する国内法に別段の規定がない場合は、異常大自然災害（a grave natural disaster of an exceptional character）による不可抗力の状況において損害賠償責任は免除される（第9条）。この条約の多数の締約国において、自然災害の発生の予想、その危険における事前防止策を図るという理由で、異常大自然災害の免責事由を国内法で除外している。

　e．責任制限額（Limitation in Amount of Liability）

原子力事業者の損害賠償措置は有限額である。条約の第7条a, b項は、1事故当たりの責任制限額について、最高有限責任額（the maximum liability）は1500万SDRsとし、最低有限責任額は500万SDRsと定めている。条約の当事国は国内法で、最高有限責任額を遵守する必要はなく、それを越える措置額を定めることができ、ドイツは無制限額制度を採用し、また他の当事国も条約の

最高責任額をはるかに越える責任額を定めている。しかしその最低責任額は遵守義務が課され、原子力事業者はその金額を常時具備することを要求される。現在のパリ条約の当事国の最高責任措置額は、OECDの原子力運営委員会の勧告により1億5000万SDRsとされている[12]。

　f．損害賠償の請求期間（Limitation in Time）

　賠償請求権の消滅時効は、原則として事故の日から10年とする。ただし、当事国は国内法で10年以上の消滅時効期間を定めることができる。またこの条約は損害および責任ある者（the damage and the operator liable）を調査できる「事実開示規則（discovery rule）」として、損害およびそれについて責任ある者を知った日から2年以上の期間を国内法により設定することができる（第8条a, c項）。核燃料、放射性物質または放射性廃棄物質の盗取（theft）、喪失（loss）、投棄（jettison）または放棄（abandonment）による事故については、その日から20年を限度とする（同条b項）。

　g．事業者の強制損害賠償措置（Compulsory Financial Security）

　この条約は原子力事故による損害賠償を確保するため、事業者に強制的な賠償措置額、責任制限額、またその方法を設定し、被害者保護策を確立している。事業者は原子力事故における損害を賠償するため、本条約の責任制限賠償額を、保険および他の公的金融保障制度などで維持または確立しなければならない。核物質の国際輸送の際には、原子力事業者は核物質輸送者（the carrier）に損害賠償措置額に関する保証書を付与する義務を負う（第10条）。

　h．核物質の輸送中の責任（Special Rules for Transport Cases）

　核物質（nuclear substances）の国際輸送中の原子力事故における賠償責任は、輸送者ではなく、原則的に荷送人である原子力事業者にある。しかし賠償責任の帰属および移転の時期に関しては、原則として文章による契約主義を採用している。ただし契約がないときは引き取りの時点に損害賠償責任が荷送人である原子力事業者から荷受人である原子力事業者へ移転する（第4条a, b項）。

　i．裁判管轄（Competent Court）

　原子力損害賠償における裁判管轄権は、原則として事故の発生した当事国に

ある（第13条a項）。ただし原子力事故の発生場所が不確定か、または本条約の非締約国で起きたため事故地が判明しない場合は、責任を負う事業者の締約国の裁判所が管轄権をもつ（同条b項）。そしてその判決はいずれの条約当事国においても再審をうけることなく有効である（同条d項）。原子力事故の裁判管轄権に疑問がある場合には「ヨーロッパ原子力裁判所（The Establishment of a Security Control in the Field of Nuclear Energy）」が決定する（第17条）。

j．準拠法（The Applicable Law）

原子力事故における準拠法は、原子力事故の裁判管轄権を持つ当事国の国内法および本条約の規定とされている（第14条b項）。この条約およびそれに基づいて適用される国内法は、国籍、住所または居所（domicile or residence）による差別なく適用されなければならない（同条a, c項）。

3　ブラッセル補足条約

ブラッセル補足条約（The Brussels Supplementary Convention to the Paris Convention）[13] は、上記のパリ条約の補足条約で、パリ条約の通用範囲と責任制限額を変更する条約で、1960年7月29日に採択され、1968年4月1日に発効している。[14] この条約は1964年と1982年の議定書の採択により2度にわたり修正されている。さらに1982年の議定書の修正が採択され、1991年に発効し、原子力1事故あたりの損害賠償責任額は、パリ条約と本条約の額にさらに上乗せして3億SDRsに変更されている。

1) 適用範囲（The Scope）

この条約の適用範囲は、パリ条約およびこの条約の締約国の領域と制限されている。しかし本条約の締約国の国民（a national）は、いずれの締約国、さらにその船舶および航空機からの原子力災害に対しても保護を受ける（第2条a項ⅱ号）。裁判管轄権も同様である。本条約の第2条a項ⅱ号の「national」の定義は、条約締約国、およびその私人、公・私を問わずすべての企業体を含む。

さらに締約国は国内法で外国人の住民（foreigners resident）をも、その定義の範囲に取り入れることができる。[15]

2）損害賠償措置額（The Three-Tiered Compensation System）

締約国の原子力1事故当たり最高有限責任額は、3億SDRsである（第3条a項）。原子力事故における損害賠償額を措置する制度は3段階に区分される。第1、パリ条約の原子力事業者の責任制限額の最低有限責任額500万SDRs以上の賠償限度額を確保するため国内法で定めることが義務づけられていること。第2、パリ条約の最高有限責任額1500万SDRsを1億7500万SDRsに引き上げ、その最高有限責任額を原子力施設国と原子力事業者が共同で確保すること。第3、損害賠償措置額が1億7500万SDRsを越えた場合、損害賠償最高措置額は3億SDRsまでにする。損害賠償最高措置額3億SDRsを確保するため、締約国と原子力事業者の最高有限責任額以外の残り1億2500万SDRsに関しては、商業用原子炉を保有している各締約国がそのGNPによる分担金を基礎として共同で拠出して賄う（第3条b項 i 、ii、iii号）。また条約は、締約国に損害賠償の最高有限責任額は3億SDRsと定めているが、締約国が国内法で原子力事業者に3億SDRsの最高有限責任額を設定することも許容している。

4　原子力損害の民事責任に関するウィーン条約

このウィーン条約（The Vienna Convention on Civil Liability for Nuclear Damage. 以下ウィーン条約という）[16]は、1963年5月21日にIAEAにおいて採択され、1977年11月12日に発効した。この条約はOECDを含む国連全加盟国および国連機関を締約国の対象としている多国間条約である。この条約は1986年旧ソ連のチェルノブイリ（Chernobyl）原子力事故以来、締約国が増加し、2007年末現在40ヵ国に達している。[17] この条約は1997年12月にウィーン条約改正議定書（以下改正議定書と言う）が採択され、原子力事業者の責任制限額の増大、条約適用範囲拡大および賠償請求権の延長などの改正が行われた。[18]

1）目的および特徴

条約の目的は、締約国間の法制および社会制度の差異にかかわらず友好親善に貢献すること、原子力事故による越境災害からの人命、財産、環境および生態系の保護制度の確立と原子力商業利用の健全な発達に寄与することである（前文）。

原子力事業者の損害賠償責任制限額および無過失責任等、諸原則はパリ条約と同じである。条約は原子力事故の被害対策として原子力事業者の賠償責任限度額の制度を各締約国に義務づけ、その措置の実施制度の確立を目指したものである。条約の特徴は、第1、全世界の原子力施設国を含む国連加盟国および国際機関を適用対象としていること。第2、パリ条約を含む他の第三者損害賠償条約より、実施原則が緩和されたことである。例えば、原子力事業者における損害賠償責任制限最低額 USD500 万（約6000万 SDRs）のみを設定し、その上限の額は締約国の国内法で決定することを許容している。従って原子力事業者の損害賠償制限責任額は各締約国の自由裁量権に属し、各締約国は、損害賠償責任制限最低額のみを確保する義務を負うのである。しかし Chernobyl 原子力事故以来、各締約国から損害賠償責任制限額に関する規定の修正が提案され、この条約の改正議定書により損害賠償責任制限額は3億 SDRs と大幅に増大したのである。[19] 原子力事故による損害（nuclear damage）の範囲の定義、（第1条1項 k 号）原子力事業者の厳格責任（absolute）の明瞭な設定などが特徴としてあげられる（第4条）。

2）損害賠償責任の性質

条約の損害賠償責任の性質はパリ条約と類似している。原子力事故における原子力事業者の損害賠償責任は無過失責任であり、責任集中である（第2条1項）。ただし締約国は、原子力物質の輸送、廃棄物の処理の際における賠償責任を輸送業者および取扱業者に、一定の条件の下で負わせることも国内法で規定することができる（第2条2項）。

求償権に関しては、被害者の故意または特約がある場合のみ認められている

（第10条）。条約は原子力廃棄物処理を含む原子力商業利用の企業活動から生じる原子力事故によるいかなる災害も事故から起因する後発生災害（any occurrence or series of occurrences）についても、原子力事業者は賠償責任を負う。ただし原子力施設からの放射能災害に関する賠償責任については国内法に委ねられている。本条約の改正議定書には、原子力事故損害概念を人的被害と物質的被害とに二分化した。その具体的な損害内容、経済的損失、復旧措置費用、所得損失、防災措置費用などの定義は当事国の国内法により規定される（第2条1項～5項）。

3）責任免除

条約の原子力事業者の損害賠償責任は、無過失責任である。しかし原子力事業者は、裁判所が判決によって故意の犯罪による災害と認定すれば、全部または一部の損害賠償責任が免除される（第4条1、2項）。全面免責事由は、戦争、反乱、内乱と異常大自然災害が直接原因で起きた原子力事故である（第4条3項a, b号）。

しかし改正議定書第6条1項には、原子力事業者の戦争、反乱、内乱と原子力事故との直接因果関係を証明する義務を規定している。

4）責任制限額

条約は原子力事業者の責任制限額に対しては責任制限最低額のみを規定している。1事故当たりの最低責任制限額はUSD500万である（第5条1項）。しかし改正議定書第7条1項により、原子力施設国は原子力事業者と共に最低責任制限額3億SDRsを確保する義務を負うことと修正された。原子力施設国は、その最低責任制限額の確保のため、「段階的確保措置制度」を設置することができる。つまり本改正議定書発効後15年までに1億SDRsの確保とその後残りの2億SDRsを確保するということである。

5）損害賠償請求期間

損害賠償請求権の消滅時効は、原則として原子力事故の日から10年である。ただし国内法により10年以上の延長期間を設定することができる（第6条1項）。また原子力事故に起因する損害およびその賠償責任のある者を確認できる「事実開示規則」を3年と定めることもできる。核物質の盗取、喪失、投棄または放棄による事故の損害賠償請求期間は20年を限度とし設定することができる（同条2、3項）。

改正議定書第8条1項には、原子力事故による人身の損傷・被害事故に関する請求権の消滅時効は30年と定められ、放射能被ばくから数十年後の発症、その後遺症で長年に渡り苦痛を与える特有の原子力被ばく者の救済に配慮したと言える。

6）事業者の損害賠償措置

条約は原子力事業者に責任制限最低額のみを義務として課し、それ以上の賠償額に関しては締約国の裁量権に委ねている。原子力事業者は国内法の規定による賠償制限額、保険および金融保障などの制度をもって「The necessary funds」を確保しなければならない（第7条）。また締約国は、損害賠償措置額が責任制限額を越えた場合の差額を補償しなければならない。

改正議定書9条1項により原子力施設国は、原子力事業者に損害賠償措置額として最低3億SDRsを確保する基金制度を定め、万一の原子力事故の損害賠償額に常備の義務を負っている。

7）核物質の輸送中の責任

核物質の国内外の輸送中の原子力事故に関する損害賠償責任は、原則的に文書による明白な特約主義を採択している。ただし、契約が存在しない場合は、核物質を引き取った時に、荷送人から荷受人の原子力事業者に賠償責任が移転する（第2条1項b、c号）。

8）裁判管轄および準拠法

原子力損害賠償に関連する裁判管轄権は、原則的に原子力事故の発生した締約国の裁判所にある（第11条1項）。ただし締約国領域外の事故および事故地が不明の疑いのある場合は、損害賠償の責任がある事業者のいる原子力施設国の裁判所が有する（同条2項）。本件に関する準拠法（Law of the competent court）は、原則的に本条約による裁判管轄権を有する締約国の国内法と規定されている（第1条1項e号）。締約国は裁判管轄権の行使の際、無差別原則を採用する。本条約および国内法の適用は、国籍、住所（domicile）、居所（residence）によって差別されてはならない（第13条）。

改正議定書第12条には、排他的経済水域（EEZ）における裁判管轄権は事故発生国の締約国の裁判所にある。そして締約国の領域およびEEZ以外、公海での裁判管轄権は原子力施設国（The Installation State of the operator liable）の裁判所にあると規定している。

5　共同議定書

この議定書（The Joint Protocol Relating to the Application of the Vienna Convention and the Paris Convention）[20]は1988年9月12日、パリ条約及びウィーン条約間の抵触または重複する条項の調整と、さらにこの2つの条約の運営上の便宜をはかる目的で、IAEAとNEAの共同外交官会議において採択され、1992年4月27日に発効した。

1）議定書の目的

議定書の目的は、ウィーン条約とパリ条約の間に実施上で存在する障害を除去し、条約に規定している原子力災害の民事責任および事故対策に万全を期することである（前文、第2条）。

ウィーン条約は1977年に発効したが、パリ条約の締約国の中にはウィーン条約に加入する国は存在しなかった。

ヨーロッパではただ1ヵ国、ユーゴスラビアが加入し、OECDの諸国に刺激を与えたが、結局他のいずれの国もウィーン条約に加入しない状態が続くことになった。従って両条約の実施に当たり、抵触が生じるのは必至であった。

特に原子力事業者の賠償金額の差異が1つの問題となった。ウィーン条約の1事故当たり、原子力事業者責任限度の最低額はUSD500万（ウィーン条約第5条1項）と低額であり、そのためパリ条約締約国14ヵ国はウィーン条約への加入に興味を示さなかった。さらにその金額の引き上げを強く要求したのである。

ブラッセル補足条約第16条、第17条を拡大解釈すると、ブラッセル補足条約とパリ条約の締約国はウィーン条約に加入することができるが、[21] OECDのNEAの運営委員会はウィーン条約への加入の勧告を行わなかった。従ってIAEA事務局は両条約の諸原則および実施制度などの統一を図るために、OECDのENAの運営委員会と交渉をはじめた。そしてIAEA事務局とOECD諸国は原子力事故および補償対策に向けて積極的に動き始めることになったのである。[22]

この議定書の採択の主な動機はチェルノブイリ（Chernobyl）原子力事故による越境放射能汚染の膨大な被害の収拾対策に起因する。

旧ソ連はこの事故の越境汚染の賠償責任を否認した。[23] 原子力事故における損害賠償条約の当事国ではないことと、そのような越境損害に関する国家損害賠償制度が国際法は確立されていない、従って旧ソ連は損害賠償義務を負わないなどを理由にあげ賠償を拒否した。[24] 他方ヨーロッパ諸国は、20年経過した今日まで継続する旧ソ連の原子力事故による災害の救済対策に振り回されている。自然環境の放射能汚染は経済的にも大きな打撃を与え、また住民の健康上の問題[25]は今なお深刻である。このような状況の下、IAEA事務局とOECDのNEAは現存の条約の修正と改正を強いられ、特に旧ソ連の加入を念頭に置き、越境大災害に対応できる国際的な賠償に関する条約、その対策のための制度の構築の結果採択されたのが本議定書である。[26]

2）基本原則

共同議定書の基本原則は、パリ条約とウィーン条約において締約国、原子力施設国（Nuclear Installation State）、さらに非締約国間の原子力事故損害賠償法則に関する基本的に異なる定義および解釈について、統一見解をまとめることである。[27]

議定書第4条において、両条約の主な原則および定義である地域範囲、核物質の輸送、保険金、賠償及び補償金自由通過（free transfer）、裁判管轄権、判決の執行力、そして無差別原則と求償権および代位弁済権（recourse and subrogation）の適用の制度を採用できると規定されている。第2条の基本損害賠償責任原則は、両条約の規定と同じく原子力事業者の無過失責任および集中責任主義である。また最高責任額は各締約国の国内法に規定する（第2条）。

原子力施設国外および核物質の輸送の際の事故には、輸送について責任を有する者の属する国が締結している条約を適用する。ただし特約がない限り、荷送人の属する国が締結している条約が適用される（第3条3項）。

議定書は原子力事故の越境汚染の損害賠償法制度に非常に重要な影響をおよぼしている。専門家会議において議定書の定義および解釈上の問題さらに国家賠償責任など注目すべき原則に関して活発な議論が展開された[28]。この会議において、注目すべき議題としては、民事賠償責任と国家賠償責任に関する議論である。現存の民事賠償責任は、チェルノブイリ（Chernobyl）のような大原子力事故を想定していないため、このような事故に対処し切れない。さらにそのような事故対策については、損害賠償金額の決定だけでなく汚染地域からの避難体制や医療体制の確立など民間ベースでは処理できない部分、すなわち公権力の行使の必要な部分が多いなどの主張が大半を占めた。従って国家賠償責任の原則の下で、新しい条約を採択するか、またパリ、ウィーン両条約の大幅な改正かが主張された。国家賠償責任の根拠として、第1に、国家は自国の法律および管轄権がおよぶ領域における原子力の施設その活動について安全確立と事故防止の責任を負っていること。第2に、被害者の迅速、十分および実効的な救済対策を実施するための財源を含む諸措置の力量は国家のみが保持している

ことなどが挙げられた。ヨーロッパ諸国における越境損害賠償責任制度（The Transboundary liability）の確立は緊急を要する問題である。2007年末現在、世界で稼働している原子炉は439基以上あるがその内約200基が、30年以上稼働し、高い危険性を内包しているほとんどの原子炉が、ヨーロッパの狭い地域に集中している状況が現在まで続いている。しかし国家賠償責任に基づく越境損害賠償責任の原則は、この議定書に採択されず継続協議事項として処理された。

　議定書の機能は、原則的にパリ、ウィーン両条約の民事損害賠償責任制度の維持と損害賠償責任制限額およびその適用範囲の拡大など、両条約の不十分な側面の強化策を構築することであった。しかしなお解決すべき問題が残されていることが指摘されている。第1は、共同議定書の通用範囲は地理的に全世界を対象にしているものの、その適用範囲の決定は締約国の裁量権に属し、非締約国内の領域で起きた事故および損害賠償に関する規定とそれに関する賠償措置額が定められない可能性は十分あり得る。従って議定書の締約国の住民及びその財産が非締約国の領域で損害を被った場合に、原子力災害に関する補償制度は確立されているものの、非締約国の住民およびその財産の救済制度が確立されていない点である。そして第2は、放射性物質の国際輸送の際に起きる事故に対し適用される規定、つまり非締約国の領域を通過する場合の事故、または非締約国の輸送船などの締約国の領域における事故に適用すべき規定が確立されていない点である。

　地球規模の災害をもたらすチェルノブイリ（Chernobyl）級の事故が起きた場合、国籍などを問わず被害者を無差別に救済保護する対策は、この議定書の適用の外にある。議定書の趣旨は、パリ条約とウィーン条約のかけ橋の役割だけでなく原子力事故から全地球の人命と自然環境を保護する国際的な制度の確立であった。しかしパリ、ウィーン両条約の締約国が持つ異なる諸原則の基準などの不統一により、1986年の旧ソ連の教訓を十分に生かすことができなかった。現在稼働している世界の原子炉の老朽化は急激に進んでおり、その事故の可能性は極めて高い。今、この時にも旧ソ連級の原子力事故が発生しても不自然ではない。このような状況において、全地球の人命、生態系および環境を保護す

第 8 章　越境汚染損害賠償制度　173

国際条約の状況一覧

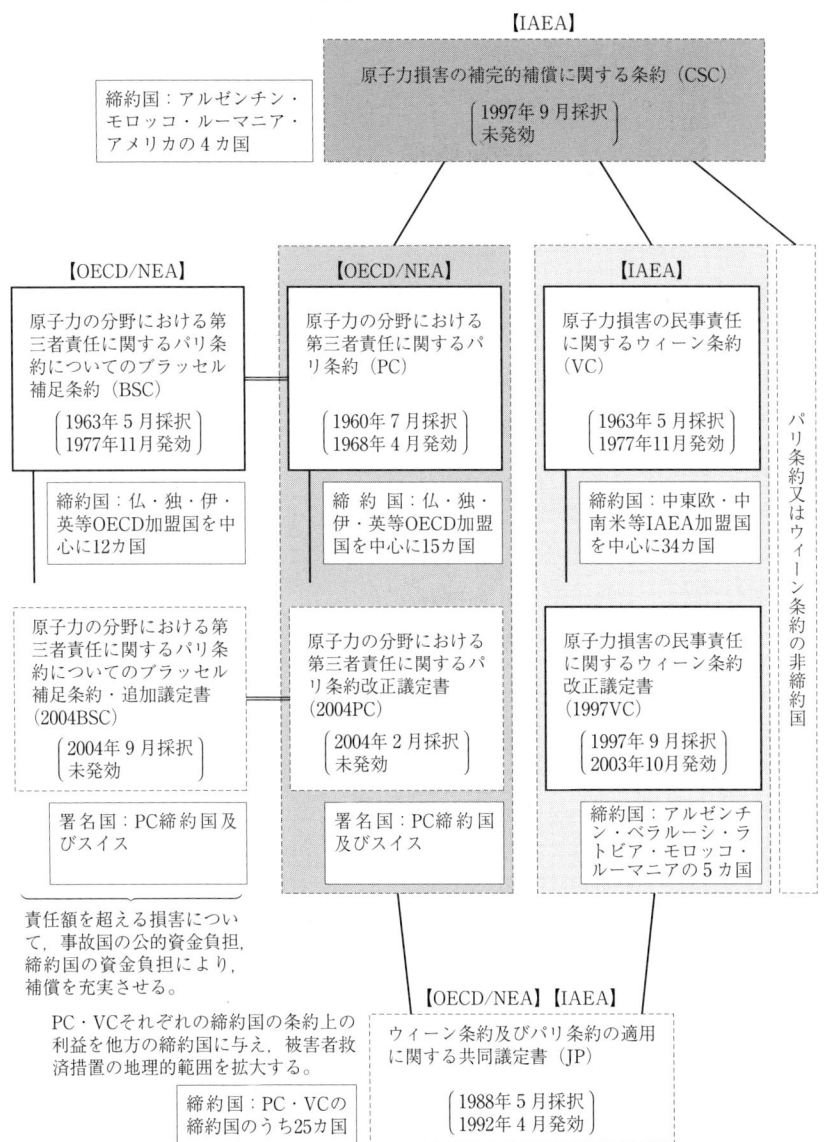

【IAEA】
原子力損害の補完的補償に関する条約（CSC）
（1997年9月採択 / 未発効）

締約国：アルゼンチン・モロッコ・ルーマニア・アメリカの4カ国

【OECD/NEA】
原子力の分野における第三者責任に関するパリ条約についてのブラッセル補足条約（BSC）
（1963年5月採択 / 1977年11月発効）

締約国：仏・独・伊・英等OECD加盟国を中心に12カ国

【OECD/NEA】
原子力の分野における第三者責任に関するパリ条約（PC）
（1960年7月採択 / 1968年4月発効）

締約国：仏・独・伊・英等OECD加盟国を中心に15カ国

【IAEA】
原子力損害の民事責任に関するウィーン条約（VC）
（1963年5月採択 / 1977年11月発効）

締約国：中東欧・中南米等IAEA加盟国を中心に34カ国

パリ条約又はウィーン条約の非締約国

原子力の分野における第三者責任に関するパリ条約についてのブラッセル補足条約・追加議定書（2004BSC）
（2004年9月採択 / 未発効）

署名国：PC締約国及びスイス

原子力の分野における第三者責任に関するパリ条約改正議定書（2004PC）
（2004年2月採択 / 未発効）

署名国：PC締約国及びスイス

原子力損害の民事責任に関するウィーン条約改正議定書（1997VC）
（1997年9月採択 / 2003年10月発効）

締約国：アルゼンチン・ベラルーシ・ラトビア・モロッコ・ルーマニアの5カ国

責任額を超える損害について，事故国の公的資金負担，締約国の資金負担により，補償を充実させる。

PC・VCそれぞれの締約国の条約上の利益を他方の締約国に与え，被害者救済措置の地理的範囲を拡大する。

【OECD/NEA】【IAEA】
ウィーン条約及びパリ条約の適用に関する共同議定書（JP）
（1988年5月採択 / 1992年4月発効）

締約国：PC・VCの締約国のうち25カ国

＊http://211.120.54.153/b_menu/shingi/chousa/kaihatu/007/shiryo/08061105/002.pdf

るのが原子力の国際管理の本旨であるとすれば、国家責任に基づいた越境汚染禁止制度と、国家賠償責任に基づく、損害賠償制度の確立に向けての新しい条約が採択されるのが当然であるといえる。

6 核物質海上輸送責任条約

この条約 (The Convention Relating to Civil Liability in the Field of Maritime Carriage of Nuclear Material) [32] はパリ条約およびウィーン条約、さらに海上輸送関連条約における核物質の国際輸送に関する異なる制度を整備し、海上損害賠償制度の一貫性を確立し、効果的な運営を図るため、IAEA、OECD の NEA および IMO などの国際機関が交渉を重ね、1971年11月に採択され、1975年7月15日に発効した。この条約の現在の締約国はヨーロッパ諸国が中心であり、その適用範囲はヨーロッパ地域に止まっている。

パリ、ウィーン両条約は、核物質の国際輸送において他の海上輸送条約の適用も認めている。従って海上原子力事故の際に、1つの事故に、損害賠償制限額ならびに賠償責任所在が異なる多数の条約が同時に採用される可能性があった。その混乱を排除するため、新しい条約の採択の必要性があった。条約第1条には、核物質の海上輸送中の原子力事故の損害賠償責任は原子力事業者の無過失責任および集中責任と定めている。すなわち海上での損害賠償責任の所在関係を明白に規定したのである。パリ、ウィーン両条約を含む諸海上条約では賠償責任の所在、賠償責任額、裁判管轄権などの規定がまちまちで、原子力事故に対する一貫した対策は望めない。例えばパリ、ウィーン両条約では賠償責任者は原子力事業者と規定しているが、他の海上輸送関連条約は船主か船の旗国にあると規定している。[33] この条約の採択により核物質の海上輸送における第三者損害賠償制度が一応整備されたといえる。

7　原子力船運航者責任条約

1）基本原則

　この条約（The Convention on the Liability of Operator of Nuclear Ship）[34]は、その適用範囲を「世界のいかなる場所においても」とし、核燃料、放射性生成物および廃棄物における原子力事故の損害賠償責任は原子力船の旗国に厳格責任があると定め、1962年5月25日のブラッセルの自主参加会議において採択された。この条約の加入国は1996年12月末現在ポルトガル、オランダ、ザイール（現コンゴ民主共和国）およびマダガスカル民主共和国の4ヵ国にとどまり未発効である[35]。条約への未加入の理由としては、次の3つがあげられる。第1、原子力船を商業用の船として運営することは現在も将来も稀であること。第2、この条約は軍艦も適用範囲の対象としているため（第1条1項）、原子力軍艦保有国が条約の当事国になることを拒否したこと。第3は、賠償責任制限額が時代錯誤の3億金フランと定めていることである。現在はほとんどの原子力船は国家の直接管理下で運営され、軍艦と同様の活動をしており、そのため、この条約への加入を今後も回避すると思われる。

　条約の基本原則は、パリ、ウィーン両条約の原則とほとんど同じである。例えば民事賠償責任、原子力船運航者の無過失責任と集中責任（第2条1項）、損害賠償責任制限額、損害賠償請求期間および強制損害賠償措置額などの制度は両条約と同様である。この条約の免責事由は、「戦争、敵対行為、内乱または反乱に直接起因する原子力事故についてのみに適用される（第8条）。そして原子力船の許可国は原子力船運航者の損害賠償措置額の不足分の額を補償する義務を負う（第3条2項）[36]。また条約の裁判管轄権の行使にあたって、原子力船の許可国の裁判所と被害が継続している条約当事国の裁判所のいずれかを選択できる（第11条、12条）ことが特徴としてあげられる。

2) 条約の特徴

まず原子力災害補償の基本的立場として、他の一般の災害補償と区別して考える必要性がある。なぜなら原子力事業それ自体が超危険活動であること、また原子力事故は、その原因が過失に基づくということの立証がかなり困難であること、そしてその災害および被害の範囲が広く、その上、長い年月にわたり被害をおよぼすことが他の一般の災害と異なるからである。[37]

上記のような特質を有する原子力災害から人命は勿論、財産を保護するためには、民事責任として特例を設けなければならなかった。そしてこの責任を実質的に確保するための賠償措置資力は、原則として強制的な原子力責任保険制度の確立によって担い、さらにその限度を上回る補償額については国が負担するという国家補償制度を設けたのである。

しかし原子力商業利用の促進を国家の重要な任務とする立場をとる国にとって、上記のような厳しい責任制度では、原子力産業自体が成り立たなくなることが憂慮された。それらの国は原子力事業の健全な発達の促進と住民の安全確保という両方の必要をいかにして好ましい形で調和させ、国の重要任務を達成するかが課題であった。そこで原子力事業者（原子力船運行者）に対する責任および時効の制限を明確にする必要性が生じたのである。そして無過失責任とはいいながら、一定の事由に限っては免責事項を設けることとなった。

被害者にとっては、原子力事業者の責任制限制度により、一定以上の補償金が受けられない場合や、責任限度額が比較的低い他の海事国際条約または海法の定めと重複する原子力事故による被害においては、補償金が減少する場合がおこりうる。従って原子力事業者が負う責任限度額を越え、保険によって補償されない部分に対し、何らかの対策を構じて被害者および事業者を保護する必要性が要求されたのである。そこで国の保証措置が絶対に必要になってくる。締約国は国際条約に規定された賠償金額を念頭におき、国内企業の財政状況を見きわめ、国が負担すべき金額を設定するのである。つまり原子力事故による被害および災害に対する国家補償である。言いかえると、原子力事故の被害および災害に関する賠償と補償対策は原子力事業者の民事責任、保険、国家補償

制度が絡み合った三位一体制度であると言える。原子力事故は他の産業事故と比べ、災害の度合とその範囲がきわめて深刻かつ広汎であるから、国を含む三位一体制度で対処しなければその賠償責任の履行は困難なのである。

原子力産業の開発および発展の促進を目的とする国にとっては、上記のような相互関連システムの確立が必要であり、現在多数の国がその三位一体制度を採用している。[38]その補償額は国によって異なるが、事業者、保険、国家の負担度を軽減するため、第三者の利益の保護に必要な補償額を抑制する国が多いことが懸念される。国家の義務は、条約上の民事責任を制定することである。また条約に定めた企業責任の共通基準が執行できるように国内法の体制を確立することである。さらに国家は、混合責任を負い、事業者の損害賠償責任限度額を越えた損害賠償措置額を補償しなければならない。この責任は、国家が原子力施設を許可したことから補償義務を負う原則である。従って原子力損害賠償諸条約の当事国は、原子力商業活動から自国の住民の安全および財産を保護するだけでなく、その原子力施設の事故防止策を確立する義務を負っている。原子力産業政策および災害防止対策は、原子力事業全般において、住民の安全およびその利益を保護する見地に立脚して策定されなければならない。

以下には、原子力事故の損害賠償に関連する主な原則を考慮しつつ各条約間の相違点と類似点、そして問題点を指摘したい。

8　民事損害賠償条約の諸原則

1）主な原則

上記の各節で述べた諸条約は、原子力事業者が負うべき民事上の不法行為賠償責任（nuclear liability）に関し、以下の8つの特別責任を課している。

1　無過失責任負担の原則
2　集中責任負担の原則
3　責任制限金額および時効における原則
4　強制的な賠償措置保障の原則

5　責任免除の制限原則
　6　損害賠償の国家補償の原則
　7　求償権の制限原則
　8　無差別原則

　これら8つの原則は従来の民事責任と比較するとかなり厳しい制度といえる。なぜ上記の諸条約がこのような厳しい内容で対処する必要性があったのかを具体的に見ることにする。またパリ条約およびウィーン条約を中心に検討しながら必要に応じ、ブラッセル補足条約および共同議定書、またウィーン条約改正議定書にも触れることにする。

2）賠償責任の性質

　従来の民事賠償制度の原則である過失責任主義に対して、「無過失責任主義、あるいは厳格責任主義」（パリ条約第3条a項、ウィーン条約第2条1、5項）を原子力事故の災害対策において採用することには各国とも異論はなかった。[39]

　それには以下の3つの理由が挙げられる。

　第1に、近代産業の最先端に立ち、さらに複合産業である原子力産業自体が巨大な危険性を内包していること。第2に、原子力災害の過失の有無、つまりその原因の究明が現代科学をもってしてもなお不確実であり、従って第三者の保護の立場を重視するためには無過失責任原則が望ましいこと。第3に、災害の規模の広汎さと、長期にわたる被害期間に対処するためには責任の限界を定めて無過失主義を採用するのが補償対策上便利であることである。

　つまり原子力事故の際、第三者保護の立場から、賠償責任を明確に設定し、その上で責任を集中させることにしているのである。さらに被害者による損害賠償請求権の立証を容易にし、被害者の保護に万全を期することにより人々の原子力商業利用に関する不安感を除去しようとする思惑もあったのではないかと思われる。

3) 賠償責任の集中

上記の諸条約において、賠償責任者は「原子力施設の所有及び運営者に責任を集中」し（パリ条約第6条 a、b 項、ウィーン条約第2条）、原子炉の設計や製造者、核燃料を含む資・機材の供給者に対しては免責することとしている。責任集中の原則の採用により、一層第三者保護の立場が強化されたといえる。

具体的には第1に、第三者の保護を重視し、さらに被害者に「誰に責任があるかを究明する必要がなく」、原子力施設の所有者および運営者を相手に直接損害賠償請求が可能となる。

第2は、核燃料を含む諸機材などの供給者に無責任主義が適用されることになっている点である。原子力運営過程における諸機材の供給者にとって原子力産業の持つきわめて危険性が高いという特質は、供給を受け請い難くさせる。しかし原子力事業者に対する責任集中制度の採用により供給者の負担をなくすことで、原子力産業の構築と運営における障壁の1つを除去したのである。

第3に、損害賠償措置額の整備としての一元化である。これはいわゆる保険の積み重ね（pyramiding of insurance）回避するためである。原子力事業の供給者、つまり設計、建設、変更、修理または運営に関連して役務、資材、プラントを提供したすべての者が保険の責任保険契約者である場合、賠償責任者の選定に混乱が生じ、被害者の請求権の行使に支障が生じる。その反面、賠償責任者は複雑な賠償責任所在を理由に不当に責任賠償から逃れる恐れもあるからである。

賠償責任を原子力事業者に集中し、集中した責任を保険が、さらに国が肩代わりする制度は一見合理的であると思われる。しかし供給者への責任免除は重大な危険性を内包している。なぜなら原子力事業に核燃料を含む機・資材および労働者などの供給者は原子力産業の運営に重大な役割を果たしているので、供給者の役割の遂行次第によっては原子力事故の原因ともなりかねない。例えば原子炉の製作および製造の過程の瑕疵、また核燃料物質の加工の際の過失が原因となる事故も有り得るのである。従って原子力事業者としても、供給者の任務遂行の達成度については重大な利害を伴うことになる。そこで条約では

「供給者の故意がある時、または特約で規定したときのみ」という条件付きで、求償権を認めている（パリ条約第6条f項i、ii、ウィーン条約第10条）。責任集中と求償権に関しては、原子力関連産業の地位の安定を図る趣旨のものであって、原子力被害者の保護の立場からみると損害賠償措置金額の増減にはなんら変化がないので、どちらを採択しても妥当と思われる。

4）賠償責任の免責事由

厳格責任原則、さらに絶対責任原則を原子力事業者に適用することに議論の余地はない。「潜在的に危険性を有する社会活動を営む者は、その活動の過程または結果によって他人に損害を与えた場合、単に従来の意味での過失がなくとも責任を負わねばならない」という原則[42]（Liability for endangerment, Gefahrdungshaftung［ドイツ法］、Responsabilite de ridque［フランス法］などの危険責任原則）がOECD諸国において確立されており、第三者保護の立場から考えるときわめて妥当であると思われる。

しかし不可抗力による災害まで責任を負うとすると、原子力事業者の負担の偏重により原子力商業利用に支障が生じ得る。そのような状況をふまえて、条約においては戦争行為もしくは戦乱、または異常大自然災害の不可抗力を原因とする（国内法に別段の定めがある場合は除く）原子力事故のみは、原子力事業者免責（パリ条約第9条、ウィーン条約第4条3項a,b）に該当するとしている。この免責事項に関する決定は、締約国の裁量権に属し、またパリ条約においては、NEAの運営委員会の解釈に委ねられたため[43]、内乱、暴動あるいは天災などの不可抗力条項の定義を幅広く解釈し、免責対象が水増しされる可能性は十分あった。そのような状況を防止するため、ウィーン条約改正議定書には、原子力事業者にその因果関係の証明の確保という規定を定め、免責事由の適用基準を厳格化した。アメリカのように「戦争状態」以外は認めない国もあるが、日本のように「異常に巨大な天災地域、または社会動乱（原賠法第3条）」まで免責事項の対象としている国もあれば、あるいは「免責規定」を定めていないドイツのような国もある。[44]

しかし第三者保護の立場から考えると漠然とした不可抗力条項を置くのではなく、より具体的に不可抗力の定義を規定すべきである。天災においても現代の科学技術をもってある程度予見でき、またその事故の防止ができる場合は、あえて免責にする必要はない。例えば地震の場合でも、一定の震度の区分を基準として規定すべきものと考える。

大地震、大噴火、大風水の天災などの基準設定の際、明確な科学的根拠に基づいた数値を定め免責事項とすべきである。日本の関東大震災を例にあげると、巨大な災害ではあっても、それが「異常に巨大か」を規定することは容易ではない。従って不可抗力による免責が容易に認められると、被害者保護という1つの条約の本旨が損なわれる可能性がある。改善策として、「現在の科学・技術で原子力事故の事前の防止およびその救済が可能であり、さらに経済的にその事故の災害補償が可能である場合」は免責条項から除去すべきである。

5）賠償の対象範囲

第三者を対象とした賠償金支払の範囲についてであるが、まず自然人に対しては身体傷害、病気および死亡である。また財産に対しては滅失、損害および利用の喪失である。しかし精神的慰謝料および自然や生物に対する損害、ならびに環境汚染については、条約においてまったく触れられていなかった。精神的慰謝料は勿論、環境汚染による生態系への被害は、日常生活に直接影響を及ぼすのでその対策は急務であった。改正議定書には、経済的損失、環境保全、防災、復旧措置などの費用を賠償対象範囲に取り入れ、旧ソ連の原子力事故以来の課題を一応解決する規定を定めた。しかしこの賠償適用範囲は締約国の裁量権に属しているので、その履行は有名無実に終わる可能性も否定できない。

今一つ注目すべき点は、原子力商業利用事業所で労働する従業員らが賠償の対象範囲から除外されたことである。賠償の主目的が第三者の保護を図ることにあるという法の強い要請は理解できる。しかしその要請により原子力施設の従業員の保護を損なうことになるとすれば至急にその対策を確立する必要がある。

パリ条約第2条は、その適用範囲から、非締約国の領土において発生した原子力事故およびそれによる損害を除外している。しかし原子力事故による国境を越えた損害は、国際私法の準拠法原則により、管轄権を持つ裁判所のある国の国内法を用いることができる（パリ条約第14条b項、ウィーン条約第1条1項e）。つまり締約国の領土内の原子力事故により、他国の人および財産に損害を与えた場合、原子力事業者は、締約国の法律または他国の法律を適用して、他国の被害者に損害を賠償しなければならない。この点に関しては従来の国際法の原則、すなわち厳格な領域性原則を原則的に採用しながらも、特殊性を持つ原子力事故から公衆を保護するという立場から、特例の措置をとるように図ったのである。

しかし問題は、各国内法において非締約国の国民が締約国の領土内で被った損害は、賠償の外に置かれていることにある。これについてはパリ条約第14条a、c項、ウィーン条約第13条の無差別適用条項、「すべての締約国の国民はどの締約国の原子力災害に対しても保護を受ける」（ブラッセル補足条約第2条a項2号も同じ趣旨）、などといった規定を設けるか、これらの条項を拡大解釈し、非締約国の人命および財産を保護しなければならない。

国際司法裁判所の「コルフ海峡事件」の判決は、国際法の原則として「国家は外国領域に被害がおよぶ可能性がある諸活動を許可または黙認してはならない」としている。また「トレイル熔鉱所事件」の米・英（カナダ）間の国際仲裁裁判所の確定判定は、「その領域内において私企業による重大な有害なガスの排出を黙認している国は、国際法上の義務の履行について、「相当の注意」の欠如により、国際責任を負わなければならない」、という趣旨の判決もある[46]。すなわち損害を被った者が、その条約の当事国であると非当事国であるかを問わず、その不法行為による災害については賠償する義務があるということである。従って損害を被ったすべての第三者を賠償の対象にすべきである。

6）国家補償

保険は被保険者の法律上負った賠償責任を保険者が肩代わりする手段である

から、原子力事故による損害も、被保険者の法律上の責任を保険者が全額（パリ条約第7条 a 、b 項、1500万 SDRs、ただし、1事故当り500万 SDRs を下まわらない範囲で金額を国内法により決定し得る[47]）、ブラッセル補足条約第3条（1事故当り3億 SDRs）を肩代わりすることとされる。しかし民営保険には営業採算上一定の限度があり、一国の保険会社の資力のみに全賠償措置額を負わせることは、保険会社側の経済的負担が増大することになり賠償責任の措置が不可能になる。また保険の制度は第三者保護の立場からみると、被保険者の故意、告知義務違反等により保険金が支払われない場合もありうるという問題がある。従って保険以外の方法で賠償資力を備える必要が生じてくる。すなわち国家補償である。

　国家補償制度は賠償措置額を速やかに拠出し、被害者およびその財産を保護するための対策である。国家は原子力災害の性質および規模上の諸問題、つまり事故当初は勿論、後発生傷害や放射能汚染による被害にも対処しなければならない[48]。このような立場からパリ条約第15条 a 項には「締約国は賠償金額を増加するため必要な措置をとれる」こと、またウィーン条約第7条1項には「責任制限額と賠償措置額の差額を補償する」と定め、国家補償責任（ブラッセル補足条約第7条）に関する条項を制定し、国内および国際間の原子力災害の賠償および防止対策を確立している。アメリカを始めとする原子力開発先進国は国家補償制度を採用し、公衆を保護する立場をとっている。しかし補償額はまちまちで、例えば日本は賠償措置金額の600億円以上の損害については「必要があれば」国会の議決により政府が援助する（原賠法第7条第1項）こととし、アメリカは責任制限額 USD 72億5600万（責任保険契約＋遡及賦課方式（大型発電炉（電気出力10万 KW）基準）の合計額）以上としている[49]。

7）核物質の国際輸送責任

　放射性物質の国際輸送の際の原子力事故による損害賠償に適用できる規定としては、ウィーン条約第2条1項 b の「輸送責任負担原理」である。つまり荷送人たる原子力事業者は、荷造が輸送安全規則に従うことを担保する責任があ

るから、運送中の事故について責任を負うという原理で、荷受人引き取りの時点でその責任が終了する。一方その第2条1項b‐iには「自己の原子力施設に発送される核物質に係る事故で、その核物質を引き受ける以前に生じた事故責任、核物質の原子力事故に関する責任を文書による契約に従って他の原子力施設の運営者から引き受けた時」という契約上の賠償責任を定めている。つまり荷送人側の責任をいくらか弱めたことになる。そして契約のない場合は核物質を引き取った時から損害賠償責任が発生することにしているが、その「引き取った時」の誰が何処でどのような手続きの措置が「その時期」に当たるのか。またその範囲が曖昧で、明確さに欠ける。

またパリ条約においては「荷送人側の原子力事業者」の核燃料包装、積み付け責任を重視して、輸送中の責任集中をはかっている（第4条a、b項）。

放射性物質の国際輸送賠償責任に関する現状はウィーン条約の規定を採用する国が多く、放射性物質の発送国と引き受け国の両国間の協定によって取り扱われている。しかし被害者たる第三者の保護の立場から考えると「十分な補償額及び措置制度」が明確化された規定が望ましい。また輸送の際の責任も明記し、事故対策およびその後の補償対策において迅速かつ国際的に均一な対応の確立が必要である[50]。

放射性物質の輸送時の船主責任は、原則的には責任を負わないが、契約上、つまり国内法や両国間の協定の規定によって決定される。また求償権においても同様である[51]。

原子力事業者間の核燃料物質などの運搬は特約によりその条件は異なるが、荷送人側の原子力事業者の工場または事業所における輸送機器への積み込み作業終了の時から、荷受人側の原子力事業者の工場または事業所における輸送機器からの積みおろし作業開始の時までの間を指定する場合が多い[52]。万一原子力事故の損害が発生した場合、被害者はいずれの原子力事業者に対して損害賠償請求をするかを決める必要があるので、その損害賠償措置義務を負う原子力事業者を明記しなければならない。

9　損害賠償条約の課題

　IAEA は「原子力平和利用を促進、増大するように努力する」義務を負い、核物質の輸送、その加工および使用、さらにその廃棄物の処理を含む、すべての原子力商業活動の際の充分な安全性とそのための安全措置を確保することがその重要任務の1つである。現在まで、IAEA は原子力商業活動における安全措置として多国間条約を含む様々な勧告的意見を原子力保有国に提供している。IAEA は原子力開発には相当の影響力を発揮したといえるが、しかし原子力生産過程の核燃料の廃棄物の最終的な処理問題を含むその事故対策については十分とはいい難い。原子力事故対策としては、本章の2、4で述べた条約および諸原則の適用により、その安全措置制度として一応履行されている。しかし事故対策を見ると、核燃料を含む放射性物質の流通の安全対策面などの不備は歴然として残存し、この状況が続けば、原子力産業の促進にも大きな支障を生じるであろう。

　これまで述べてきたように、核物質の国際流通を含む原子力事故の民事損害賠償制度およびその対策を講じるため、地域間および多国間条約が締結され、実施されている。しかし原子力事故の災害から、越境放射性物質の被害を含め、財産の損失、被害者の人命を救済するためには、さらに改善すべき点が多いといえる。特に以下の8つの点が指摘できる。

　1）条約の地理的適用範囲の拡大
　条約は通常締約国のみに適用される。従って本章の2、4の諸条約はその当事国の領域内の人命、財産の被害および損失救済に対し主に効力を有する。しかし条約はその条約の利益の履行対象範囲に非締約国を含むことは禁じていない。
　ウィーン条約は原則的に、地理的適用範囲に関する条項は規定していないが、改正議定書第3条1項には、条約当事国の領域内・外を問わず、さらに公海上

で被った人命、財産における損失は条約適用範囲の対象であるという原則を定めている。しかし同条2、3、4項に非締約国の被害者の人命および財産の保護、そして全被害者を公平に救済するための条約適用範囲は、原子力施設国の裁量権に委ねると定め、すべて人命を含め財産の公平な賠償は今後各国の立法権に委ねられている。実はこのような案が共同議定書の交渉段階で提示された。しかしその実は、「何の見返りもなく盲目的に補償を提供すること」はできないという理由で反対する国家により採用されなかった。つまり締約国の「強制的な損害賠償責任制限額の賠償資力確保」に非締約国は、なんら金銭的負担をしていない。従って非締約国の被害者に損害賠償義務はないという議論であった。[53] しかし非締約国の領域または排他的経済水域を含む地理的適用範囲に関しては原子力施設国の裁量権に委ねられることではなく、全被害者を公正に救済するという見地からの条約の地理的適用範囲を明文化すべきであると思われる。

現在、原子力商業利用を推進する各国は、原子力損害賠償地理的責任範囲は原則的に自国領域内の事故のみを対象としている。原子力災害から全人命、財産および環境を保護するためには条約の地理的適用範囲の拡大は必然である。

2）軍事原子力施設の適用

軍事使用目的の原子力施設の事故に関する賠償責任はパリおよびウィーン両条約においても規定されていない。しかしパリ条約の解釈において、2つの主張が対立している。軍事施設に関する規定が明文化されていないのでパリ条約の適用範囲であるという主張、明文化されていないから適用外であるという主張である。現在、軍艦を適用対象としているただ1つの民事損害賠償条約である「原子力船運行者責任条約」においては、原子力軍艦も等しく適用を受けることになっている。しかしこの理由のため現在まで未発効のままである。

軍事原子力施設の適用範囲に関する問題は共同議定書の交渉段階で議題に上がり、その結果に興味を寄せた原子力商業利用国もあった。[54] しかし原子力軍事使用国は国内の私法および民事賠償法には「いかなる軍事施設および機器」も適用されないと主張し、その案を排除した。原子力利用の国際会議の議題に常

第8章　越境汚染損害賠償制度　187

に争点の種であったこの問題が遂に、改正議定書において「条約の適用外」という規定を定め決着がついた。改定議定書の最終交渉段階の第16会常任委員会までの案には、軍事原子力施設は条約の適用対象とする規定があった。しかし常任委員会の最終過程において、原子力軍事使用国の主張で軍事原子力施設は条約の適用外とする条項に修正された（第3条1、b項）。条約の適用範囲外にある原子力軍事使用施設は民間の商業利用施設よりはるかに大きい事故が起きる可能性がある。プルトニウムを含む高濃度の核物質を生産し、核兵器を製造するからである。その災害から人命を含む財産および環境を保全するためには、原子力軍事施設を運営している国家も適用範囲に入れ、その賠償責任を負わせるべきである。

3）損害賠償責任制限額の増大

　ウィーン条約においては原子力事業者に1事故あたりUSD500万を下回らない額まで責任の制限を定めている。しかしチェルノブイリ（Chernobyl）原子力事故の対策以来、現在の損害賠償責任制限額では不十分であるという認識が共同議定書の交渉段階での委員会において一致した。その不足分を補うためパリ条約の7億ユーロという損害賠償責任制限額まで増大する必要が生じ、OECDの原子力常任委員会からの強い勧告の下採択された。しかし現在のこの金額で十分に賄うことができるかどうかは疑問である。原子力事故の規模による被害状況の差や、原子炉の熱出力による賠償額の算定方式の違いなど、さまざまな状況が想定しえるため、統一した見解に達することは困難である。[55] 改正議定書において損害賠償責任制限額は7億ユーロと修正され、ブラッセル補足条約の額を追認する形で大幅に増大された。しかしウィーン条約における現在の損害賠償責任制限額でもチェルノブイリ（Chernobyl）級の原子力事故に対処するには不十分である。チェルノブイリ（Chernobyl）級の事故後の各国の被害状況から明らかにされている。現在の制度を見直し、少なくともアメリカの1989年の責任制限額水準のUSD72億5600万と同様の金額に引き上げる制度の確立が望まれる。

4）損害賠償措置額の時勢への対応

　損害賠償措置額は消費者市場にあった金額に変更すべきである。市場原理により物価は変動する。従って損害賠償措置の金額も賠償時期に沿った改善が必要となる。しかし現在の条約は改善策を定めたものの、その履行の際、現実に即した制度とはいい難い。条約において賠償責任制限額の変更には、当事国の3分の1以上の要請の下、過半数以上の参加のなかで3分の2以上の賛成で可決されると定めている。また例えその金額が修正されたと仮定しても、その発効までは相当の時間を要する。[56]　損害賠償措置額が賠償時期に相応しい金額となり、原子力事故の損害に正当な賠償を確立するためには、アメリカの5年間に1度物価などを勘案し、見直しを行う制度のような適切な規定を定めることが肝要である。

5）原子力事故の定義の拡大

　原子力民事損害賠償条約において「原子力事故」という明文の解釈は条約の適用範囲に最も重要な影響をおよぼす。条約の損害賠償適用対象は「人身の損傷・死亡と財産の損害・滅失であり、またそれらが原子力事故により生じた旨が立証されれば」、となっている。原子力事故の定義は改正議定書第2条2項において拡大された。原子力事故による環境汚染の復旧、その事故の前後における取るべき防止および処理対策、さらに経済損失は賠償対象および範囲に属する。しかしこの拡大された定義は締約国の裁判所および立法裁量権に委ねられている。

　チェルノブイリ（Chernobyl）原子力事故がもたらした放射能による環境汚染の被害および損害の範囲からも分かるように、放射能による直接の被害と損害のみではなく、間接的な被害および損害もまた膨大である。例えば空気、土地、水などへの放射能汚染により農作物および畜産物が廃棄処分され、さらに汚染地域への観光および旅行などの取り止めによる観光産業への損害もある。忘れてはならない課題は原子力事故後の汚染地域からの緊急避難の際の対策である。[57]　避難民の定着地を含む生活の維持のため諸制度の整備に掛かる費用は想像に絶

する。このような損害および被害を賠償するためには原子力事故の賠償範囲を拡大しなければならない。その改善策として原子力事故の定義と原子力事故の賠償適用範囲を明文化し、各締約国の裁量権による異なる諸措置を事前に防止することである。

6）損害賠償の対象優先順位の確立

　原子力事故の災害の広範さとその内容の複雑さを考えると、第三者の被害および損害をその状況に沿って公正かつ平等に補償する必要がある。改正議定書第10条において、死亡および身体傷害に関する損害賠償を優先的に処理すると定めている。人命尊重という立場からは若干の改善措置であると考えられる。しかしそれ以外の損害賠償は、各締約国の条約執行の度合いに任されている。条約の公正な配分は締約国の原子力事故の管轄権を有する裁判所に委ねている。しかし原子力事故は越境汚染を引き起こす性質を有するため、被害者が多数国間におよぶことは必至である。さらに国内事故のみと想定しても、被害者は数十万に昇るであろうし、しかもその被害の内容は千差万別である。このような状況で被害者の公平かつ公正な補償を確立するためには、現在の条約上の条項を修正し、損害賠償における合理的な優先順位の制度を規定すべきである。

7）原子力事業者の責任免除の制限

　原子力事故の災害から人命、財産、環境保全を貫徹するには、原子力事業者および国家の責任を厳格に適用すると同時に免責事由を制限する必要がある。条約には、戦乱と異常自然災害を免責事由として適用する場合に、免責事項と原子力事故との直接関連性を立証する規定を定めている。免責事由の立証規定は国内法で定めることになり、その定義は国により異なる可能性はある。例えば日・韓両国の定義を比較すると、日本は「社会的動乱、異常に巨大な天災地変」、韓国は「戦争、異常に巨大天災地変、これに準じる事故」と規定している[58]。原子力事故の越境汚染を引き起こす可能性を直視した場合、異なる免責事由の適用は被害者の公正な救済の原則に抵触する可能性を生む。また現在の条

約上、曖昧にされているテロに関する規定を定め、原子力事業者の免責事由から除外すべきである。例えば日本の場合、テロ活動が社会的動乱に含まれると解釈される余地もある。

　8）賠償請求権の時効の延長

　条約上の損害賠償請求権の消滅期間は、原則として事故の日から10年、損害および責任ある者を知った日から3年（パリ条約は2年）、核物質の盗取、喪失、投棄また放置については、その日から20年を限度定めている。それ以上の期間延長に関しては国内法の規定に委ねられている。従って各国の請求権の消滅機関は様々である。例えばアメリカは「障害覚知後3年間」であり、フランスは「損害および責任ある者を知った日から3年、ただし事故の日から15年を限度とする。」と規定している。59)原子力事故から発生する放射能の被害は現在の医学を用いても未知の問題が多く、放射能からの症状を呈する期間を一律に決定することは不可能である。例えば原子力放射能による白血病などはその症状を呈する期間は数年から数十年と推定されている。このような被害者を救済するためには、アメリカのように上限枠を設けないで、ただ「障害覚知後3年間」という条項を採用すべきである。またさらに原子力の特性上、原子炉の運転によりつねに放射される「通常の軽い放射能」からの被害に関しては、現在国際法上も国内法上においても適用される規定がない。従って放射能からの災害に対しては救済する措置がない状態である。原子力事業の運営による事故の対策だけでなく、その運営上、必然ともいえる日常の放射能対策も急務である。

　10　まとめ

　原子力商業活動における国際管理制度の確立は他の近代産業では見られないほど厳しい環境の下に置かれている。

　原子力産業は軍事使用にも商業利用にも活用でき、両者は強い関連性を有する。軍事使用の恐怖は言語に絶するが、商業利用の際に生成される放射性物質

による被害は常に発生する可能性がある。原子力の活用に必然的に付随する危険性を緩和および除外するため、国連をはじめ国際社会が様々な制度の構築に力を注いできた。本論では原子力商業活動における災害の一部分である越境損害事故対策を中心に論じてきた。原子力事業は超危険活動であるという認識の下で国際諸条約は従来の民事上の責任制度より一層厳しい責任制度を定め、その履行を強化している。しかし原子力商業利用の確保とその促進を重要任務とする国家はこれらの条約の趣旨、つまり第三者に対する十分な補償制度の確立には消極的である。

2、3、4においては民事損害賠償を扱う6つの条約とウィーン条約改正議定書の要点を述べた。各条約の補償を含む賠償制度の原則は、若干の相違点はあるもののほとんどの制度は類似点が多い。現在の原子力事故に関する民事損害賠償条約としては、OECDを中心とした「パリ地域間条約」と、IAEAを中心とした「ウィーン多国間条約」の2つの条約体制がある。そして両条約の統合をはかり、その適用範囲を国連全加盟国とした「共同議定書」は所定の目的を果たし得ず、若干の合意のみで採択された。1997年に採択されたウィーン条約改正議定書において国際的救済の観点から1歩前進の原則が明文化されているものの各国は国家の利害にこだわり、国際的な観点から人命、財産、環境を守るという基本概念を欠如させていたのである。

8および9において各条約の重要な原則を論じると同時に若干の問題点も指摘した。原子力損害賠償の賠償責任の所在に関しては過失責任主義を採らず、無過失責任主義の採用により、被害者の請求権行使の際その立証を容易にした点は評価できる。[60] ただ原子力商業利用に対する人々の不安を抹消しようとする意図が潜在しているのではないかという懸念が残る。

責任集中においては原子力事業者主義を採用し、賠償の際、被害者への賠償金額の確保を徹底しており、第三者保護面においては好ましいと思われる。しかし原子力事業活動に必要な材料および機器などを供給し、さらに労働力をも供給する供給者側には求償権も認められず（故意及び特約ある場合は除く）、賠償責任から免責されている点は無視できない。危険産業の安全運営は関連する全

員の一致した安全管理の規律とその実践行動により確保される。とすれば供給者も重大な任務を負うべきではないかと考える。このような条約内容の背景にはアメリカを初め、原子力技術および機器の開発国がその商品の円満な流通を図ると同時に、その責任から逃れようとする意図があるのではないかという強い疑問を抱かせる。[61]

　賠償免責事由には不可抗力条項を採用し、原子力事業者に対し厳格責任原則からの負担の偏重を軽減し、原子力活動推進の際の支障の壁をなくしたのである。しかしその不可抗力に関する定義はなく、国家の自由裁量という委任事項である故、国際的な事故に対処する場合はその実施面において歪みが出ることは明白である。現代科学・技術によって自然災害の事前防止あるいは救済措置がある程度可能であるから、異常自然災害などの定義を明瞭に規定化し、不可抗力条項の乱用を防ぐ必要がある。

　また賠償対象範囲が条約の締約国中心で、非締約国に適用範囲がおよばないという可能性を内包する。これでは一国家の領域を越えた越境汚染の被害および災害の完全救済が疑わしい。さらに原子力事業現場に働く労働者を賠償適用範囲に取り入れる制度の確立も改善策ではないかと思われる。なぜなら厳しい責任遂行に励む労働者の保護、福利面の充実は事故防止の1つの有力な対策に成り得るからである。

　国家補償制度は人命およびその財産を保護するため賠償措置金額を速やかに拠出し、その被害に対処する賠償資力を備えることである。しかしこの補償制度では各国の責任制限額が異なり、従って国家補償額も国によって差違が生じてくる。越境汚染損害賠償の場合、事故発生地と被害地により賠償金額が異なることで被害者の救済面に公平さを欠く恐れがでてくる。特に南北の経済格差が著しいような地域であれば、その損害賠償制度の責任制限措置額の格差によりその制度の執行に大きな支障が出ることが予想される。国際的に統一した補償制度の確立に最善の措置が執られることを期待したい。

　核物質の流通の拡大により国際流通も頻繁になった。そのほとんどが海上輸送によって行われているが、国際流通の賠償責任は荷送者側の原子力事業者に

集中させ船主の責任は除外されたのである。船主の責任は両国間の協定により決定されることとしているが、本来船体の安全管理は船主の責任に属し、その管理の如何によっては航海中事故が発生する可能性もあり得る。事故の可能性を内包するすべての任務に責任を課す必要があることを考慮すると、船主にもその安全管理責任が要求されることは必然である。

　特に9で述べた問題は、健全な原子力の開発と核物質の安全確保を目指すために、今後改善されるべき課題である。

　しかしこれらを規定する制度は国内法制度より国際法制度に帰属する部分が多い。特に国際法的、政治的、また経済的基盤に立脚した「国際協力体制」が確立されない限り原子力事故対策を含む諸問題を解決することは困難であると言える[62]。

　1972年6月にストックホルムで採択された「人間環境宣言」の原則第21と第22において「国家は、自国の管轄権または管理の範囲内にある諸活動が、他国または国家管轄権を越えた地域の環境に対して損害を与えないように確保する責任を負う。」そして「国家は、自国管轄権の外にある地域に生じた汚染その他の環境損害の被害者に対する賠償責任および補償に関する国際法をいっそう発展させるよう、協力しなければならない。」と規定している[63]。国家は自国の活動によって引き起こされた他国及び国際地域の環境汚染に責任を負わなければならない。つまり国家は自国の管轄権と管理下の私人、私企業を問わずあらゆる団体活動から起因する越境汚染の賠償責任を、その国家の国際責任として負うべきである。

　原子力商業利用は常に放射能の危険性を含み、さらに原子力利用過程におけるプルトニウムの生成は核兵器への転換という問題も含んでいる。さらに核物質の盗取とテロからの攻撃といった事故以外の危険性も内包している。その二重、三重の危険性が存在する原子力事業活動は明らかに国家の管理・監督任務に属する。その国家の任務範囲内で起こった事故責任に対し、国家がその統治権のおよぶ自国内はもちろん国際的にも責任も負うことは自然の法理であるといえる。原子力産業は一国家の主権の範囲を固執する時代の産業ではなく、グ

ローバル主義とそれに沿った主権観念のもとで実践されなければならない超近代産業なのである。そしてそのような産業の真価を見極めるには、国内外を越えた真の普遍主義の観念を基本にした国際協力体制が構築され、その保護ならびに補償体制が確立されなければならない。

そして原子力商業利用の内包する越境汚染の膨大な危険性を考えると、完全な補償制度の確立はもとより、何よりも原子力事故防止の国際制度の構築に人類の英知が注がれなければならないのである。

1） 山本草二『国際法における危険責任主義』（東京大学出版会、1982年）、p. 147.
 Liability and Compensation for Nuclear Damage, (Nuclear Energy Agency (NEA/OECD, 1994), p. 14.
2） Ibid. p. 10. 山本、前掲書、p. 149.
3） 日本原子力産業会議『原子力年鑑'96』（1996年）、p. 251.
 Nuclear Energy Data, (NEA/OECD, 1996) p. 40. Newsletter, (NEA/OECD, 1998), p. 28.
4） 魏栢良「国境を超えた原子力事故対策」『大阪経済法科大学アジア研究所年報』第3号（1992年）p. 35.
5） Nuclear Law Bulletin, No. 61, (NEA/OECD) pp. 25-38. US Ratification of Nuclear Liability Treaty Sets "New Dynamic". Convention Would Hold Operators Liable for Possible Accident Victims, Staff Report 23 May 2008 http://www.iaea.org/NewsCenter/News/2008/liabilitytreaty.html
6） 安藤仁介「国際法における国家責任」『基本法学国家責任』（岩波書店、1984年）、p. 128.
7） Liability and Compensation for Nuclear Damage, op. cit. pp. 43-55.
8） 『原子力年鑑'93』（日本原子力産業会議、1993年）p. 501.
9） 同上、p. 502.
10） Philippe Sands, ed. Chernobyl: Law and Communication, (Grotius Publications Limited, 1988), p. 52.
11） Liability and Compensation for Nuclear Damage, op. cit., p. 46.
12） Ibid. p. 61.
13） Ibid. pp. 52-56. Nuclear Law Bulletin, No. 24, (NEA/OECD, 1979), p. 24.
14） Philippe Sands, op. cit., p. 67.

15) Liability and Compensation for Nuclear Damage, op. cit., p. 54.
16) Ibid. pp. 56-59. 科学技術庁原子力局監修『原子力損害賠償制度』(通商産業研究社、1991年)、pp. 19-20.
17) Nuclear Law Bulletin, No. 24, (NEA/OECD, 1979), p. 110
18) Ibid. No. 61, pp. 7-24.
19) Ibid. pp. 15-16.
20) Liability and Compensation for Nuclear Damage, op. cit. pp. 93-97. 科学技術庁原子力局監修、前掲書、pp. 239-241. Joint Protocol Relating to the Application of the Vienna Convention and the Paris Convention. International Atomic Energy Agency, InformationCircular. http://www.iaea.org/Publications/Documents/Infcircs/Others/inf402.shtml
21) Nuclear Law Bulletin, No. 42, (NEA/OECD), pp. 53-56.
22) G. Avossa, "Evolution of Civil Liability for Nuclear Operators", 17 op. cit.. pp. 1-64.
23) Nuclear Law Bulletin, No. 61, (NEA/OECD), p. 8.
24) Liability and Compensation for Nuclear Damage, op. cit. p. 93..
25) The NEA Committee, "Chernobyl, Ten Years on Radiological and Health Impact", (NEA/OECD, 1995), pp. 56-76. チェルノブイリ(Chernobyl)原発事故から22年、追悼式典：ウクライナだけで230万人が「後遺症に苦しんで」おり、事故当時子どもや若者だった約4400人が被ばく者に典型的な甲状腺がんの手術を受けている。http://www.afpbb.com/article/disaster-accidents-crime/accidents/2383828/2870065
26) Nuclear Law Bulletin, No. 61, (NEA/OECD, 1998), pp. 8-9.
27) Monaco Symposium, (NEA/OECD, 1969), p. 42.
28) O. Von Busekist, Haftungsprobleme in Verhaltnis Zwischen Vertragsstaaten des Pariser nit des Wiener in Pelzen, 1987, p. 271.
29) Liability and Compensation for Nuclear Damage, op. cit. p. 94.
30) 共同議定書第3条。
31) Nuclear Law Bulletin, No. 61, (NEA/OECD, 1998), p. 11.
32) Liability and Compensation for Nuclear Damage, op. cit. p. 59. Nuclear Law Bulletin, No. 9, (NEA/OECD, 1971), p. 56.
33) Liability and Compensation for Nuclear Damage, op. cit. p. 60. Mohamed M. ElBaradei, edt., The International law of Nuclear Energy, (Martinus Mijhofi Publishers, 1993), p. 1383.
34) Liability and Compensation for Nuclear Damage, op. cit. p. 61.
35) Mohamed M. ElBaradei, op. cit., p. 1373.
36) 星野英一「原子力損害賠償に関する二つの条約案」『ジュリスト』236号（1961年）p. 44.

37) Patric M. Living with the nuclear Radiation, (Hurley, 1982), p. 94.
38) 科学技術庁原子力局監修『原子力損害賠償制度』(通商産業研究社, 1991年) pp. 230—235.
39) Nuclear Legislation, (NEA/OECD, 1976), pp. 11-15. IAEA, Experience and Trends in Nuclear Law, (IAEA, 1972), p. 72.
40) Nuclear Legislation, op. cit., pp. 12-14.
41) 山本草二『国際法における危険責任主義』(東京大学出版会, 1982年) p. 215.
42) 1968年イギリスにおけるライセンス対フレッチャの判決。危険な施設、企業、そして、社会に対し危険を造成する者は、その活動から発生する損害に対し、常に賠償責任を負う。無過失責任原則を認定させるための唯一の有力な論拠になる原則である。Quentin-Baxter, International law Commission, "Special Rapporteur's Schematic Outline Annexed to Fourth Report on International liability for Injurious Consequences Arising Out of Acts Not Prohibited by International Law", (Ybk ILC. 1983, Vol. 2, (part one), p. 238.
43) Official Journal of the European Communities, 1965, p. 2995.
44) 科学技術庁原子力局監修『原子力損害賠償制度』(通商産業研究社, 1991年) p. 231.
45) ICJ Report, 1949, p. 22. 波多野里望、東寿太郎、『国際判例研究 国家責任』(三省堂、1990年) p. 786.
46) 山本草二『国際法における危険責任主義』(東京大学出版会, 1982年) p. 121.
47) 科学技術庁原子力局監修『原子力損害賠償制度』(通商産業研究社, 1991年) p. 237.
48) 前掲 『原子力損害賠償制度』pp. 231 - 233.
49) 前掲 『原子力損害賠償制度』p. 15.
50) 星野英一「原子力船の運行者の責任に関する条約について」『海法会議誌復刊』10号、(1965年) pp. 45 - 49. 山本草二『国際法における危険責任主義』(東京大学出版会, 1982年) pp. 216 - 217.
51) Maritime Carriage of Nuclear Materials. "Proceeding of A Symposium on Maritime Carriage of Nuclear Materials Jointly Organized by IAEA and NEA/OECD", (IAEA, Vienna, 1973), pp. 27-33.
52) 科学技術庁原子力局監修『原子力損害賠償制度』(通商産業研究社, 1991年) pp. 18 - 19.
53) Liability and Compensation for Nuclear Damage, op. cit. p. 124.
54) Ibid. p. 125.
55) Ibid. p. 124.
56) Ibid. p. 126.
57) The NEA Committee, op. cit., pp. 27-50.
58) Liability and Compensation for Nuclear Damage, op. cit. p. 131.

59) 科学技術庁原子力局監修『原子力損害賠償制度』（通商産業研究社，1991年）p. 235.
60) 谷川久「核物質海上運送民事責任の成立」『ジュリスト』499号（1972年）p. 105.
61) 杉村敬一郎「核燃料の国際輸送に伴う賠償責任の諸問題」『損害保険研究』27巻3号、pp. 94 - 95.
62) 松井芳郎「原子力平和利用と国際法」『法律時報』50巻7号、p. 46、pp. 58 - 59.
63) 山本草二『国際法における危険責任主義』（東京大学出版会，1982年）pp. 22 - 23.

第 3 部

原子力国際管理の限界

第❾章

問われる原子力の国際管理 Regime ——核の闇取引——

1　はじめに

　パキスタンの「核兵器の父」として広く知られた、アブドゥル・カディール・カーン博士（Dr. Abdul Qadeer Khan、以下カーン（Khan）博士と称す）に率いられた国際的な核の闇取引のネット・ワークとその暗躍における不穏な様相の露出までには約30年間という長い年月が消費された。1970年代以来2000年度までにカーン（Khan）博士の活動にメスを入れ、除去することに至らなかったことは、現在の「核の国際管理 Regime」がどれくらい弱体であるかを示している。[1]
　カーン（Khan）博士は、4つの大陸にまたがる仲間の支援の下、最先端の技術を具現している情報網および選抜きの熟練者で構成している多数国家間また地域間の厳格な制度を持つ拡散防止 Regime を回避し、闇の組織間に20年間以上にわたり核関連物質の闇取引を実行してきた。厳格な制度網をどのように潜り抜き、広範囲に大陸間の取引を展開していたかは国際社会の関心事である。[2] またイラン、イラク、リビアおよび北朝鮮を含む「主なアメリカと対立している国」へ核兵器を生産するために必要とされる関連設備および専門知識を供与し続けていたことは更なる関心事である。アメリカをはじめ核拡散防止 Regime 関連諸機関や国家は1970年代から1990年代にわたって、このカーン（Khan）博士のネット・ワークを察知し、除去することができなかったことがいま問われている。
　2000年、アメリカの情報機関は、カーン（Khan）博士のネット・ワーク活動において部分的に調査活動を開始しはじめ、しだいに全体を把握しつつある。

決定的な証拠は2003年10月、ドイツ船籍である BBC 中国におけるリビアの秘密核兵器プログラムに利用されるはずであったウラン濃縮ガス遠心分離機器材の劇的な差し押えである[3]。その後多くの意外な新事実、カーン（Khan）博士を含むその関連者および運用の仕組みなどが明らかになり、そのネット・ワークに調査の手が伸びることになったのである。さらにリビアの核兵器の放棄宣言後はカーン（Khan）博士のネット・ワーク活動が具体的に解明され、カーン（Khan）博士自身を含む側近の多くが逮捕され、調査に進展が加わりその陰謀の全貌が現れることになった[4]。

　カーン（Khan）博士の核の闇取引ネット・ワークは、核拡散防止 Regime、そして国際平和および安定への確立を目指している国際社会の NGO の努力に巨大な損害をもたらしたことは言うまでもない。

　現在の国際的な核管理 Regime の活動はこれまで、十分に有効で、効果的に問題に対処して来たとは言い難いカーン（Khan）博士のネット・ワークに関する意外な新事実は、国際的な核管理 Regime の大きな穴を提示すると同時にその斬新な改革の構築を提唱していると思われる。

　再度このような核の闇取引が暗躍する時代を根絶するため、現存の国際的な核不拡散体制よりさらに全体的な視野からの効率的な改革は緊急を要すといえる。また新しいネット・ワークの出現を閉鎖し、かつそれらが発生する場合、それらを速やかに察知、除去するための効果的な制度づくりは絶対に必要であるといえる。

　国連をはじめ各国は、その加盟および同盟国の支援の下、新しく核密輸入の民需産業へのアクセスを閉鎖する制度の構築、また項目別の柔軟な外交、関連情報探知、拡散防止、輸出管理における実践的な協力政策、そして国際平和と安定に立脚した厳正な法の執行体制の構築、つまり国際法規を遵守する強力な Regime の創立を提唱する。

　本章では、カーン（Khan）博士の核の闇取引の体制と核の国際管理 Regime について論述する。核の闇取引の体制については、カーン（Khan）博士の核関連研究活動の把握と核物資の波及による影響について若干記述する。また現在

の核の国際管理 Regime については、原子力平和利用から軍事使用への転換防止に関連する体制と若干の科学的なプロセスについて記述する。この核の国際管理 Regime の全体を把握するため、核の国際的な管理における主な制度を網羅する。核の国際管理 Regime は国連を含む国際機関とアメリカをはじめ主要国家が厳格に対処している。特にアメリカのイニシアティブによる核の国際管理 Regime の中で、核の闇取引は暗躍している。このことを明らかにし、Regime 関連諸国が国際的な取極めを誠実に果たしているかどうかを問いたい。そして核の国際管理制度の規範である協定および条約における盲点と問題点を提示し、その改善策について論じたい。

2　核闇取引の現状

2004年、パキスタンの「核開発の父」カーン（Khan）博士を頂点とする国際的な核の闇取引が摘発され、核の闇取引の実体が国際社会に明らかになった。首謀者のカーン（Khan）博士が2005年2月に拘束された後、米国、ドイツ、南アフリカ、マレーシアが、ネット・ワーク関係者を次々に逮捕したのである[5]。しかしその全実態はまだまだ秘密のベールに覆われ、核を巡る国際情勢の混迷は深まる一方である。核の闇取引のネット・ワークがさらに地下組織化し、暗躍を続けている兆候が確認されるなど[6]、原子力の平和利用と軍事使用に新たな衝撃と脅威を提示し、その国際安全管理対応策が問われている。2005年5月にニューヨークで開催された核拡散防止条約（以下 NPT と称す）再検討会議では、核の闇取引への対応が主要議題として検討された経緯もある[7]。

核の闇取引の問題は国連をはじめ欧州連合（以下 EU と称す）などの国際機構とアメリカおよびロシアなど主要国家が抱えている最大の課題である。

朝鮮人民共和国（以下日本での通称である北朝鮮と称す）またイランの核開発ネット・ワーク集団とも絡む核の闇取引の実態、つまり国際社会に暗躍している闇のネット・ワークは、国際社会に不安と脅威、そして核兵器を伴うテロや紛争までも想定しうる現実感を増大させている。

2001年9月11日アメリカの同時多発テロ以来、国内・外の治安、軍事、政治など様々な面において大幅な変革が進行している。アメリカをはじめロシアおよびイギリスなど主要国はテロリストと核の闇取引との接点を遮断する名目の下、国連を含め関連国際機関にその変革を強く要求している。

国際テロリズムとの闘いにおける国連をはじめ各国際地域機構と各国政府さらに国際社会の協力体制は先例のない急速な展開を遂げている。

日本を含めASEAN諸国も例外ではない。ASEANもテロ対策の共同宣言を2004年11月、ラオス人民民主共和国ビエンチャンにおいて、採択した。[8] その若干の要点は以下の通りである。

「宣言の目的はテロリズムとの闘いにおける努力の有効性を向上させることとその協力をすることである。参加国はテロリストを裁きにかけるための引渡及び刑事事案における共助をつうじたものを含め、テロリスト及びテロ組織の活動に関する情報交換及び法執行機関間の協力を強化すること。

全てのテロリズム防止関連条約の早期締結及び実施、並びに、国連安全保障理事会決議第1267号、第1269号、第1373号、第1390号、第1455号、第1456号、第1540号を含む国際テロリズムに関する全ての関連国連決議の完全な遵守を国連憲章第25条に則って確保すること。

テロリスト及びテロ組織への資金供与、並びに違法送金など代替送金手段の使用に対する対策及び予防のために必要な措置を強化すること。

テロリストが活動を隠蔽するために慈善組織及び集団を利用しないように適切な措置を実施すること。

テロリストの移動を防止するために出入国管理を強化し、国境及び出入国管理に対する挑戦に対処するための支援を行うこと。

ASEAN地域交通大臣会合の枠組みにおいて、航空保安、海上安全保障、コンテナ保安を含む交通保安を強化するための協力を発展させること。

訓練及び教育、職員、分析担当者、及び現場の要員間の協議、専門家の派遣、セミナー及び会議、並びに共同プロジェクトをつうじキャパシティ・ビルディングを適宜強化すること。」など広範な分野、つまり7つの国連安全保障理事

第❾章　問われる原子力の国際管理 Regime　205

会決議を中心に政策から実施まで、そしてその協力体制の構築までも対応している。

さらに国際場裡においてテロリズムとの闘いにおける多国間の協力を確立するため、以下の努力義務を提示している。

「貧困、経済社会格差及び不公正の削減、並びに特に発展途上地域における発展途上の集団及び人々の生活水準向上の促進を目的とした開発プロジェクトを引き続き支持すること。

あらゆる形態及び主張によるテロリズムのあらゆる行為、方法、及び実行を、行われた場所及び行った者の如何を問わず、犯罪として、かつ正当化することができないものとして無条件に非難することを再確認し、テロリズムの脅威は国際社会の安全に対する懸念であることを認識し、地域の平和、安全、安定及び繁栄に対するテロリストによる脅威に対処することを決意し、テロリズムを、如何なる宗教、人種、国籍と関連付けようとする如何なる試みも拒否すること。」などを定め、テロリストを根絶するためソフト面からも協力体制を展開している。

国際社会の緊急課題である核の闇取引とその関連および周辺分野における安全管理には人類の英知を集約する時であるといえる。もちろん核の闇取引を根絶するためには、国際社会は「核と闘う強力な制度」と「その実現のための献身的な協力体制」の構築が必然であるという認識を共有することも絶対的に必要である。

核の闇取引を完全に除去するためには、関連諸国および集団との絡み合う利害関係の全貌、その潜在的原因への対処をも含む包括的アプローチが必要であると思われる。

1）カーン（Khan）博士

パキスタンの「核開発の父カーン（Khan）博士」拘束以来、アメリカだけでなく、パキスタン、イラン、アジアを含む国際社会全体において、核の闇取引は恐怖であることに疑いの余地はない。

カーン (Khan) 博士の核開発器材であるパキスタンの「ウラン遠心分離器改良機材」は闇のネット・ワークを通じて流通が続けられていると見られている。国連およびアメリカはカーン (Khan) 博士の闇のネット・ワークの触手を伸ばす取引を察知し、その手口を除去することを最優先課題として対処すべき必然性が生じている。[9]

カーン (Khan) 博士は1935年イギリス支配下のインドモスレムの家庭で生まれ、パキスタン独立後の1952年に同国に移住した原子物理科学者である。パキスタンでカラチ大学工学部卒業後、西ドイツとベルギーに留学し、1972年にベルギーのルーヴァン・カトリック (Leuven Katholieke) 大学で学位を取得した。その後、1970年にイギリス、西ドイツおよびオランダがヨーロッパ原子炉の核燃料を供給するため共同で創立したオランダウランの増殖工場 URENCO の関連企業であるアムステルダムの物理学研究所 FDO に勤め、1976年にパキスタンに帰国した。カーン (Khan) 博士は URENCO の FDO 物理研究所で U-238 から U-235 を分離する技術および関連情報をマスターしたといわれている。そして核兵器クラスウラン235を生産する遠心分離器材および機材に関する情報をパキスタンに提供したと見られている。帰国後はパキスタンの同時首相ズルフィカール・アリー・ブットー (Zulfikar Ali Bhutto) の支援の下、核開発に従事し、核兵器製造関連機材の完成に没頭してきた。

1974年5月、インドの核実験の成功はパキスタンに大きな脅威となり、国家および国民が総動員され、その対応策に乗り出していた。そのような状況の下、カーン (Khan) 博士はパキスタンの念願であった核実験を成功に導いた立役者となり、その名声はパキスタン全土に響き、パキスタン人の英雄として「核開発の父」という称号を授かることになったのである。[10]

一方、そのカーン (Khan) 博士の核実験の成功の名声は国連をはじめ国際社会に、特に NPT および IAEA の原子力の管理体制と NEA など地域機構に大きな衝撃と脅威を抱かせたのである。

カーン (Khan) 博士が1976年以降20年間以上にわたり、イスラマバード郊外のカクタ (Kahuta) にカーン (Khan) 博士研究所 (Dr. A. Q. Khan Research

Laboratories、以下 KRL と称す）を拠点に核開発関連機材、技術を開発し、その機材を不法に密輸する国際的なネットワークを構築し、北朝鮮、イラン、リビアなどに遠心分離器や核兵器製造技術を密売した容疑者として法の裁きを受けてる。カーン（Khan）博士の闇ネット・ワークはアジア、アフリカ、中東、欧州など世界各地に張り巡らされ、30ヵ国以上の政府や企業・個人と関与した疑惑が抱かれている。

2）核の闇ネット・ワーク

カーン（Khan）博士のウラン高濃縮関連技術を含む核開発の機材、そしてその運搬手段であるミサイル機材の多量開発に対しアメリカはその対策に奔走し始めた。さらにその核開発機材を含む関連技術の闇取引での活発な流通に驚きを感じ、アメリカ政府は1999年にパキスタンに経済制裁を実施すると同時にインドに対しても同じ制裁の措置を執ったのである。またアメリカは中国のパキスタン核開発の協力についても強烈に批判したのである。[11]

パキスタン政府は国家の英雄だったカーン（Khan）博士の調査にはなかなか腰を上げなかった。しかし核関連の機材の闇取引での流通はパキスタン政府も望むことではなかった。他国への核開発の拡散は自己の戦力に影響する懸念があるからである。そしてアメリカをはじめ国際社会から批判を浴びることもあり、パキスタン政府は2001年3月にカーン（Khan）博士を KRL 研究所長から解任した。しかしパキスタン将軍パルヴェーズ・ムシャラフ（Pervez Mhusarraf）は内・外のイスラム宗教家および民族主義者から強い非難を浴び、カーン（Khan）博士を大臣級の科学・技術特別補佐官として登用し、民衆の非難をかわしたのである。[12]

2001年9月11日、アメリカの同時多発テロ以来、アメリカをはじめ国際社会はテロリストの根絶に全力を投球しはじめ、新たに厳格な制度が多方面に登場することになった。カーン（Khan）博士を含む闇のネット・ワークも例外ではなく、厳しい監視の下、テロリストとの関連性について調査の対象になった。特に2001年10月からはカーン（Khan）博士とアルカイダ（Al‐Qaeda）テロ集

団との核関連物資の取引の疑惑について内・外からの調査の圧力が強まり、パキスタン政府もその対応措置の構築に行動を起こすことになった。ついにパキスタン政府はカーン（Khan）博士の側近科学者3人を拘束し、オサマ・ビン・ラディン（Osama bin Laden）との接触についての情報を確認した。その後、アメリカはカーン（Khan）博士の核開発の疑惑とその拡散の対象国、つまり北朝鮮およびイラクとの関連性に関する情報を提示しながらパキスタン政府にカーン（Khan）博士の拘束とその調査の責任を追及しはじめた。さらに2003年8月には、カーン（Khan）博士が1989年度イランに核関連技術を売ったことが判明し、その事実がその後IAEAおよびEUなど国際機関がイランの核関連疑惑を調査する動機となるのである。[13]

　カーン（Khan）博士と核拡散およびテロリストとの関連の疑惑が深まる中、パキスタン政府は彼を拘束することなくアメリカをはじめ国際社会からの関連情報を否定する戦略に転じたのである。しかし2003年11月19日にリビア政府からの驚くべき事実が公表される。[14] リビアの核開発にカーン（Khan）博士のネット・ワークを含む他の核の闇取引で必要機材が調達されたことを明らかにしたのである。パキスタン政府はようやくカーン（Khan）博士の核関連活動について公式的に調査を始めた。2004年1月カーン（Khan）博士および側近幹部と軍の将軍らが1980年代から1990年代まで数百万ドルの核関連不正取引について認め、カーン（Khan）博士は大統領補佐官を解任され関連者の処罰の措置が行われた。ついにパキスタン政府はアメリカの強い圧力に屈しカーン（Khan）博士らについて公開調査を開始したのである。

　アメリカ核関連担当官がリビアを訪問し、ウラン濃縮技術・機材がイランと同じ物であることが判明した。[15] その結果、その両核施設とパキスタンとの関連性がさらに深まった。その後IAEAが、核兵器開発疑惑の対象になっていたイランのウラン濃縮技術・機材がパキスタンのものと瓜2つだったことを確認し、カーン（Khan）博士の活動について本格的な調査に乗り出したのである。

　しかしカーン（Khan）博士関連の核の闇ネット・ワーク関係者が摘発され、その他核の闇取引の解明に若干の進展はあるものの、核の闇取引の取引は依然

として行われていると見られている。

「カーン（Khan）博士の核の闇取引が将来組織を再構築しないとか、他のネット・ワークが存在しないなどということは保証できない」と国連核査察官を務め、現在アメリカの科学国際安全保障研究所（Institute for Science and International Security（ISIS））の所長デイヴィッド・オルブライト氏（David Albright）は懸念を表している。さらにカーネギ国際平和財団（The Carnegie Endowment for International Peace（CEIP））のジョゼフ・シリンショーネ（Joseph Cirincione）拡散防止部長も、「ネット・ワークはまだ壊滅しておらず、静かになり地下により深く潜っただけの話だ」という。そしてNPT体制を補完するため1970年代に結成され44ヵ国が加盟する原子力供給国グループ（The Nuclear Suppliers Group（NSG））が2005年度のオスロで行った会合においても、核の闇取引の存続が議題となりその対策に協力体制を強化することにした。パキスタンが核兵器体系を刷新する資金を確保し、遠心分離器改良用強化アルミニウムなどの機材などを核の闇取引を活用して調達し続けている事実が明らかになったからだ。核の闇取引はまだ暗躍し続けており、カーン・ネットワーク（Khan・Net Work）関係者以外の新しい仲介業者がそこに関与してきていると指摘している。

上記に指摘された通り、核の闇取引の活動は現存の核の国際管理Regimeの究極的な目標である「核不拡散体制の構築」の根底を揺さぶり、さらにその制度に穴を掘り続けている。そしてその核使用の可能性の恐怖感をも増幅させているといえる。悲惨な核の惨害から逃れるため、現存の核の国際管理Regime体制の穴埋めに効果的な対応策の確立が喫緊の課題として提示されている。この効果的な対応策の確立は絶対に国際的な協力体制の構築の下で行わなければならないと思われる。核の闇取引のカーン・ネットワーク（Khan・Net Work）は世界各地域にリンクされ、活動しているからである。

3 危険地域

1) 東アジア
a. 北朝鮮

　パキスタンのムシャラク（Mhusarraf）大統領は2005年8月24日、「90年代初めから北朝鮮に高濃縮ウラン製造に使われる遠心分離器本体や関連部品、設計図を送っていた」と述べた[19]。核疑惑に関連する情報の乱舞の中、カーン（Khan）博士による北朝鮮への核技術移転を公的に明確に認めたのは初めてである。大統領の発言により北朝鮮もカーン（Khan）博士の核ネット・ワークを活用して核兵器を開発したことが判明され、現在進行中の6国会議に相当な影響を及ぼす可能性は否定できないと思われる。

　北朝鮮の核問題をめぐる6者協議で米国代表を務めるクリストファー・ヒル（Christopher Hill）国務次官補は2005年8月17日、ワシントンで講演し、6者協議が8月末に再開した場合、議長国の中国が合意文書の第5次草案を提示する可能性があるとの見通しを示した。そのうえで「本当に決着することを期待している」と強調した。また朝鮮半島の非核化に向けた第1歩として、北朝鮮と原則的な部分で合意することへの期待感を表明した[20]。

　北朝鮮の核開発の防止と朝鮮半島の非核化の6者協議は、原子力平和利用および軍事使用をも含め、国際的な軍事戦略上の問題も絡み、現在国際的に注目の的になっている。

　7月下旬から8月初旬にかけて開かれた第4回6者協議で中国が参加国に示した合意文書の草案に対し、「第1次草案は問題が多かった。米国と北朝鮮のどちらも反対した」ことと、その後に中国が練り上げた第4次草案については「非常によい出来だと感じた」と振り替えて述べ、北朝鮮を除く各国とも満足していたとの見解を改めて強調した[21]。

　しかし、北朝鮮が平和利用の核を保有する権利を主張していることを踏まえ、ヒル（Hill）次官補は「中国はたぶん草案を作り直したいのではないかと思う」

とし、「まだわからないが、たぶん第5次草案を出してくるだろう」と語り、現在の北朝鮮を含む朝鮮半島の核の管理問題の6者協議の進捗状況を明らかにすると同時に国際関係の複雑さの絡み合いにも言及している。[22]

上記の問題に核の闇取引のネット・ワークに北朝鮮の関わりに関する疑惑は朝鮮半島の核問題にさらなる緊迫性を増加させている。

朝日新聞は2004年5月28日、リビアの核問題に関する国際原子力機関（IAEA）のエルバラダイ事務局長の報告を入手し、リビアが2000〜01年に「ある国」から濃縮ウランの原料となる六フッ化ウラン約1.7トンを購入していたと記述した。IAEA筋は「ある国」とは北朝鮮を指すことを認めたが、リビア側はパキスタンからの調達を示唆しており、最終確認はできていないと報じた。

アメリカのニューヨーク・タイムズ紙は2004年5月22日、北朝鮮がリビアに六フッ化ウランを売却したと報じていた。六フッ化ウランが北朝鮮からのものであれば、北朝鮮が濃縮ウランを使った核計画を進めていた重要な証拠となる。

ただIAEA筋によると、リビアの六フッ化ウランの調達先は北朝鮮であるとの主張はもともとパキスタン側によるものという。一方、リビアは「遠心分離器などと同様、闇取引を通じて調達した」と述べ、パキスタンからの入手を示唆している。両者の言い分は食い違っていることも疑惑を深める動機を示している。

IAEA筋は、リビアで見つかった六フッ化ウランが北朝鮮から来たと検証するためには、北朝鮮の核施設でのサンプル採取が必要としている。北朝鮮からはIAEAの査察官が追放されているため、IAEA筋は「六フッ化ウランの由来について最終的な確認はできない」と語った。[23]

このほか報告書とIAEA筋の情報を総合すると、リビアで発見された遠心分離器から高濃縮・低濃縮のウランが検出された。パキスタンで使用されていた遠心分離器から検出されるウランの特徴と似ているという。

b．その他地域

北朝鮮が核開発を推進していることによって近隣諸国による同様の推進策を

誘発する危険を心配する見方も増えつつあるといえる。

　日本は核エネルギーを長く利用している。潜在的に核兵器を開発する能力を持っていることは疑いの余地はない。パキスタンのムシャラク（Mhusarraf）大統領は「カーン（Khan）博士がわれわれに語ったことは日本を含めすべての関係機関に提供している」という調査内容を明らかにした。この発言を信ずれば、日本もカーン（Khan）博士の核の闇ネット・ワークと取引を行ない核開発に手を染めたことになる。

　また日本はプルトニウムの保有量が2004年度末43トンに達し、その使用方法に関心が内・外を問わず高まっている。さらに原発施設内などに保管されている使用済み燃料中にも推定113トンのプルトニウムがあり、核兵器の主軸を成す物質の有用道に関する疑惑は増大することは必至である。

　2005年5月6日朝日新聞によると日本のプルトニウム・プログラムは、核拡散防止体制を脅かすとノーベル賞受賞者らが警告したと報じている。5月5日Union of Concerned Scientists UCS（憂慮する科学者同盟）は、国連のNPT再検討会議に参加している各国代表に対するブリーフィングで、六ヵ所村プルトニウム再処理工場の運転を無期限に延期するよう日本政府に呼びかけるステートメントを発表した。27人の著名な科学者・元政策立案者・アナリストらが署名したこの宣言は、日本の計画は年間8トンのプルトニウム-核兵器1000発分相当-を分離し蓄積することができるものであり、NPTを強化するとの日本の約束について疑問を抱かせると警告した。

　韓国は1970年代に核開発の研究を始め、80年代初頭にアメリカの圧力を受けて、開発プログラムを停止したと考えられてきた。しかし、2004年に韓国の核物理学者たちは、核開発の意図はないとしながらも、人々が考える以上に長い期間にわたって、小規模の実験ペースながらも核開発の研究を続けてきたことを認めている。

　台湾は1970年代末から80年代初頭にかけて核開発を研究していたがアメリカの圧力を受けて開発計画を放棄した経緯がある。しかし、「台湾の核エネルギー産業は活発だし、数多くの優秀な核物理学者を擁している」と米外交問題評

議会 (the Council on Foreign Relations (CFR)) のチャールズ・ファーガソン (Charles Ferguson) 氏は言う。[27] 核開発の技術的また財政的をも含め諸般環境が整備されている中、核兵器の開発の執念を簡単に絶つことは容易ではないと思われる。

2) 中　東

中東地域は宗派間の対立による政治、経済を含め社会的な局面の変化が世界でもっとも激しく、また紛争が絶えない危険な地域である。特にイランは中東に位置し、その地域の覇権の行使を追求するため核開発を試みているとブッシュ (Bush) 政権は考え、監視体制を強化している。[28]

ファーガソン (Charles Ferguson) 氏は、イランが核兵器の獲得を望んでいるのは、ともに核武装しているイスラエルとアメリカという主要な敵に対する抑止力を形成したいからだと分析する。アメリカが、中央アジア、アフガニスタン、イラクに現在兵力を展開していることもイランの心配を増幅させていると思われる。[29] さらに、イランは、サウジアラビア、エジプト、シリア、トルコという潜在的な核拡散国にとり囲まれ、核開発における執念に常に火を灯していると思われる。ファーガソン (Charles Ferguson) 氏は、イランの保守政権が、核兵器の生産にも転用できる自立的な核エネルギー計画を望んでいるのは、それを「まさかの事態に備えた保険策」とみなしているからだと指摘している。[30]

1990年代初めまで核開発計画に取り組んでいたといわれ、その核開発の罪に問われ、アメリカの侵攻を受け、その計り知れない対価を世界で初めて支払っているイラクも、新生国の誕生後再度核武装を希求するかどうかについては注目に値する。今後のイラクの長期的な活動により潜在的核拡散国のリストに名を連ねるかどうかが問われることになると思われる。

3) 中国と南アジア

パキスタン、インド、中国は共に核兵器保有国である。しかし核保有の正当性は中国のみ保持している。中国は常にその盾を行使し、他のパキスタンおよ

びインドの核保有を牽制し、阻止を図って来た経緯がある。しかし現在は中国と南アジア地域に「核の三角地帯」と称する世界で最も危険な環境を形成している[31]。この50年余りで3度の戦争を戦ったインドとパキスタンは2002年には核戦争の瀬戸際までいったことがあり、アジア全体の安全保障体制上の重い過失を残す可能性が生じえた経緯もある。この3ヵ国は自国の安全上の盲点をなくすため、独自戦略の下核兵器の保持を重視している。インドは中国とパキスタンに対する「核のバランス」をとるために、パキスタンはインドを抑止するために核を重視し、そして中国はアメリカとロシアの動きを警戒し、核戦略を展開しているといわれている。軍事専門家のあいだには、アメリカのミサイル防衛は、アメリカを射程に収める核ミサイルを現在20発保有している中国の弾道ミサイル能力を想定したもので、これに対して中国も水面下でミサイル戦力の強化に取り組んでいるようだと認識している[32]。

特定の国の核武装に誘発されて地域的な核武装化の潮流が生じている現状を踏まえると、これからも核拡散に同じ便乗が懸念される。

4）核を拡散させる恐れのある国

a．ロシア

「核分裂物質の管理体制が弛緩しているために、テロリストに盗み出される恐れがある」とカーネギ国際平和財団のジョセフ（Joseph Cirincione）氏は指摘する[33]。

ロシアの核管理の警戒態勢の盲点はソ連崩壊後アメリカをはじめ西側諸国から指摘されてきた。核兵器を保有する限り、そのセキュリティの重大さとその責任を果たす体制の整備はロシアの国際社会に負う義務である。

2002年、ロシア側は、アメリカと日本側の資金支援と技術協力の下、核兵器および原子力潜水艦などの解体を行なった。自国の軽水炉や高速増殖炉で用いるために、解体したプルトニウムからMOX燃料を製造して資源を再利用する計画である。高濃縮ウランは、天然ウランを混ぜて薄め直し、原子力発電所の燃料として国際取引に供給できるが、このような処理の出来ないプルトニウ

ムについては、国内で厳重に管理する必要がある。アメリカとロシアは、核兵器の解体などから生ずる軍事用の余剰プルトニウムを、それぞれ34トンと発表している[34]。

　軍縮、不拡散の実施を管理する国際的な安全管理センターを設置するなどその管理制度を強化している。冷戦後の核拡散防止の実行にあたっては、核兵器の技術や軍事用の核物質が、いわゆる「無法国家」に移転したり、国際マーケットに流失して、テロリスト集団の手にわたったりすることがないように、原子力施設を外部の侵入から守ったり、輸出コントロールや技術移転の管理を強化することが重要になっている[35]。

　しかしロシア単独にその確実な保障を期待するのは無理があると思われる。国連を含む国際社会、特にCIS諸国との核不拡散・原子力協力は、外交的に機微にわたる案件であり、ロシア側との調整など、プロジェクトの実施にわたり取り組みが求められているからである。

　b．パキスタン

　何度も大統領暗殺未遂事件が起きていることからも明らかなように、ムシャラフ（Mhusarraf）政権は不安定であり、パキスタン国内には、オサマビンラディン（Osama bin Laden）とアル・カイダ（Al‐Qaeda）のテロネット・ワークが活動している。ムシャラフ（Mhusarraf）政権が倒れれば、テロ集団が混乱に乗じてこの国の核の兵器庫からその一部を盗み出す危険もあり得る[36]。

　2003年12月13日のニューヨーク・タイムズによれば、米情報機関は2003年末、「オサマビンラディン（Osama bin Laden）はパキスタン領南ワジリスタンの部族長の支配地域に潜伏している」との結論を出した。この地域には7つの部族がパキスタン政府の統治から半ば独立して居住している。オサマビンラディン（Osama bin Laden）は部下たちとこれら部族の庇護を受けながら傘下のテロ組織と連絡し合っているというのである。Bush 大統領が2004年12月20日の記者会見で、オサマビンラディン（Osama bin Laden）は「アフガニスタンとパキスタンの国境地帯にいると思う」と述べるなどテロリストの根絶はそう遠くないことを示唆している[37]。そしてパキスタンとアフガニスタンにテロリストの対応

策を強化するよう要求する狙いが込められたと思われる。

米情報機関は2003年末、潜伏地域と見られる周辺に一連の秘密基地を設置、CIA要員が常駐して監視する態勢に入った。これに対し、パキスタン側はこのアメリカ側の活動を厳しく規制、CIA要員が国境地帯に行く場合には必ず同行者を付けたのである。このため、アメリカ側からは行動の自由がなく、効果的な情報収集ができないという不満があがるなどアメリカ側との連携が不調であった。また、アメリカ要員が、オサマビンラディン(Osama bin Laden)の動きに関連する情報を手に入れても、それを敏速に処理することができず、対応が手遅れになるなどの失態もあったと言われている。[38]

パキスタン政府はこのほか、アフガニスタンに展開するアメリカ軍が国境を越えてパキスタン領内に入ることも厳しく禁止している。この結果、アメリカ軍と交戦中の武装集団が国境を越えてパキスタン領内に逃げ込んでも、アメリカ軍は追跡できない。しかも、逃げた武装集団はパキスタン領内の安全地帯からアメリカ軍を攻撃するという不満も上がっている。ニューヨーク・タイムズによれば、こうした制約の結果、アフガニスタンに展開するアメリカ軍は、オサマビンラディン(Osama bin Laden)の追跡を事実上放棄し、現在はアフガニスタン国内の治安維持に力を注ぐことになったという。[39]

c．イラン

イランの核武装化はこの国の地政学的位置ゆえに重大な意味を持つ。「目を向けるべきはアメリカを核攻撃したり、テロリストに核を渡したりする危険よりも、むしろイランの核武装化の後に中東地域で何が起きるかだ」と指摘するジョセフ(Joseph Cirincione)は、中東で核武装のドミノ倒し現象が起き、核の軍拡レースが生じる危険性を指摘する。[40]

一方で、専門家のなかには、イランがヒズボラ(Abu Nidal Organization (ANO))組織。その他のテロ集団との密接な関係を持っていることを指摘し、彼らの手に核が渡ることを警戒し、遮断すべきであると主張する者も多い。

イランがこのような動きを続け、緊張感を増勢していくとアメリカを含め西側諸国の批判の的になることは必至である。また昨今の核開発疑惑と兼ね合い

IAEAなどの厳しい処置の対象になり兼ねない。アメリカのブッシュ（Bush）政権のかねてからの主張、安保理付託、経済制裁の発動という強硬策が浮上することになる。ブッシュ（Bush）政権は、「イランが本当に核兵器開発の野心を持たないのか、検証しなければならない」と強調し、また、「イランがミサイルに核弾頭を搭載できるよう改良を加えている。米国はその情報を摑んでいる」と確信している。[41] つまりイランの動きは核弾頭を製造することと、それを運搬するミサイルの改良という2つの面で並行して進んでいるということである。

これに関連して、2005年8月24日付けのニューヨーク・タイムズは米中央情報局（CIA）の最新のレポートを引用、「パキスタンのカーン（Abdul Qadeer Khan）博士の核の闇ネット・ワークがイランに新しい核弾頭の設計図などを提供していた」と報じた。それによれば、提供の時期は1990年代、提供した設計図は闇ネット・ワークがリビアに提供し、今年になってブッシュ（Bush）政権が入手したものと同じとみられている。

また、ニューヨーク・タイムズは翌25日、英仏独が提案した活動停止はウラン核開発を対象とするだけで、プルトニウム開発を見逃しているとの批判記事を掲載した。イランはウラン開発のほか、テヘラン南西のアラクに40メガワットの重水炉を建設中で、数年後にプルトニウム抽出が可能になるという。しかし、英仏独の今回の提案は、重水炉は完成まで時間がかかるとして停止の対象にしなかった。これについて同紙は、核弾頭を製造する場合、プルトニウムのほうが濃縮ウランより小型化しやすいなどの利点があり、これを放置するのは2つのドアーのうち、1つしか戸締りしないのと同じという専門家の批判的意見を紹介している。

d．北朝鮮

金正日総書記が率いるこの孤立国家は、1個から8個の核兵器をすでに保有しているのではないか、また6個保有していると考えられている。[42]

2005年5月6日付けのニューヨーク・タイムズは、場所は北朝鮮東北部の咸鏡北道吉州の山中であると報じた。ホワイトハウスと国防総省の複数の高官が

同紙に語ったところによれば、昨年10月から核実験の準備と見られる動きが始まり、ここ数週間は特に活発になった。坑道を掘り、しばらくしてそれを埋め戻した。しかし、中に核爆発物を入れたのか、衛星写真では確認できないという。坑道はパキスタンが1998年に核実験した時の形に似ている。少し離れた場所には、観覧席らしいものも作られているという。

　この北朝鮮の動きについて、ブッシュ（Bush）政権内には2つの見方がある。1つは、核実験をするためという見方である。この見方をするアメリカ情報機関の高官はニューヨーク・タイムズに対し、「見るものはすべて核実験に必要なものばかりだ」と語っている。一方、別の見方をする情報当局者は「実験を記録する電子装置が見当たらない」として、核実験かどうか疑っていることを明らかにした。ブッシュ（Bush）政権の別の幹部も、「偵察衛星では金正日総書記が何を考えているか探知できない」と語り、この動きがアメリカ偵察衛星に向けた、大掛かりなショーである可能性もあるとの見方を示している。[43]

　最近、このような北朝鮮の挑発的な動きは、この核実験準備の例だけではない。2005年3月末から寧辺の5キロワット級原子炉の運転を中断したことも、その1つである。原子炉が冷却したあと、使用済み核燃料棒を取り出して再処理、核爆弾用のプルトニウムの抽出を示唆する。また、新型とみられる短距離ミサイルを発射するなど、日米韓を含め周辺諸国に神経を昂らせる。核実験の準備が事実か、あるいは大掛かりな見せ物だとしても、これら一連の動きは、北朝鮮がブッシュ（Bush）政権に対して、これまでにない形の挑戦状を突きつけることになったと思える。[44]

4　核拡散の誘発

1）原子力の平和利用と軍事使用に伴う二面性

　原爆も原発も基本原理は同じである。原子力平和利用の原子力発電と原子力軍事使用の原子力爆弾はどちらも共に「核分裂連鎖反応」という同じ物理現象を基にして成り立っている。

おなじ物理現象の基、一方は原子力発電として「原子力の平和利用」の一環として開発され、他方は、原子爆弾「無差別大量殺戮兵器」として開発されたである。その両方は基本原理においては、区別がつかないのである。さらに原子力発電所はその運転中に常にプルトニウムという物質を生成するのである。プルトニウムは、これまた原子爆弾および原子力発電の動力源の材料となる。言い換えると原子力発電所から原子爆弾の材料を生産できるということになる。[45] 原子力発電所を稼働している国は、核兵器を開発する潜在的な技術と能力をも保持しているといえる。この事実を考えると、原子力発電を促進しながら核兵器の拡散を防止する現存の核国際管理制度は誕生時から「ダブルスタンダード（Double Stands）」を想定した先天性的な障害を背負っている。つまり原子力平和利用が進展している限り、核兵器が消え去ることなどは夢の中の夢なようである。[46]

第2次世界大戦から60年がすぎた今日にいたるまで、人類は核兵器から解放された時期などはなかったし、国連を含む国際社会はいつも「核の問題」に引きずり回され、われわれ人類は「核の恐怖」に晒され生きてきた。20世紀に開発された大最破壊兵器の軸である核兵器が、21世紀まで持ち越され、その問題は生物・化学兵器を含めますます深刻化していくばかりである。この真実を人類が真摯に受け止め、深思熟慮の対応策のみが闇の核根絶に繋がるといえる。

2）核物質の生産

原子力の平和利用と軍事使用に伴う二面性の生成における科学的なプロセス、つまり「原子核分裂反応」について若干明記したい。

ウラン235の原子核に中性子をぶつけると、原子核がポコッと割れて大きさのほぼ等しい原子核、バリウムやクリプトンなどに分裂する。その際、その原子核から中性子が2～3個飛び出す。その中性子が次の原子核にぶつかりその原子核が分裂し、そこでまた中性子が飛び出し、その中性子が次の原子核をという具合に反応が連鎖的に起こる。このようにして、分裂を起こす原子核の数も「ねずみ算」的に増える。これが核分裂の連鎖反応である。[47]

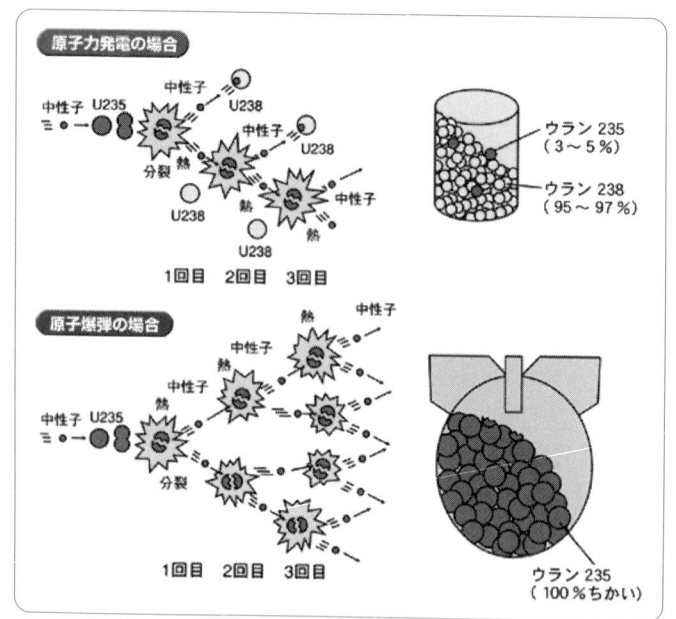

＊原子力発電と原子力爆弾の違い。提供：(財)日本原子力文化振興財団：「原子力」図面集-2002-2003年版-（2002.12）（同CD‐ROM）

　核分裂の連鎖反応を起こす元素として、他にプルトニウム239がある。
　「この核連鎖反応を瞬間的に起こさせるのが原爆で、制御しながら起こさせるのが原子炉である。両者の反応には本質的な違いはない。」
　また水素爆弾は、水素などの核融合反応を瞬間的に起こさせる。ただし、起爆剤として原子爆弾が使われる。
　ウラン235やプルトニウム239などは、一定量以上を集めると、自然に核分裂の連鎖反応が始まってしまう。その量を「臨界量」という。
　以下の図は原子力の二面性を引き起こす誘発剤である核分裂反応のプロセスを示している。

5　原子力の国際管理 Regime

2005年5月2日から27日の間、ニューヨークの国連本部で開かれた NPT 再検討会議は、最終文書を採択できないまま、決裂し閉会するに至った。核保有国と非保有国との対立により、核兵器廃絶を願う人類の願望を踏みにじる最悪の結末になった。[48]

2000年の再検討会議では、核保有国の核兵器廃絶への「明確な約束」や包括的核実験禁止条約（CTBT）早期発効など核軍縮に向けた13項目を明記した最終文書が採択され、核兵器廃絶へ国際世論の期待は大きく高まった。[49]

日本の連合・原水禁・核禁会議の3団体は、平和市長会議の核兵器廃絶の具体的な道筋である「2020ビジョン」の提言を支持し、全国規模で核兵器廃絶1000万人署名を取り組むとともに「核兵器廃絶ニューヨーク行動」として統一派遣団を組み、再検討会議が開かれているニューヨーク市の街頭で訴え、850万人の署名を携え、被爆国民の声を国連本部に届けたのである。[50]

今回の NPT 再検討会議はこうした2000年合意を後退させたばかりか、北朝鮮の NPT 脱退問題と核兵器開発、イランの核開発疑惑、「核の闇取引」問題などについても責任ある議論と方向を打ち出すことができなかった。一方、CTBT の死文化の動きや小型核兵器開発を進める米国の NPT 再検討会議での姿勢は、多くの国から批判があがった。アメリカは2001年9月11日同時多発テロ以来、国内・外における安全保障の戦略に大幅な変革を追行し、その余波による単独主義の振る舞いは核の国際管理 Regime 全体に大きな動揺を与えた。核兵器超大国である米国のこうした態度は、世界平和の流れに逆行するものであり、許容限度範囲を遙かに超えているといえる。

しかし今回の NPT 再検討会議が残念な結果に終わったとはいえ、核兵器廃絶へ向けて国連をはじめ核の国際管理 Regime は世界の NGO と共に活動を展開していかなければならない。

2005年は広島、長崎の被爆60年にあたり、卑劣にも無分別な多量殺戮兵器で

ある核兵器を根絶すべき覚悟を新たにする年である。あらためて被爆国日本からノーモアーヒロシマ、ノーモアーナガサキ、ノーモアーヒバクシャの訴えをしっかりと世界に届け、核兵器廃絶を実現しなければならないと思う。その目標を達成するため、国際社会の協力下、核の国際管理 Regime はさらなる効果的な改革を強め、世界の NGO とも連携して粘り強く取り組んでいく必要がある[51)（原水禁の核拡散防止条約（NPT）再検討会議の決裂に強く抗議）。しかし現存の主な核の国際管理 Regime の概要を吟味し、その要点を理解しないと核管理の全体的構造について理解しえないと思われる。従ってその Regime における主要な部分について効率的にまとめられているウェブサイト（web・site）内容を採用することにする。その問題点につき的確な理解度を高め、そして制度全体の側面からの認識を促進するためである。

1）IAEA の保障措置協定の強化

IAEA 役割の 2 つの柱の中、1 つの柱は、軍事転用されないための原子力活動に対し適用する保障措置、つまり検証および検認制度の実施である。IAEA 憲章および1970年 3 月発効の NPT に基づいて、IAEA と関係国との間に保障措置協定が締結され、加盟国との協力体制の下、軍事転用への防止活動を展開している。IAEA の保障措置システムは「核国際管理 Regime」のかなめとして確立され、核のない世界への原動力である。

IAEA 保障措置協定には、NPT 文書に基づき、文書「153」つまり「包括的保障措置協定（INFCIRC / 153 - type agreement）」で2008年 8 月現在の協定締結国・地域は、147ヵ国である[52)。また IAEA 文書「66」、つまり「個別の保障措置協定（INFCIRC / 66 / Rev. 2 - type agreement）」、そしてその他の保障措置協定として「自発的協定（voluntary offer agreement）」、つまり「米、英、露、中、仏」5 核兵器国で締結し相互協力の下、核拡散を防止の協力体制を確立する協定である。そして「計画協定（project agreement）」と「二者間協定（bilateral agreement）」がある[53)。

文書「153」では、保障措置は「核物質が核兵器その他の核爆発装置に転用

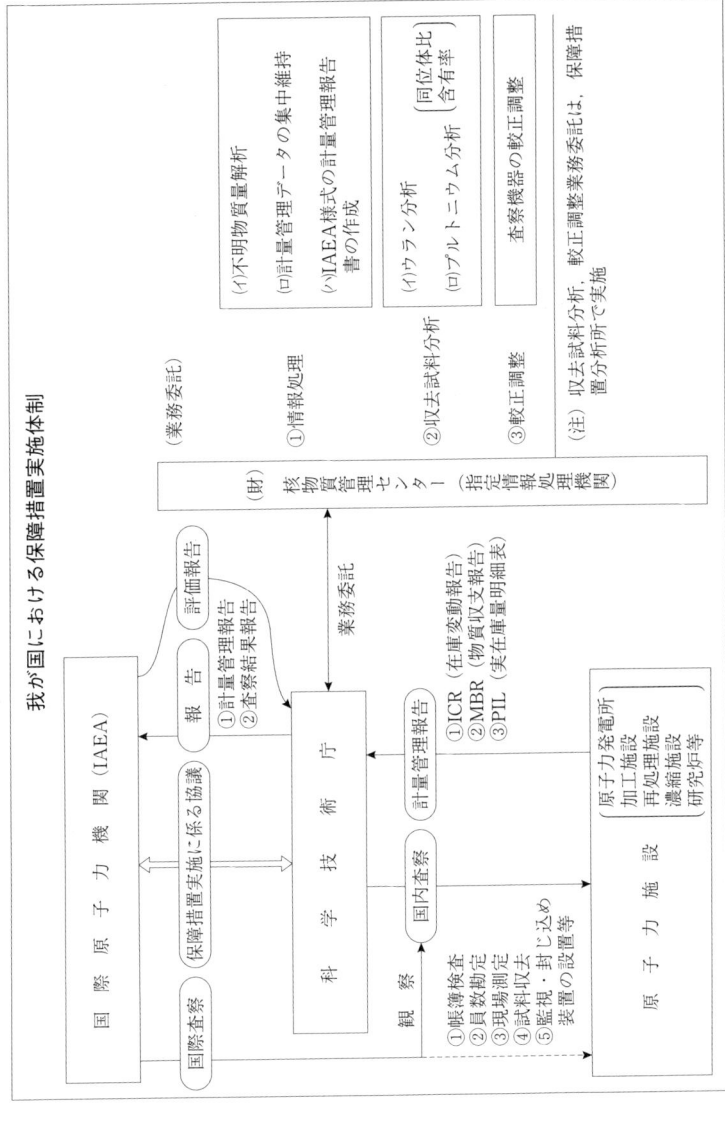

第9章 問われる原子力の国際管理Regime

IAEAの保障措置の実施体制の表（例：日本）

我が国における保障措置実施体制

国際機関（IAEA） ←保障措置実施に係る協議→ **科学技術庁**

国際査察：
- ①帳簿検査
- ②員数勘定
- ③現場測定
- ④試料収去
- ⑤監視・封じ込め装置の設置等

報告：
- ①計量管理報告
- ②査察結果報告
- 評価報告

国内査察：観察

計量管理報告：
- ①ICR（在庫変動報告）
- ②MBR（物質収支報告）
- ③PIL（実在庫量明細表）

原子力施設
- 原子力発電所
- 加工施設
- 再処理施設
- 濃縮施設
- 研究炉等

（財）核物質管理センター（指定情報処理機関） ←業務委託→

（業務委託）
- ①情報処理
  - (イ)不明物質量解析
  - (ロ)計量管理データの集中維持
  - (ハ)IAEA様式の計量管理報告書の作成
- ②収去試料分析
  - (イ)ウラン分析　〔同位体比〕
  - (ロ)プルトニウム分析　〔含有率〕
- ③較正調整
  - 査察機器の較正調整

（注）収去試料分析、較正調整業務委託は、保障措置分析所で実施

* http://www.aec.go.jp/jicst/NC/about/hakusho/wp1986/sb2090301.htm

されていない事を確認することのみを目的として核物質に適用される」ことを規定し、その目標は、「有意量の核物質が平和的な原子力活動から核兵器その他の核爆発装置の製造のため又は不明な目的のために転用されることを適時に探知すること及び早期探知の危惧を与えることによりこのような転用を抑止すること」と定めている。適用範囲は全ての平和的原子力活動に係わる全ての核物質である。[54]

さらにIAEA追加議定書（Additional Protocol）が1997年5月IAEA理事会で採択され、また9月には国連総会でも採択され、文書540保障措置の強化策が図られたのである。

IAEA追加議定書とは、IAEAと保障措置協定締結国との間で追加的に締結される保障措置強化のための議定書である。

議定書採択の背景として1991年の湾岸戦争の勃発によりイラクが保障措置協定締結国でありながら、不申告の核開発計画を進めていたことが発覚し、また、1993年北朝鮮における保障措置協定違反問題の発生など、イラク及び北朝鮮の核兵器開発疑惑等を契機に従来の保障措置協定では不十分との認識が高まり、IAEAにおいて1993年、IAEA保障措置制度の強化及び効率化の検討が行われ、その結果として、モデル追加議定書（INFCIRC/540（corrected）文書540）が、1997年5月にIAEA理事会で採択された経緯がある。

保障措置の締結による条約上の義務が完全に履行されれば、原子力の利用における複雑な摩擦、つまり軍事的転用、核の闇取引の暗躍そしてなによりもテロリストへの横流しなどはないと想定される。しかし保障措置協定違反が増える傾向にあることを顧慮すると核拡散防止には斬新的な有効措置が必要ではないかと思われる。

2）NPT（核拡散防止条約）

a．概　要

この条約は本書の第4章で具体的に記述したとおり、1970年発効当時から非核兵器国にとって不利な「不平等条約」であると判定し、インド、パキスタン

など国家安全保障上の理由から加盟しない国もあるなど問題を抱き、今日まで未解決のまま展開されている。この条約は25年間の期限付きで導入されたが、発効から25年目にあたる1995年には、NPTの再検討・延長会議が開催され、条約の無条件、無期限延長が決定された[55]（原子力百科事典）。

NPTの保障措置協定の文言とおり公正で厳格に適用すれば軍事使用への転換を遮断することは可能である。しかしその実施によるIAEAと当該国間との連携調査と査定協力などにおける諸般制度が多様化し、その一貫性に欠き、規定所定の機能的役割が微弱に終わっている。

b．1995年NPT運用検討会議

NPT第8条3および第10条2に従って、1995年4月から5月まで約1ヵ月間、ニューヨーク国連本部でNPT締約国による運用検討会議が開催され、現存の保障措置の補強策として「核不拡散と核軍縮のための原則と目標に関する決定」が採択された。

この決定の最大な核心である核軍縮と廃絶について、1996年までのCTBT交渉完了とそれまでの核実験の最大限の抑制、カットオフ条約交渉の即時開始と早期妥結、核兵器国による究極的核廃絶を目標とした核軍縮努力を強調した。[56]

この決定は「NPT締約国は、条約の規定の完全な実現と効果的な実施に向けて断固として取り組む必要性を確認し、よって次の原則と目標を採択する」という内容である。[57]

(1)「核兵器の不拡散に関する集約への普遍的な加盟は、緊急の優先事項である。」と定め、NPTの加盟は国際社会の普遍的な原則であることを示し、非加盟国の加盟の促進を図ったのである。

(2) NPTは、「核兵器の拡散を防止する上で極めて重要な役割を担っている。拡散を防止するために条約をあらゆる側面において履行するあらゆる努力がなされるべきである。」という核不拡散の条約義務の尊重を改めて強調している。

(3) 核保有国に対する核軍縮の義務について、「NPTに規定される核軍縮に関する約束は、断固として履行されるべきである。」と定め、更なる軍縮に向けた交渉を要求している。

(4)非核兵器地帯の拡散を提唱し、以下のように定めている。「当該地域の諸国間で自由に締結される取り決めを基礎として、国際的に承諾された、非核兵器地帯を創設することは、世界と地域の平和と安全を強化する、という確信を再認識する。」

(5)安全の保障面における決定には「核兵器の使用または核兵器の使用の威嚇に対して、条約締約国である非核兵器国を保障するために一層の措置が検討されるべきである。」と強調し、核兵器国の核不使用の確かな保証制度の構築を提唱している。

(6) IAEA の保障措置の効果的な運用について「国際原子力機関の権威を害するいかなる行為もなされるべきではない。他の締約国による NPT の保障措置協定の違反に関して懸念を有する締約国は、かかる懸念を、それを示す証拠や情報とともに、機関が検討し、調査し、結論を引き出し、かつその権限に従って必要な行動につき決定するよう、同機関に付託すべきである。」と謳って、アメリカをはじめ核先進国が保有している核疑惑の関連情報の正確で迅速な提供などを要請している。

(7)原子力の平和利用の権利を NPT 締約国の普遍的権利として「平和的利用のための原子力の研究、生産および利用を発展させることについてのすべての締約国の奪い得ない権利の行使を確保することに対して、特別な重要性を付与すべきである。」と定め、非核兵器国の原子力平和利用を権利として確保を目指している。[58]

　上記の保障措置における諸般決定事項は2000年そして2005年 NPT 再検討会議の主たる推進項目であり、実践目標として刷新されたのである。しかし2001年9月11日、アメリカの同時多発テロ以来、アメリカの「一極主義」政策の展開による国際社会の多方面における変革の影響により、2005年度の再検討会議では最終文書も採択できず閉会に終わったのである。核兵器国と非核兵器国との対立の溝が深められると同時に上記の安全保障諸原則の実現に壁となり、また核の国際管理 Regime 全体の骨抜きに拍車を駆けている原因にもなっていると思われる。

6　核物質の国際輸出管理 Regime

1）原子力供給グループ（NSG）

原子力供給国グループ（Nuclear Suppliers Group: NSG）は、1974年、インドのIAEA保障措置下にあるカナダ製研究用原子炉から得た使用済み燃料を再処理して得たプルトニウムを使用した核実験を契機に設立された核物質の国際的な流通における保障措置を担う核関連物質および機材の供給国のグループの中心で構成されている。[59]

NSG参加国は、2005年7月15日に45ヵ国となり、原子力の利用国が増大している傾向にあることを証明している。なお、インド、パキスタン及びイスラエルといったNPT非締約国やイラン等は参加していない。

2）核物質の流通管理

核物質流通における輸出管理には「パート1とパート2」で分離され、それぞれの方法で管理が行われている。[60]

(1)　パート1：品目及びその関連技術

非核兵器国への移転は、原則として、受領国である当該非核兵器国政府がIAEAとの間で包括的保障措置協定を発効させていることを条件に行われる。また、移転の際には、受領国から、(イ)IAEA包括的保障措置の適用（第4条）、(ロ)移転資機材等の核爆発装置への不使用（第2条）、(ハ)移転資機材等への実効的な防護措置の実施（第3条）、さらに、(ニ)第三国に再移転する場合には受領国は原供給国に与えたのと同様の保証を当該第三国からとりつけること（第9条）、の4条件を確認する必要がある。

(2)　パート1の対象品目（原子力専用品・技術）（Nuclear Material, Equipment and Technology）

①資材及び機材

・核物質（プルトニウム、天然ウラン、濃縮ウラン、劣化ウラン、トリウム等）

・原子炉とその付属装置（圧力容器、燃料交換装置、制御棒、圧力管、ジルコニウム管、一次冷却材用ポンプ）
・重水、原子炉級黒鉛等
・ウラン濃縮（ガス拡散法、ガス遠心分離法、レーザー濃縮）、再処理、燃料加工、重水製造、転換等に係るプラントとその関連資機材
②技術：規制されている品目に直接関連する技術（ただし、「公知」の情報または「基礎科学研究」には適用しない。）
なお、ガイドライン・パート１上、特にウラン濃縮、使用済み燃料の再処理及び重水製造については、核不拡散上敏感な（sensitive）分野の資機材・技術として、その輸出は厳格な規制の対象である。
(3)パート２：附属書に列挙された品目及びその関連技術の移転
輸出許可手続を作成し、輸出を許可する際、(イ)移転の用途及び最終需要場所を記した最終需要者の宣言及び(ロ)当該移転又はその複製物がいかなる核爆発活動又は保障措置の適用のない核燃料サイクル活動にも使用されない保証を取得すべきとされている。
NSGガイドラインによって輸出が規制される原子力関連資機材・技術の概要は以下のとおりである。
(4)パート２の対象品目（原子力関連汎用品・技術）（Nuclear-Related Dual-Use Equipment, Materials, Software and Related Technology）
①資材及び機材
・産業用機械（数値制御装置、測定装置等）
・材料（アルミニウム合金、ベリリウム、マレージング鋼等）
・ウラン同位元素分離装置及び部分品（周波数変換器、直流電源装置、遠心分離機回転胴制御装置等）
・重水製造プラント関連装置
・核爆発装置開発のための試験及び計測装置
・核爆発装置用部分品
②技術：規制されている品目に直接関連する技術（「公知の技術」又は「基礎科

学研究」に関する情報には適用しない)[61]

　上記の核物質の流通における入出輸管理制度の構成とその対象品目を列挙し、国際条約を締結し、厳格に運用しているといわれているにも拘らず、核物質、資材および機材、そして関連技術などは闇取引で相当流通していることが明らかになっている。このような現況を考えると、条約締約国が負っている条約上の義務を誠実に履行しているといえないと思われる。どのように核物質の流通が闇取引で横行しているのかを察知し、その除去には締約国の条約上の誠実な義務履行に訴えるしかないと思われる。

7　ミサイル技術管理 Regime（MTCR）

　ミサイル技術管理 Regime（Missile Technology Control Regime：MTCR）は大量破壊兵器の運搬手段であるミサイル及び関連汎用品・技術の輸出管理体制である。[62]

　この Regime の目的は核兵器等の大量破壊兵器不拡散の観点から、大量破壊兵器の運搬手段となるミサイル及びその開発に寄与しうる関連汎用品・技術の輸出を規制することである。核兵器の運搬手段となるミサイル及び関連汎用品・技術を対象に1987年4月に発足し、その後1992年7月に核兵器のみならず、生物・化学兵器を含む大量破壊兵器を運搬可能なミサイル及び関連汎用品・技術も規制対象とされることになっている。

　議長国が1年毎に交代し、その議長国において年1回の総会に加え、リストレビュー（List-Review）会合が年2回程度開催される。また、フランスが POC（Point of Contact）と呼ばれる事務局機能と議長国を務めており、POC 会合が毎月パリで開催される。

　MTCR は法的拘束力を有する国際条約に基づく国際的な体制ではない。MTCR の下で参加国は、ミサイル及び関連汎用品・技術に関して合意されたリストの品目を、全地域を対象として、例えば外国為替及び外国貿易法、輸出貿易管理令、外国為替管理令等の国内法令に基づき輸出管理を実施している。

1）輸出管理

輸出管理規制はガイドラインにおいてカテゴリーを設定し、参加国は慎重に運営している。

(1)カテゴリー１：輸出の目的にかかわらず特段の慎重な考慮が行われ、かかる輸出は拒否される可能性がきわめて大きい。カテゴリー１品目の生産設備の輸出は許可されない。

その他のカテゴリー１品目の輸出には、参加国政府間の厳格な取極めにより実施されている。

「(i)輸入国政府による保証を盛り込んだ拘束力のある政府間約束を取り交わし、かつ(ii)その品目が申請された最終用途にのみ使用されることを確保するために必要な全ての手段を尽くすことに対する責任を負う場合にのみ、例外的に許可される。」など品目ごとに適応される取決などを定め厳しく行っている。

(2)附属書上の全品目及び附属書の記載如何にかかわりなく全てのミサイルの輸出についても、品目ことの要素に照らして評価された、全ての利用可能で説得力のある情報に基づき、大量破壊兵器の運搬に使用される意図があると政府が判断する場合には、特段の慎重な考慮が行われ、かかる輸出は拒否される可能性がきわめて大きい。

2）非リスト規制品目

非リスト規制品目についても、キャッチオール規制の実施対象とし、大量破壊兵器の運搬システムに関連して使用されうる場合には、当局の輸出許可申請の対象となる。

・附属書に記載された品目の輸出申請に関する判断にあたって考慮される要素。
・大量破壊兵器拡散に関する懸念。
・輸入国のミサイル計画、宇宙計画の能力及び目的。
・当該輸出の有人飛行機以外の大量破壊兵器運搬システムの手段のありうるべき開発における重要性。

・輸出品目の最終用途についての評価。
・関連する多数国間合意の適用可能性。
・テロリストの集団及び個人がリスト規制品目を入手する危険。
・輸入国政府による保証。
・輸出が大量破壊兵器の運搬システムに寄与しうる場合、MTCR政府(A)は輸入国政府(B)より次の事項についての適切な保証を得た場合にのみ附属書中の品目の輸出を承認する。

①当該品目は申請された目的のためにのみ利用され、また政府(A)の事前の同意なしに、かかる利用が変更されたり、あるいは当該品目が改造又は模造されたりしないこと。

②当該品目、その模造物及び派生物は、参加国政府の同意なしに再輸出されないこと。

上記のミサイル関連機材の流通においては、その品目ごとに民需産業用度における評価を測り、適正であれば成立するという厳しい取極めの中で行なっている。さらに取引国間においてテロリストの集団及び個人がリスト規制品目を入手する危険を防止する制度構築および運営上の相互協力の取決めを強化し、厳格な体制の下、取引が行なわれている。

8 オーストラリア・グループ（AG）

オーストラリア・グループ（Australia Group: AG）は2005年4月、オーストラリアにて20周年の会合が開催され、昨今の化学・生物兵器関連の大量破壊兵器の拡散の恐れが台頭し、その国際的な管理体制の斬新な整備が要請されている。[63] AGは1984年、イラン・イラク戦争の際に、イラクにより化学兵器が用いられていたことが国連の調査団により明らかになり、イラクが化学兵器開発のために用いた原材料の多くは、民間の化学産業にも用いられるもの、いわゆる汎用品であり、通常の貿易を通じて手に入れられたものであるため、アウトリーチ活動の強化策を採択し、1985年、化学・生物兵器関連物資・技術の拡散を

防止するため、オーストラリアの呼びかけにより設立されたのである。参加国は2008年9月現在欧州委員会（EC）と40ヵ国である。[64]

1）目 的

AGは大量破壊兵器（WMD）の拡散が国際社会の平和と安定にとって引き続き深刻な懸念となっている中、非AG参加国、特に中継貿易国に化学・生物兵器関連物資等の輸出管理体制の強化を働きかけている。

規制強化策として、対植物の病原菌5品目の規制リストへ追加され、対象品目拡大に合意が得られるなど前進があった。しかし他方、2002年以降、対テロの観点から輸出管理対象品目の拡大が検討されてきたが、生物剤の散布に使用されうるスプレーヤーの新規規制、化学兵器前駆物質の規制対象拡大については各国の産業上の様々な問題を抱いており、合意に至るまでには相当の時間を要すると思われる。

2）輸出管理

(1)輸出管理の方法として、条約など法的拘束力を持つ国際約束に基づく体制ではない。参加国は生物・化学兵器の不拡散という共通の目的を達成するため、AGの下で行われる情報交換、政策協調を国内の輸出管理に反映させることで、自国の輸出管理をより有効なものとすることを目指している。

具体的には、参加国は、生物・化学兵器関連汎用品や技術に関し、AGの場で規制すべきか否か協議し、合意した品目を規制品目リストとして共有し、このリストを国内法令、例えば外国為替及び外国貿易法、輸出貿易管理令、外国為替令などに反映させ、輸出管理を実施している。対象地域としては、特定の対象国や地域に的を絞ることなく、世界中の国と地域を対象としている。[65]

(2)対象とされる規制品目は
・化学兵器原材料（化学物質）54品目。
・化学兵器製造設備（反応器、貯蔵容器等）10品目及び関連技術。
・生物兵器関連生物剤（人、動物、植物に対するウィルス・毒素等）72種に及

ぶ。
・生物兵器関連製造設備7品目である。

AG参加国政府は規制品目の輸出審査にあたって、これらの輸出が生物・化学兵器の開発などに用いられることがないよう、慎重に輸出管理を行う努力義務を負っている。

生物・化学兵器は大量破壊兵器であり、核兵器と比べて安価で開発、製造が可能であることから「貧者の核兵器」ともよばれており、その拡散は現在も国際社会の直面する深刻な課題である。生物・化学兵器の不拡散の分野では、化学兵器禁止条約（CWC）[66]及び生物兵器禁止条約（BWC）[67]が発効しているが、まだ未加入や条約違反国が存在し、その対応策が構築されない限り、その恐怖は核兵器より身近に感じられる。この種の大量破壊兵器は安価で開発でき、その製造にも高等な技術が必要としないとすると、テロを含む紛争、内戦また部族間の争いの地域において使用される可能性は否定できないからである。[68]

これまで生物・化学兵器の不拡散についての努力は、国家による開発・製造・保有などを防ぐことに主眼がおかれた。しかし現在はテロ組織などの国家以外の主体が生物・化学兵器を開発し、取得し、これを実際に使用する危険性が現実に高まっている。そのことを想定するとAG参加国の役割は、国際平和に貢献するのみではなく、化学物質の健全な使用による人類生活水準の向上にも繋がる斬新的な活動であるといえる。

9　ワッセナー・アレンジメント（WA）

ワッセナー・アレンジメント（Wassenaar Arrangement: WA）は、通常兵器及び関連汎用品・技術の責任ある輸出管理を実施することにより、地域の安定を損なう虞のある通常兵器の過度の移転と蓄積を防止することを目的として、1996年月に成立した新しい国際的輸出管理体制である。[69]

WAは冷戦の終結にともない、旧共産圏を規制対象地域とした輸出管理体制である（Coordinating Committee for Multilateral Strategic Export Controls:

COCOM）ココムの廃止要請が高まる一方、地域紛争の頻発という新たな懸念の台頭により、これを防止する観点から通常兵器及び関連汎用品に関する新しい輸出管理体制が喫緊の課題となって設立した経緯をもつ。2005年9月現在加盟国は39ヵ国である。[70]

(1) WAの国際的な輸出管理は、武器及び汎用品に関し合意されたリストについて、各国の法制に基づき、輸出管理を実施することにしている。

(2)各国は、武器及び関連汎用品の移転に関する透明性を高めるために以下の情報を通報する。

①武器：国連武器登録制度（UNR）[71]の7つのカテゴリーを対象として、型式の詳細を含め、年2回通報する。

②汎用品
・基本リスト：非参加国に対する拒否案件について年2回通報する。
・機微な品目リスト：非参加国に対する拒否案件ついて60日以内に個別通報する。
　　　　　　　　　　非参加国に対する許可又は移転について年2回通報する。

上記に加え、他国が拒否した案件と本質的に同一の輸出を許可した場合には遅滞なく通報を60日以内に行う。

(3)各国は、上記(2)に基づく通報を踏まえて、情報交換を行い、移転に伴うリスク等について共通の認識を醸成するために議論を行う。

(4) WAの下での輸出管理は、ココムのように規制対象国を予め特定するものではなく、全地域向けに規制を維持しつつ、参加国間で緊密な情報交換を行い、懸念の大きい地域への移転につき協調して規制を行う仕組みである。例えばアメリカを含む核先進諸国間では当面、イラン、北朝鮮のいわゆる懸念2ヵ国に対しては、厳格な規制を行うことが共通の認識となっている。

また、極一部のきわめて機微な品目に関しては、広く非参加国向けにきわめて厳格な規制を実施する。他方、機微の程度が比較的低い汎用品については、可能な範囲で許可手続きを簡素化する等、輸出者に過度の負担を与えることな

く、合理的な管理を実施する。その際、特に他国が拒否した案件と本質的に同一の輸出の許可に当たっては、慎重な審査を行うなど新たな核兵器国を事前に防止するため、非参加国を含め全地域に武器移転を厳格に行っている。新たな紛争地域が発生すると、その地域の安定を損なう虞がある一般兵器を含むその関連技術をも流通を禁止し、紛争地域の安定を図っている。

　しかしながら、地域の不安定化に直結する武器については、移転通報の対象が戦車や戦闘機、軍用艦艇など国連軍備登録制度の対象である7種類にほぼ限定されている上、通報制度についても実際に行われた移転の報告のみで、移転を拒否したことについては報告する義務はないなど、透明性のレベルが十分ではないとの問題点が指摘されている。

10　まとめ

　国際社会の平和と安定の共有を希求している我々人類は、核拡散またテロそして関連周辺組織の実体の解明とその体制の根絶に知恵を集中し、最善策を構築して対応してきたと思われる。しかし昨今イラク戦争、イランおよび北朝鮮の核の開発問題を軸に国内・外の安全保障に関する情勢はいまだない険悪な道を彷徨っている。国際社会における平和と安定の享有が人類の必然性な権利であると信じるとすれば、我々人類は最先端の技術と高度な知恵を集結し、その権利の獲得に有効な制度の創設に没頭すべき必要性が高まっている。特に国連をはじめ IAEA, NPT など核の国際管理 Regime には国際社会の平和と安定の定着に効果的な対応策の展開が強く求められている。

　2で示した、カーン（Khan）博士は1976年以降20年間以上にわたり、イスラマバード郊外のカフタ（Kahuta）にカーン（Khan）博士研究所；KRL を拠点に核開発関連機材、技術を開発し、その機材を不法に密輸する国際的なネット・ワークを構築し、北朝鮮、イラン、リビアなどに遠心分離器や核兵器製造技術を密売し、名誉と地位と権力を手に入れた。カーン（Khan）博士の闇ネット・ワークはアジア、アフリカ、中東、欧州など世界各地に張り巡らされ、30

ヵ国以上の政府や企業・個人と関与した疑惑が抱かれている。

　カーン（Khan）博士個人の研究所がこのような輸出入禁制品である核物質器材の不法取引を自国内・外を問わずに展開し得たのは一人の力量を超えた国家権力の強力な支援と絶大な協力が存在したからであると推測できる。パキスタンの安保上の理由から彼の核開発の力量が膨張したことは事実である。しかしそのことも然りながら、彼の個人的な事情からの影響も大きく受けていると思える。つまりカーン（Khan）博士個人の宗教、生活を含め地域社会における環境からも強い影響を受け、闇取引のリーダーになったと思われる。彼のアメリカをはじめ西側諸国に対する敵対意識、また自国での生活上の貧困、さらにヨーロッパ留学時の差別などからそれらに挑戦する大きな陰謀が芽生えたと思える。名誉、地位また権力志向も彼の個人的な背景と因果関係があり得ると思われる。

　国際場裡において核の闇取引とテロリズムとの闘いにおける多国間の協力を確立するのも重要である。しかし発展途上地域における貧困、経済社会格差及び不公正の削減、集団及び個人の生活水準向上の持続がない限り、第2、第3のカーン（Khan）博士が出現しないという保証はないと思われる。当該地域の人々の真の安全の促進を目的とした開発プロジェクトこそ喫緊の課題であるといえる。

　地域の平和、安全、安定及び繁栄に対する脅威に対処する一番の処方箋は、如何なる宗教、人種、国籍と関連付けない公正な人間安全社会を目指す協力体制の展開にある。

　4で指摘したとおり、原子力の利用には必然的に商業利用も軍事使用も可能なプロセスがある段階まで同じく生成される。原子力は元から人為的生産されておりその利用にも当然人為的管理を必然的に必要とする。従って平和、安全、安定および繁栄に立脚した、また国際法理に沿った人為的管理の適用が実施されれば人的損傷は最小限に留めることが可能である。

　しかし核兵器の保持を願望する国および集団はすべての手段を総動員して核関連資材を求めつづけている。国際法上許容されている原子力の平和利用を盾

に使い、軍事使用への転換を模索している。それ故、原子力発電所を稼働している国は、核兵器を開発する潜在的な技術と能力をも保持していると見なされている。この事実を考えると、原子力発電を促進しながら核兵器の拡散を防止する現存の核国際管理制度は誕生時から「Double Stands」を想定した先天性的な障害を背負っている。つまり原子力平和利用が進展している限り、核兵器が消え去ることなどは夢の中の夢なのである[72]、と指摘する声もある。

　原子力の利用が核兵器の生産に直接繋がる可能性を否定できないとすれば、原子力の利用価値はない。しかし軍事使用への転換における完全な防止策さえ確立すれば、原子力は文字どおり「平和」利用に相当の貢献が期待できる。従って国連をはじめ国際機関、地域機関、国家が協力して核拡散防止制度を構築し、その確立に人的、財的に膨大な投資をしてきている。しかしその効果は貧弱であるだけではなく、逆にイラクなどのような悲惨な犠牲が伴う戦場をもたらしている。

　5には核の国際管理Regime、主な制度を具体的に網羅し、その目的と機能的役割について記述した。

　核拡散防止と原子力の平和利用の促進を確立するため、核物質、資材およびまた器材、そしてその関連情報さらに技術などの管理と流通の統制を厳格に実施している。この目的を達成するため、国際社会が核誕生以来約60年間必至に取り組んできたといえる。しかしその効果の期待は細くなりつつある。昨今の核拡散に関連する問題が絶え間なく増していくのは核の国際管理Regimeの貧弱さを指摘している。

　2005年8月10日共同通信によると、ブッシュ（Bush）米大統領は、「北朝鮮は核兵器開発につながるウラン濃縮計画について「真実」を語らず、韓国からエネルギー提供も提示されているので、イランに認めた「核の平和利用」を北朝鮮には容認できない」との見解を示している。アメリカは国際法上、つまりNPT条約上の締約国に付与されるべく権利を剥奪するため、アメリカ独自の法理の原則を打ち出し、その適用に非難が集中している。

　米政権が2005年8月初め、条件付きでイランの原子力平和利用を容認する政

策に転換したため、これを認めていない北朝鮮への対応との間で「二重基準」が生じたとの指摘が出ている。ブッシュ（Bush）米大統領の発言は、9月に開催予定の休会後の6ヵ国協議で、北朝鮮がイランとの対応の違いを突き、「原子力平和利用の権利」を再度要求してくることに予防線を張る狙いがあるとみられている。[73]

権利の行使における制限も相当の不法行為の存在が立証されなければないのが文明諸国の法理として認知されている。権利自体を否定することは国際法理に反する法則であるといえる。

アメリカは北朝鮮の核開発において核の闇ネット・ワークとの取引性について相当の不満を抱き、さらにテロリストとの関連性について疑惑をもち、悪の軸と表現するなど、北朝鮮の原子力関連政策を巡り批判を強め、強硬策を展開している。

イランの核開発に関連する事態は中東地域をはじめ国際社会の政治、軍事面において重大な局面を迎えており、第2のイラク化の恐れも否定できない状況になりつつある。2005年8月8日、イランのサイディ（Mohammad Saidi）原子力次官の「ウラン転換着手」の宣言は、国際社会に新たな核の脅威を煽る結果となった。

IAEAは、8日イランのウラン転換施設の稼働を確認し、9日夜35ヵ国による緊急理事会においてイラン核問題をめぐり、英国、ドイツ、フランス3ヵ国の提示した「イラン非難決議案」の取りまとめに向け各理事国が非公式協議を続け、その外交的解決に力を入れている。

非難決議案はイランの「ウラン転換作業再開」に「深刻な懸念」を表明し、転換作業の中止とウラン濃縮関連活動の全面停止継続を求める内容である。この3ヵ国の決議案が理事会において公式に採択される可能性は9月中かなり低いと思われる。

3ヵ国の決議案をめぐってはEU諸国、米国、日本などが9日までに大筋で合意しており、焦点はイランに同情的な非同盟諸国の動向に移っている。

しかしイランのマフムド・アフマディネジャド（Mahmoud Ahmadinejad）新

第❾章　問われる原子力の国際管理 Regime　239

大統領が核問題をめぐる協議について「新たなイニシアチブと提案がある」と述べたことについて、ブッシュ（Bush）大統領は「建設的な展開だ」と評価している。また、合意にたどり着けない場合、どのような対応を取るべきかについては、英・独・仏と歩調を合わせていくと強調している、などの状況を考えると安全保障理事会の議案にはなお時間を要すると思われる。

　さらにイラン側は米国の姿勢として、「1）英・独・仏3ヵ国と同じ立場であること、2）イランがウラン濃縮活動の完全停止をうたった昨秋のパリ合意を順守すべきであると強く感じていること、3）要求が受け入れられない場合、3ヵ国と協力してしかるべき措置を講じること―を理解することが重要である」と強調し、アメリカは圧力を強めている。[74]

　核拡散および核の闇取引、またテロリストに関連する問題はどれもアメリカとの敵対意識が強い地域と国そしてグループである。また1つの特徴は核の国際管理 Regime の各制度にはアメリカの主導と統制が引かれていることである。世界の核の番人 IAEA の国際機関さえもアメリカの先導がないと核開発の疑惑を問う緊急課題には効果的な措置も設定し兼ねないと思われる。

　アメリカの「一極主義」の強攻策に核 Regime が利用活用されていることはだれも否定出来ないと思われる。自国の利益と自国の覇権の確立を最優先に取り組み、そのため国際法上保護されている国家主権および領域主義に反する行為が現在にも進行している。このような状況の中、アメリカ先導型の核の国際管理 Regime が所定の目的を達成することは困難といえる。また達成すると想定した場合にあまりにも払う犠牲が大きい。アメリカを含め国際社会の犠牲を減らす、また廃止すべき時期に来ていることをわれわれは認識すべきである。

　原子力の平和利用には NPT の保障措置の加入が必要条件である。しかしアメリカは核不拡散制度が骨抜きになる可能性が濃厚な強硬策を展開している。アメリカは2005年7月に NPT への加入を拒否しつつ核兵器を開発したインドの態度を事実上不問にし、原発核エネルギーの技術援助協定を締結した。核不拡散体制の全面的な転換に繋がる懸念すべき政策であり、この協定の実現に歯止めを掛ける必要がある。今回のアメリカとインドの協定の裏には中国を牽制

する意図があるとは言え、自国の戦略を優先し国際的に定着している核の国際管理 Regime の骨抜きの加速化を図っている。[75]

2001年9月11日同時多発テロ攻撃以来4年間、アメリカは「テロとの闘い」を国際社会のスローガンに仕立て国際法理に矛盾する強硬策を展開して来た。アフガニスタン侵攻ではビンラディン容疑者をはじめタリバーンの指導者オマール師を容疑者とし、国際法上の侵略禁止原則を踏みにじると同時に新たな個人対国家の戦争体系を形成したのである。

イラク侵攻の理由としてあげた「大量破壊兵器」が見つからず、さらにブッシュ（Bush）自身も9・11攻撃にはアルカイダの攻撃とサダム・フセインは全く関連がなかったと認めた。[76] アラブ社会のモデルになるような民主主義も育つどころかかえって後退し、老弱幼の一般市民また外国人までがテロの標的とされ生命の危険にさらされている。大量破壊兵器の幻惑で始まったアメリカの対イラクの戦争がまた何処かで再現される可能性は高まる一方である。日本を含め国際社会はアメリカに同調する姿勢からアメリカの「一極集中主義」を正す姿勢に転換する時期であることを悟らねばならない。

核の闇取引の暗躍を根絶するためには、まず核の国際管理 Regime 体制からアメリカのイニシアティブを排除し、そして国際法理に則した公正な第3者的な新たな国際管理機関、の構築とその実施体制の確立が肝要である。

現存の原子力の平和利用を含む核拡散防止全体の安全措置の活動における核の国際管理 Regime を一括管理および諮問を任務とする「核の国際管理 Regime」の創設が必要である。核拡散防止のような国・内外を含め多国間また国際機関間の協力を要する問題は「Dual Control System」の運用のほうがその目的と任務を達成する近道である。

1) 横山裕史「核の闇取引とカーン・ネット」『企画シリーズ特集・The Sekai Nippo』2005年3月22日 http://www.worldtimes.co.jp/special2/kaku/050322.html
2) 桃井健司・網屋慎哉訳「裏の核取引における核物質の密輸について」『核の闇取引』（連合出版、2004年）pp. 201-212. The Nuclear Black Market in the Former Soviet Un-

ion and Europe by Rensselaer W, Lee III, December 1999.
3) See the title on "What has the Libya probe found ?" on the Web site of the Non proliferation : The Pakistan Network, Council on Foreign Relations, available at : http://www.cfr.org/publication/7751/nonproliferation.html
4) See the title on "How was Khan's network discovered ?" op. cit.
5) See the title on "What is known about Malaysian company ?" op. cit.
6) See the title on "How the illicit goods transported ?" op. cit.
7) 「2005年核兵器不拡散条約（NPT）運用検討会議の概要と評価、軍縮・不拡散」外務省 http://www.mofa.go.jp/mofaj/gaiko/kaku/npt/kaigi05_gh.html
8) 「国際テロリズムとの闘いにおける協力に関する日ASEAN共同宣言」に関するプログレス・レポート、日本の国際テロ対策協力、外務省 http://www.mofa.go.jp/mofaj/area/asean/terro_0411.html
9) A bomb for the Ummah By David Albright and Holly Higgins, March / April 2003 pp. 49-55（vol. 59, no. 02） 2003 Bulletin of the Atomic Scientists
10) The father of Pakistan's nuclear program speaks out by Simon Henderson September 1993 pp. 27-32（vol. 49, no. 07）, 1993, op. cit.
11) ibid., See the title on "Shipment stopped", Story from BBC NEWS, 2004/02/12. http://news.bbc.co.uk/go/pr/fr/-/1/hi/world/americas/3481499.stm
12) The father of Pakistan's nuclear program speaks out by Simon Henderson September 1993 pp. 27-32（vol. 49, no. 07）1993
13) See the title on "Who else could be buying nuclear technology on the black market ?" on the Web site of the Non proliferation : The Pakistan Network, Council on Foreign Relations, available at : http://www.cfr.org/publication/7751/nonproliferation.html
14) See the title on "On the trail of the black market bombs", Story from BBC NEWS, 2004/02/12. http://news.bbc.co.uk/go/pr/fr/-/1/hi/world/americas/3481499.stm
15) See the title on "Trail to Libya" op. cit.
16) See the title on "Story : Al Qaeda Documents Outline Serious Weapons Program" CNN. com. http://archives.cnn.com/2002/US/01/24/inv.al.qaeda.documents/See the title on "Worst Weapon and Worst Hands : US Inaction on the Nuclear Threat Since 9/11, and a Path of Action" The National Security Advisory Group by William J. Perry, Chair. http://belfercenter.ksg.harvard.edu/publication/2117/worst_weapons_in_worst_hands.html
17) See the title on "Experts Meet At John Jay College To Discuss Worst-Case Terror Scenarios" http://www.nolandgrab.org/archives/security/
18) 「パキスタン、核の闇取引を再構築」国際ニュース、朝日新聞2005年03月16日朝刊。

19) 「北朝鮮へウラン濃縮機器」朝日新聞2005年8月25日朝刊。See the title on "Musharraf details NK nuke efforts". CNN. com. Tuesday, September 13, 2005; http://www.cnn.com/2005/WORLD/asiapcf/09/13/korea.pakistan.nukes.ap/index.html
20) 国際ニュース、朝日新聞2005年8月17日朝刊。
21) See the title on "China: Ready to pressure N. Korea", The Associated Press Wednesday, September 14, 2005 http://www.tucsoncitizen.com/index.php?page=national&story_id=091405b1_koreas_nuclear&toolbar=print_story
22) See the title on "U. S. Won't Compromise With N. Korea on Civilian Nuclear Use", Bloomberg com., *September 14*, 2005 http://www.bloomberg.com/apps/news?pid=10000080&sid=aeMoKNiiKJXU&refer=asia#
23) See the title on "Nuclear Verification" on Statements of the Director General, IAEA. org. 14 June 2005 | Vienna, Austria http://www.iaea.org/NewsCenter/Statements/2005/ebsp2005n007.html
24) 「北朝鮮へウラン濃縮機器」朝日新聞2005年8月25日朝刊。
25) 朝日新聞2005年9月7日夕刊。
26) 「South Korea's nuclear surprise」by Jungmin Kang, Peter Hayes, Li Bin, Tatsujiro Suzuki and Richard Tanter, January/February 2005 pp. 40-49（vol. 61, no. 01） 2005 Bulletin of the Atomic Scientists.
27) 「A Footnote to the History of Our Country's "Nuclear Energy" Policies」by Dr. Ta-you Wu. http://www.isis-online.org/publications/taiwan/ta-youwu.html
28) 「Application of IAEA Safeguards in the Middle East」*Report by the Director General*. GOV/2003/54-GC (47)/12, Date: 15 August 2003.
29) Finding Nuclear Sanity: West Could Guide Iran's Nuclear Energy Research by: Charles D. Ferguson II and Jack Boureston, Council on Foreign relations. August 29, 2005. Defense News.
30) Ibid.
31) See the title on "India's nuclear forces, 2006" Excerpt from Shannon N. Kile, Vitaly Fedchenko and Hans M. Kristensen, 'World nuclear forces', SIPRI Yearbook 2006: Armaments, Disarmament and International Security, (Oxford University Press: Oxford, 2006). http://www.sipri.org/contents/expcon/India.pdf
32) Ibid.
33) "Loose Nuclear Weapons and Materials, Russia" Charter 6, 「Deadly Arsenals, Nuclear, Biological, and Chemical Threats, Second Edition」by Joseph Cirincione, Jon B. Wolfsthal and Miriam Rajkumar, Carnegie Endowment for International Peace, 2005 pp. 130-134.
34) "Plutonium Disposition" idem. pp. 135-136.

35) "The Initiatives for Proliferation Prevention and Nuclear Cities Initiative" idem. pp. 138-139.
36) See the title on "A review of Nuclear Black Markets: Pakistan, A. Q. Khan, and the Rise of Proliferation Networks" by By Zia Mian | 18 November 2007 http://www.thebulletin.org/web-edition/features/a-review-of-nuclear-black-markets-pakistan-a-q-khan-and-the-rise-of-proliferati.
37) Ibid.
38) Ibid.
39) Ibid
40) See the title on "Nuclear Weapons" Weapons of Mass Destruction (WMD), Global Security org. http://www.globalsecurity.org/wmd/world/iran/nuke.htm
41) Ibid.
42) See the title on Stephanie Ho, "IAEA: North Korea May Have 6 Nuclear Bombs" VOA News com. 06 December 2004. http://www.voanews.com/english/2004-12-06-voa49.cfm.
43) See the title on "U. S.: N. Korea steps up disabling of nuclear reactor" http://www.usatoday.com/news/washington/2008-10-17-north-korea_N.htm
44) Report on North Korean Nuclear Program by Siegfried S. Hecker, November 15, 2006. Center for International Security and Cooperation Stanford University Nov. 15, 2006. 浅田正彦編「大量破壊兵器開発・拡散の状況」『兵器の拡散防止と輸出管理』(有信堂、2004年) pp. 249-251.
45) 小都元「核分裂物質の臨界量 Critical Mass」『核兵器辞典』(新紀元社、2005年) pp. 16-18.
46) 山田克哉「核兵器「核」って一体何だ？」『核兵器の仕組み』(講談社現代新書、2004年) pp. 20-46.
47) 前掲 「なぜ「核」が爆弾になり得るのか？ ウラン爆弾と放射能」pp. 46-106。「原子核の分裂によって原子力エネルギーが生まれます。」原子力基礎知識、JAERI (日本原子力研究所) http://www.jaea.go.jp/jaeri/jpn/study/02/02.html
48) 前掲注7）参照。
49) 「2000年 NPT 運用検討会議最終文書の概要」
50) 「核兵器廃絶のための緊急行動2020ビジョン」2004年8月平和市長会議1趣旨　2005年 NPT の再検討会議において交渉開始の合意が実現しない場合には、「2020ビジョン」を実現するための代替策として提案した。
　　http://www.peacedepot.org/theme/city/2020visionNew.pdf-186k-
51) 原水禁「NPT 再検討会議の決裂に強く抗議」2005年5月27日、連合・原水禁・核禁会議の声明文である。http://www.gensuikin.org/mt/000008.html

52）「IAEA 保障措置協定」外務省　http://www.mofa.go.jp/mofaj/gaiko/atom/iaea/kyoutei.html
53）前掲　「IAEA 保障措置協定」
54）「保障措置」『原子力百科事典』　http://www.atomin.go.jp/atomica/
55）前掲　「NPT 保障措置協定」
56）第59回国連総会「核兵器の全面的廃絶への道程」決議案（仮訳）外務省　http://www.mofa.go.jp/Mofaj/Gaiko/un_cd/gun_un/un57_kaku.html
57）前掲　「核兵器の全面的廃絶への道程」
58）「NPT 東京セミナー（概要と評価）」前掲　外務省ホームページ
59）「原子力供給グループ（NSG）の概要」前掲　外務省ホームページ「大量破壊兵器開発・拡散の状況」浅田正彦編『兵器の拡散防止と輸出管理』（有信堂、2004年）pp. 21-45.
60）前掲　「大量破壊兵器開発・拡散の状況」
61）前掲　「大量破壊兵器開発・拡散の状況」
62）「ミサイル関連の輸出管理レジーム」前掲　『兵器の拡散防止と輸出管理』pp. 77-100.
63）「生物・化学兵器関連の輸出管理レジーム」前掲　『兵器の拡散防止と輸出管理』pp. 49-57.
64）前掲　「生物・化学兵器関連の輸出管理レジーム」
65）前掲　「生物・化学兵器関連の輸出管理レジーム」
66）「化学兵器禁止条約」前掲　『兵器の拡散防止と輸出管理』pp. 58-67.
67）「生物・化学兵器とその規制の歴史」前掲　『兵器の拡散防止と輸出管理』pp. 47-58.
68）「輸出管理の限界」前掲　『兵器の拡散防止と輸出管理』pp. 68-69.
69）「ワッセナー・アレンジメント（WA）成立の背景」前掲　『兵器の拡散防止と輸出管理』pp. 112-128.
70）前掲　「ワッセナー・アレンジメント（WA）成立の背景」
71）前掲　「ワッセナー・アレンジメント（WA）成立の背景」
See the title on "Disarmament" UN org. http://www.un.org/disarmament/
72）「人間原理という考え方」山田克哉『核兵器の仕組み』（講談社現代新書、2004年）pp. 46-47.
73）See the title on "US Downplays Differences with Seoul Over North Korea's Nuclear Program"「Weapon of Mass Destruction（WMD）」Global Security org. 8/23/05　http://www.globalsecurity.org/wmd/library/news/dprk/2005/dprk-050823-35bd6e13.htm
74）Yahoo 海外ニュース──ロイター　2005年8月10日。
75）朝日新聞2005年9月10日朝刊。
76）前掲　「私の視点」

第10章

原子力管理の危機（Crisis）──リスク（Risk）と危険（Danger）の脅威──

1　はじめに

　昨今、原子力の復活、また原子力ルネッサンス（Renaissance）時代の到来であると多くの議論が展開されている。原子力の利用および使用における必然的なアドバンテージ（advantage）とディスアドバンテージ（disadvantage）について活発な賛否世論が政治、経済および産業界で横行している。特にディスアドバンテージ（disadvantage）の核兵器、つまりウイニングウエポン（Wining Weapon）の保有国の増加により核拡散防止策における新たな国際的な制度の構築は必然的な帰結として認識され、国連をはじめ国際社会全体の課題として提示されている。このような人類の課題を内包している原子力の産業活動におけるルネッサンス（Renaissance）議論は潜在的アドバンテージ（advantage）とディスアドバンテージ（disadvantage）性質の双方について深思熟慮のうえ効果的な対応策を展開して行くことが肝要である。

　原子力ルネッサンス（Renaissance）時代の到来を迎え、ディスアドバンテージ（disadvantage）の克服が最大の課題であることは誰も否定できない。アメリカの第44代バラック・オバマ（Barack Obama）大統領さえも、核拡散防止制度の再構築を至急解決すべき外交政策の課題として鮮明に公約している。

　原子力の商業利用に付随する潜在的なハザード（hazard）の恐怖、つまりデッド・ゾーン（Dead Zone）の増加による脅威から市民および社会全体を如何に保護すべきか。その脅威からの危機（crisis）に対し、精神的安定と不安の除去はもちろんその信頼回復には従来の対応策ではなく革新的な国・内外の有効的な新たな制度が必要になると思われる。

246　第3部　原子力国際管理の限界

　本章では原子力商業利用における産業活動が増大するほどディスアドバンテージ（disadvantage）も拡張され、その実態が危機（crisis）の土台を構築しつつあること、それが原子力の国際管理レジム（regime）の危機（crisis）に拍車を駆けていることについて論じたい。アメリカの2001年9月11日同時多発テロ事件以降、生じた新たなディスアドバンテージ（disadvantage）である原発における危機（crisis）、つまりそのリスク（Risk）とデンジャー（Danger）の脅威について記述したい。リスク（Risk）については本書の第7章の参照をすすめることにし、本章では特にデンジャー（Danger）の面について重点を置きことにしたい。

2　危機（Crisis）の性質

1）危機（crisis）

　「crisis」という言葉の語源は、ギリシャ語のカイロス（καιρος）という言葉に由来し、神との出会いや運命の時を意味するものだと言われている。危機という日本語も、「危」はあぶない、不安定、険しいなどといった意味であり、「機」は時機、機会などの用い方をし、転換期としての意味がある。人の病気の重篤な状態を危機と表現する人もいるが、危機には経過の岐路、分かれ目といった意味が含まれており、全てが悪い状態ではなく良い方向に向かう出発点にもなるということを示している。

　a．定　義

　「危機（crisis）状態は、人生の重要な目標に向かうとき、障害に直面し、一時的、習慣的な問題解決を用いてもそれを克服できないときに発生する状態である。混乱の時期と動揺の時期が結果として起こり、その間、解決しようとする様々な試みがなされるがうまくゆかない。結果的にはある種の順応が、その人やその人の仲間にとってもっとも良い結果をもたらすかもしれないし、そうでないかもしれない形で達成される。」とジェラード・キャプラン（Gerald Caplan）とエリック・リンゲマン（Erich Lindemann）は定義している。また、

危機を別な観点でとらえ、「危機とは、不安の強度な状態で、喪失に対する脅威、あるいは喪失という困難に直面してそれに対処するには自分のレパートリーが不十分で、そのストレスを対処するのにすぐ使える方法を持っていないときに経験するものである。」とも述べている。

また、ボルトン・H・ブルーム（Burton H. Bloom）は「危機とは、ある特別な出来事に続いて必然的に起こる状況と定義できる。危機は危機を促進する出来事から始まるもので、それに続いて、危機か否かを識別するような反応を生じないこともある。」（1963年）と述べている。

b．形　態

危機には、その根源によって大きく2つに分類することができる。1つは偶発的危機（Accidental crisis）であり、もう1つは難問発生状況（Hazardous environment）における危機である。

前者は、社会的危機（Social crisis）や、火災、地震、暴動など予期し得ない出来事によって身体的、心理社会的に安定した状態を脅かすものである。後者は、危機的状態が発生すると、心理的にはまず最初に平衡状態を保っていた心の状態が揺さぶられることになる。この事態が発生すると通常におけるライフサイクルが乱れ、あるいは他の状況的、偶発的な出来事にも脅威、喪失、挑戦などといった形で心理的不安が生じるのである。[1]

2）リスク（Risk）

a．定　義

さまざまな定義があるが、一般的には、「ある行動に伴って、あるいは行動しないことによって、危険に遭う可能性や損をする可能性を意味する概念」と理解されている。ハザード（hazard）とともに「危険性」などと言われることもあるが、ハザード（hazard）は潜在的に危険の原因となりうるものすべてをいい、リスク（risk）は実際にそれが起こって現実の危険となる可能性を組み合わせた概念である。ゆえにハザード（hazard）があるとしてもそれがまず起こりえないような事象であればリスク（risk）は低く、一方確率は低いとして

も起こった場合の結果が甚大であれば、リスク（risk）は高いということになる。[2]

b．形　態

リスク（risk）の性質を具体的に分類すると危険（danger）とリスク（risk）と分類することができる。

①危険（Danger）：産業社会の「外部から突きつけられる危険性」であり、産業社会の近代化によってある程度解消可能である。

②リスク（Risk）：近代化された産業社会の矛盾として、"産業社会の内部から必然的に湧き上がる新たな危険性"である。

原子力産業活動は、上記の「crisis」の性質とそして「danger」と「risk」両方の概念を内包し、さらにその性質をもたらす度合いが非常に高いという最悪のシナリオ（scenario）が潜在する危険活動である。

全産業活動について、イギリス経済学者シ・ウィリアム・ペティ（Sir William Petty）およびコリン・グラント・クラーク（Colin Grant Clark）両博士はペティー＝クラーク（Petty＝Clark）法則[3]において、第一次産業、第二次産業そして第三次産業と分類している。経済社会・産業社会の発展につれて、第一次産業から第二次産業、第二次から第三次産業へと就業人口の比率および国民所得に占める比率の重点がシフトしていくという法則である、と示唆している。

原子力産業は第一次産業から第二次産業さらに第三次産業全般において幅広く産業活動を行っている。一つの産業が全産業との深い関係をもって商業活動を展開していく産業、つまり原子力産業活動は非常に稀であるといえる。原子力産業界はその特殊な体系を維持するため、国内・外の政治、経済をはじめ社会、文化さらに軍事戦略まで広範な範疇に強い関連性が常に要求される構造になっている。

すでに指摘したとおり、原子力産業はそのディスアドバンテージ（disadvantage）である原発における危機（crisis）は想像を絶する甚大な損害をもたらすというリスク（risk）と危険（danger）をも内包している。

第10章　原子力管理の危機（Crisis）　249

3）危険（Danger）

　旅客機がハイジャックされ、ニューヨーク（New York）の世界貿易センターなどに突っ込んだ2001年9月11日、米同時多発テロ事件では、超高層ビルがわずかな時間で倒壊された。それ以来、最も危惧される1つの対象が原発である。襲撃され、破壊されればその被害および損失は計り知れないほど大きい。
　米国をはじめ全原子力保有国は警戒を強めると同時にその対応策に全力投球しなければならなくなった。IAEAもテロなどからの原発の攻撃を禁止する条約をはじめその安全制度に力を注ぐことになった。日本も警備強化などテロ対策に取り組み始め、原子力安全対策の強化を図った。
　「原発は、テロ事件で使われたようなボーイング767や757型旅客機の衝突に耐える設計にはなっていない。過去に想定したこともない」と米原子力規制委員会（NRC）は2001年9月21日に、見解を公表していた。
　IAEAの報道官も「原発に直撃すれば核物質を閉じこめきれない」と限界を示した。経済産業省原子力安全・保安院は事件を受けて、電力会社に警備の強化を指示した。なお、NRCのホームページ（http://www.nrc.gov/）にはテロリストの攻撃についてのQ&Aの欄が掲載され、原子力の危険（danger）のリスク（risk）における警戒対策を敷くことにした。
　もしも原発が襲撃され、原子炉が完全に破壊された場合、どのような人命の犠牲と社会の損失をもたらすかのシナリオの作成は不可能である。原子炉の中には大量の放射性物質と少量のプルトニウムさえ存在し得る。1gで470万人の殺すプルトニウムはこの世で一番の毒物であることを考えればその損失は想像を絶する甚大さであると予測し得る。
　1986年4月26日に発生したチェルノブイリ（Chernobyl）原発事故。30万人もの労働者は、放射線防護も危険の周知も不十分な中、消火や復旧作業に従事したのである。その当時、被ばく労働者は、今後の白血病やガンの多発などが懸念され健康被害の救済策をウクライナ共和国議会に22年が経過した今年、2008年に求めている。
　そのチェルノブイリ（Chernobyl）原発事故の損失は、ウクライナ共和国に限っ

ても、500万人の住む14万5,000 km² が汚染された。深刻に汚染された地域の総面積は、ウクライナ、ベラルーシ、ロシア、3 共和国あわせて、日本の総面積に匹敵するともいわれる。放出された放射能は、広島・長崎の原爆の380倍とされるが、いまだ230万人がウクライナ共和国の汚染地に居住を余儀なくされている。

2005年前後には、IAEA, WHO（世界保健機関）などの健康被害の過小評価が批判された。被曝者の健康被害は、今後、ますます深刻化すると予測されている。ウクライナ共和国内に限っても40万人の子どもが被ばく者と被ばく労働者30万人も含め、今後、白血病やガンの多発などが懸念されている[3]。

原発が外部から攻撃され危険（danger）のリスク（risk）が発生した場合、長期わたる損害と、無差別殺傷力の恐ろしい毒性から人命と社会の損失を救済するため、「戦時の際」さえもその原子力産業の主軸である「原発の攻撃を禁止する」国際法規の制定が必要になったのである。つまり原子力産業社会の危険（danger）のリスク（risk）、「外部から攻撃による危険性」を除去するためである。また産業社会の近代化の技術を使用し、そのリスク（risk）を最小限に留めると同時にその迅速な救済を制度化する必要に応じるためである。

国際法の制定の目的も二面性を内包している。原則的には人命の保護を定めながらもう一方は原子力産業の促進をめざす目的が色濃く滲んでいる。その国際法規の内容から読み取れることができる。原発の攻撃された際、人命を保護する真の目的をめざすための規定であれば軍事戦略的またその作戦上における戦術的な面について総合的に対応したより効果的な規定が制定されたはずである。しかし下記のジュネーヴ諸条約の第1第2議定書にはただ攻撃禁止原則のみ定めている。

3　ジュネーヴ諸条約（Geneva Conventions）

1）ジュネーヴ諸条約

武力紛争が生じた場合に、傷者、病者、難船者及び捕虜、これらの者の救済にあたる衛生要員及び宗教要員並びに文民を保護することによって、武力紛争

による被害をできる限り軽減することを目的とした4条約の総称である。

第1議定書および第2議定書：本議定書は1977年の国際人道法会議で採択された。武力紛争の形態が多様化・複雑化したことを踏まえ、文民の保護、戦闘の手段及び方法の規制等の点で、ジュネーヴ諸条約を始めとする従来の武力紛争に適用される国際人道法を発展・拡充したものである。国際的な武力紛争に適用される第1追加議定書と非国際的な武力紛争に適用される第2追加議定書がある。ジュネーヴ諸条約を発展・補完する規定である。日本は、2004年8月31日に加入した。

ジュネーヴ諸条約の主な内容の以下の通りである[4]。

・第1条約；戦地にある軍隊の傷者及び病者の状態の改善に関する1949年8月12日のジュネーヴ条約（傷病者保護条約）(Geneva Convention for the Amelioration of the Condition of the Wounded and Sick in Armed Forces in the Field of August 12, 1949)：64条で構成され、陸戦における保護対象として軍隊構成員の傷病者、衛生要員、宗教要員、衛生施設、衛生用輸送手段等であり、また適用期間は条約の保護対象者が敵の権力内に陥ってから、送還が完全に完了するまである。

・第2条約；海上にある軍隊の傷者、病者及び難船者の状態の改善に関する1949年8月12日のジュネーヴ条約（難船者保護条約）(Geneva Convention for the Amelioration of the Condition of the Wounded, Sick and Shipwrecked Members of Armed Forces at Sea of August 12, 1949)：63条で構成され、海戦における保護対象として軍隊構成員の傷病者、難船者、衛生要員、宗教要員、病院船等であり、また本条約の適用期間は海上で戦闘が行われている間（上陸した後は第1条約が適用される）である。

・第3条約；捕虜の待遇に関する1949年8月12日のジュネーヴ条約（捕虜条約）(Geneva Convention relative to the Treatment of Prisoners of War of August 12, 1949)：143条で構成され、保護対象は捕虜である。そして適用期間は敵の権力内に陥ってから、最終的に解放され、送還されるまである。

・第4条約；戦時における文民の保護に関する1949年8月12日のジュネーヴ

条約（文民条約）（Geneva Convention relative to the Protection of Civilian Persons in Time of War of August 12, 1949）：159条で構成され、保護対象は紛争当事国又は占領国の権力下にある外国人等である。本条約の適用期間は紛争又は占領の開始時から、原則として軍事行動の全般的終了時までである。

2）第1議定書（Protocols Additional to the Geneva Conventions of 12 August 1949, and relating to the Protection of Victims of International Armed Conflicts（Protocol I））

1977年及び2005年の国際人道法会議で採択され、国際的な武力紛争に適用する議定書である。二次世界大戦以降、民族解放戦争・ゲリラ戦の増大など武力紛争の形態が多様化し、軍事技術が発達した等の現代的状況に対応するための規定である。

本議定書は第1節の適用事態（第1条）および適用期間（第3条）の総則、第2節の傷病者、難船者、医療組織、医療用輸送手段等の保護、第3節の戦闘の方法及び手段の規制と戦闘員及び捕虜の範囲、第4節の文民たる住民の保護、第5節の殺人・拷問・非人道的待遇等「重大な違反行為」の追加・拡大、第6節の国際事実調査委員会の設置など全102条で構成されている。

本章では第4節シビリアンポピュレーション（Civilian Population）に属している文民たる住民の保護条項について若干考察したい。

　a．文民たる住民の保護（Protection of the civilian population）の条項

文民の保護は第4条約、第一および第二追加議定書に定められている。

文民たる住民の保護条項は主に「文民の保護、保護の対象、特別保護地域、民間防衛」という4つのカテゴリーで説明することができる

まず文民の保護における文民の定義は「軍隊に所属しない者」全てになり、軍人（combatants）かどうか怪しい者も、とりあえず文民として扱われる。文民は戦闘対象から除外され、保護される権利を持っている。いかなる時も基本的人権が保障され、人間として尊重される。特に児童とその母親（妊婦及び7歳未満の幼児の母）、及び女性は特別尊重の対象とされ、あらゆる暴行、暴力か

ら保護されなければならない。もちろん男性といえども、あらゆる略奪、虐待、及び科学的実験の対象になる事などから保護される。

児童の保護として、15歳未満の児童を戦闘行為に参加させることを禁止する。また法への違反行為があった場合においても、18歳未満の未成年に死刑を執行することを禁じている。

締約国は戦争により孤児、または家族と離散した児童に対し、成人の居住区とは別に保護居住区を設け、そして給養、宗教、教育の実施にあらゆる便宜を提供する義務を負う。

また保護の対象は文民の生命の他に、その財産も保護される。攻撃する者は、文民の財産を攻撃対象から除外すると同時に軍属かどうか判断があやふやな場合はとりあえず文民の財産として見なし攻撃を中止しなければならない。

防護する側は、文民及びその財産の移動などを利用して、盾とする事を禁じられている。

文民の生活に必要な食糧庫、農業地域、飲料水施設などへの攻撃も禁じられている。但しこれらへの攻撃が自国内であり、且つ軍事上必要不可欠である場合は攻撃対象にする例外措置もある。

また、危険な力を内蔵している施設から文民を保護するため、ダム、堤防や原子力発電所は、特に保護され、攻撃対象から除外しなければならない。しかしこれら施設も、軍事作戦に定期的に、且つ大規模に直接使用されている場合で、更に攻撃する事が「唯一の作戦停止手段」である時に限り、攻撃する事が例外措置として認められている。

この他にも、歴史的記念物や文化遺産、精神的な文化財（教会や礼拝堂など）も攻撃対象としてはならないし、軍事支援に利用する事も禁じている。

そして長期的、広範囲に環境を破壊する攻撃方法や、住民の健康や生存を脅かす攻撃方法も禁止されている。当然、住居地域での核兵器、劣化ウラン弾、化学および生物兵器の使用も禁止されていると解釈できる。

そして文民を保護するため、紛争国内に特別保護地域を設ける事ができる。これらは目的などに応じて、次の4つに分類される。

①安全地帯：文民、特に社会的弱者や病人、傷者を保護するため、安全地帯を設ける。この特別保護地帯は戦闘地域から除外される。関連状況が許せば、既に保護対象となっている文化財産の中や近隣に設置する事もできる。

②中立地帯：関係当事国の協定で設置される地帯で、軍事的性質を持つ業務を行っていない一般文民、住民を、無差別に保護するための地域である。

③非防守地域（Non-defended localities）：この地域は、全ての兵器及び戦闘員を撤去（(a) all combatants, as well as mobile weapons and mobile military equipment must have been evacuated.）移動しておく事、固定の軍事施設を敵対行為に使用しない事（(b) no hostile use shall be made of fixed military installations or establishments.）、当局及び住民による敵対行為が行われない事（(c) no acts of hostility shall be committed by the authorities or by the population.）軍事作戦を支援する一切の行動をとらない事（(d) no activities in support of military operations shall be undertaken.）、4つの全ての条件が必要である。

4つの条件を満たした住民住居地域は、非防守地域宣言をする事ができる。この地域には、いかなる攻撃も行ってはならない。ただしこの地域は、敵による占領にも解放されているので、戦争そのものに巻き込まれないという訳ではない。

④非武装地域（Demilitarized zones）：関係国の協定により設置された地域で、ここでは、関係国の協定に反する行為はできない。その内容は協定次第なのであるが、一般的には非防守地域と同等の地帯になる。[5]

さらに人道的支援を行うため、民間防衛機関を設立する事ができる。この機関では、オレンジ色の地に、青の三角形を配した特別徽章を身に付けなければならない。

この機関は、戦闘行為によって発生した災害からの回復を援助し、文民の生存に必要な支援を行う任務を負っている。締約国はこの機関を保護する義務があり、また機関が使用する物資を破壊してはならない。

但し敵対行為を行った場合は、警告の上、保護対象から除外される。この敵対行為には、軍が民間防衛行動を支援したり、民間防衛機関が軍人の犠牲者を

保護したりする事は含まれない。また自衛のために個人用軽火器を携帯する事は、認められている。

　b．危険な威力を内蔵する工作物および施設の保護
　・第56条：危険な力を内蔵する工作物等（ダム、堤防、原子力発電所）の保護。
(Art 56. Protection of works and installations containing dangerous forces.)

　文民たる住民を保護するため、危険な威力を内蔵する工作物または施設、すなわちダム、堤防および「原子力発電所」は、これらの物が軍事目標である場合にも、その攻撃が危険な威力を放出させ、その結果文民たる住民の間に重大な損失をもたらす場合には、攻撃の対象としてはならない。そして文民たる住民および個々の文民は、すべての場合において、国際法が与えるすべての保護を享受する権利を有する。また締約国および紛争当事国は、危険な威力を内蔵する物に一層の保護を与えるために相互の間で新たな取極を締結するよう要請される。という条項である。

　危険を及ぼす力が内蔵している施設は現代の産業活動の中には数知れないほど存在している。特に科学の発達による最先端の産業はその危険度合いも最先端を記し、その毒性も最強のものとして台頭している。その代表的な産業が原子力商業利用の産業であることはいうまでもない。もしその最強毒性を内蔵している原子力発電所が襲撃された場合の文民、住民の生命および財産の損失は想像を絶する惨劇に達すると思われる。

　3）第2議定書（Protocols Additional to the Geneva Conventions of 12 August 1949, and relating to the Protection of Victims of Non-International Armed Conflicts（Protocol II））
　国際的な武力紛争でなく、締約国の領域において、当該締約国の軍隊と反体制派の軍隊その他の組織された武装集団との間に生ずるすべての武力紛争に適用する。
　本議定書にも文民たる住民の保護の条項、第15条に危険な力を内蔵する工作物、ダム、堤防、「原子力発電所」等の保護等の規定を定めている。内戦にお

いて、正規軍かまた非正規軍かそして武装集団かを問わず武力衝突の際、そして武力の行使の際、危険で不特定な力を内蔵している施設の攻撃を禁じている。

4）ある種の地帯及び地区の特別保護条項についての解釈

国際人道法、特に文民たる住民の保護に関する"ある種の地帯及び地区の特別保護"については、強行規範（jus cogens）」性を持つ法規であると解釈できる。

jus cogensの原則は「締結時に強行規範に抵触するいかなる条約も無効（条約法に関するウィーン条約、第53条）である。」（Art 53. A treaty is void if, at the time of its conclusion, it conflicts with a peremptory norm of general international law.）と謳っている。本規定は国際平和、安全、人権の尊重を確立するため、つまり国際社会の一般利益の確立をめざす強行条項である。例えばジェノサイド、侵略、人道に対する罪、海賊や奴隷制度および奴隷売買、拷問、虐待などに適用している。

強行規範（jus cogens）の該当罪について明文化・カタログ化されていないが原子力産業活動および危険潜在産業活動には強行規範（jus cogens）の適用対象に組み入れるべきであるといえる。

4　第１議定書、第56条　危険な力を内蔵する工作物及び施設の保護

1）攻撃範囲

a．軍事目標（military objectives）と攻撃対象（the object of attack）の禁止

危険な力を内蔵する工作物及び施設（these works or installations）、すなわち、ダム、堤防（a dam or a dyke）及び原子力発電所（a nuclear electrical generating station）は、これらの物が軍事目標である場合であっても、これらを攻撃することが文民たる住民の間に重大な損失をもたらすときは、攻撃の対象としてはならない（56条１項）。

第10章　原子力管理の危機（Crisis）　257

　ｂ．復仇の対象（the object of reprisals）禁止
　上記１）に規定する工作物、施設又は軍事目標を復仇の対象とすることは、禁止する（56条4項）。
　想定外の危険な力による損失および被害から一般住民を救済するにはこの方法が効果的である。一般の戦闘行為は勿論復仇戦闘の際にも非戦闘員である一般住民の保護を最優先した条項である。
　ｃ．上記１）に規定する攻撃からの特別の保護
　原子力発電所などこれらが軍事行動に対し常時の、重要かつ直接の支援を行うために電力を供給しており、これに対する攻撃がそのような支援を「終了させるための唯一の実行可能な方法（the only feasible way to terminate）」である場合にのみ消滅する（56条2項(a),(b),(c)）。

　２）当事国の義務
　ａ．紛争当事者の義務
　上記の１）に規定する工作物又は施設の近傍にいかなる軍事目標も設けることを避けるよう努める。最も、保護される工作物又は施設を攻撃から防御することのみを目的として構築される施設は、許容されるものとし、攻撃の対象としてはならない。
　ｂ．保護される物の識別の構築（a special sign）
　危険物質および施設から文民たる住民を保護するため、平時から危険標識を表示し、その襲撃を事前に防ぐ防御措置、特別標章を立てるようになっている。例えば一列に並べられた三個の明るいオレンジ色の円から成る特別の標章（a special sign consisting of a group of three bright orange circles placed on the same axis）によってこれらの保護される物を表示する。その表示がないことは、この条の規定に基づく紛争当事者の義務を免除するものではない（56条7項）。

◇職別の二つの標章

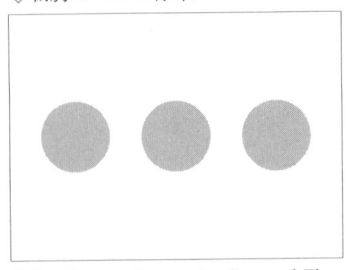

出典：Geneva Convention Protocol Flags
　　　http://flagspot.net/flags/int-gp.html#df

5　原子力発電所の危険（Danger）

1）核物質（Nuclear materials）

放射能を持つ物質の総称で、ウラン、プルトニウム、トリウムのような放射性元素や、他の放射線にさらされることにより放射能を持つようになった放射化物質をいう。原子力施設などで発生する放射性廃棄物などはこれに当たる。人為的に発生させた放射性物質があり、被曝の恐れがある場所は放射線管理区域に指定され、厳密に管理されている。

a．原子炉内に存在するプルトニウム

プルトニウム-239は核兵器製造にもっとも適した核物質である。プルトニウム-239は、ウランの主要な同位体であるウラン-238の中性子捕獲によって生じるウラン-239がベータ崩壊を繰り返して生じる。

原子炉内に存在するプルトニウム-239の重量は生成する核分裂生成物の重量から推定できる。問題の原子炉の熱出力を25,000KWとし、1年間連続運転したとする。235Uの1原子が核分裂した時に発生するエネルギーは2億電子ボルト（$3.2×10^{-11}$ジュール）、1年は$3.15×10^7$秒であるから、核分裂生成物の重量は、$(2.5×10^{-7}) ÷ (3.2×10^{-11}) × (3.15×10^7) ÷ (6.0×10^{23}) ×233$ ＝9,500g、約10キログラムとなる。

第10章　原子力管理の危機（Crisis）

　生成するプルトニウムの重量は核分裂生成物の重量の70%を超えないであろう。原子炉の年間の運転期間は通常80%以下であり、プルトニウム-239の重量は約5キログラムに下がる。

　原子炉内のプルトニウム-239は、中性子捕獲によってプルトニウム-240、プルトニウム-241へと変わってゆく。プルトニウム-239の比率は、核燃料を原子炉内に1年以上おくと、60%まで下がる。プルトニウム-240は、アルファ崩壊に比べると小さな比率ではあるが、自発核分裂によって崩壊し、その際に中性子が放出される。そのために、2つに分けたプルトニウムを合わせて核爆発を起こそうとすると、プルトニウムのごく一部しか核分裂しない。プルトニウム-240は核兵器の製造には邪魔になる同位体である。

　b．核兵器級プルトニウム

　プルトニウム—239の存在度が高いプルトニウムを「核兵器級プルトニウム」といい、発電用原子炉などで生じるプルトニウムを「原子炉級プルトニウム」という。核兵器級プルトニウムを製造するには、速中性子を用いる高速炉によるか、核燃料を原子炉に入れた数ヶ月後に取り出さねばならない。

　北朝鮮の問題の原子炉を用いて核兵器級プルトニウムの十分な量を製造できるとは考えにくい。原子炉級プルトニウムでも核兵器が製造できるといわれているが、その際には核兵器級プルトニウムを用いる場合よりも高度の技術が必要であり、高い爆発の効率も期待しにくい。また、兵器の小型化は困難になるであろう。[6]

2）他の兵器

　a．ダーティボムズ（Dirty Bombs）

　放射性廃棄物などの放射性物質を詰めた爆弾のことである。核爆弾のように核反応で爆発するのではなく、火薬などで爆発する。

　この爆弾は、爆発が起きると爆弾内部に格納されていた放射性物質が飛散し、爆発と放射性物質の放射線の汚染により周囲に被害を与える。このような兵器は、放射能兵器と呼ばれる。しばしば誤解される所ではあるが、核を利用した

兵器ではあっても核爆弾の範疇には含まれない。

　ダーティボム（Dirty Bombs）という名の由来としては、核汚染を引き起こすことを目的とし、核物質の種類によっては数年〜数百年という長い年月の間、放射線を発しつづける汚染を引き起こすことによる。放射線障害の定説として、被害が出るかどうかは確率論の問題であるため「安全閾値は存在しない」というものがあり、強力な放射線を浴びれば確実に障害を起こす一方で、どれだけ放射線が少なければ影響が出ないとは言えない問題を含んでいる。

　構造としては、核物質を爆発で吹き飛ばすだけであるため、単純に言えば爆弾を放射性物質で覆うだけである。これに運搬者の被曝を防ぐための遮蔽用容器を被せるなどの工夫は必要かもしれないが、逆に被曝を気にしなければ単に爆発物に剥き出しの核物質を括り付けるだけである。この他、爆弾を制御するための点火装置や時限装置などを取り付けることも考えられる。

　ダーティボム（Dirty Bombs）は放射性物質が必要な以外は、高度な技術計算やシミュレーションを必要とする爆縮レンズの設計などは全く必要ではなく、加えて臨界が発生するよう核分裂連鎖が起こりやすい核物質を精製する必要がないため、通常の爆弾と同等の、格段に低い技術力・設備で製造でき、専門筋では「一般のガレージで製作可能」とまで言われるほどである。また単に放射性物質でさえあれば、その種類・濃度は問われない。そのため、テロリストが使用するのではないかと懸念されている。最もシンプルに設計すれば起爆装置すら不要であり、袋や瓶に放射性物質を詰めて投下するだけでもその目的は充分に果たすことができる。

　被害状況は、放射性物質が周囲に飛散しても、以下のような条件によって「効果」が変化する。

　①利用される放射性物質の量的な問題、②放射性物質の発する放射線の量的な問題、③爆発物によってどの程度内容物が拡散するかの問題、④拡散した放射性物質の粒子の質の問題などである。

　エアロゾルとなって浮遊するような微粒子なのか、すぐに落下してしまう破片なのかによっても問題の程度が異なる。また天候や爆発させた場所により左

右される。天候や爆発させた場所によって、どの程度拡散した放射性物質の粒子が飛び散ったり、風などで流されるかで被害範囲が変化する。また使用された放射性物質の半減期の長さも重要である。

こういった問題は、被曝した被害者の受ける放射線の量にも影響し、被害はガンの発生率をわずかに高める程度に過ぎない、という意見もある。実際にどの程度の被害が出るかは、使用される放射性物質や各々の条件に拠るところが大きく、高レベル放射性廃棄物や使用済み核燃料・プルトニウムが大量に散布された場合は深刻な汚染となることも予測される一方で、爆発させた場所によっては狭い地域を汚染するに留まることも予測される。

その一方でこの爆弾が使用されれば、肉体的な実害が少なくても、混乱や騒擾などの社会不安を引き起こす可能性が高い。特に放射性物質に対する懸念の強い地域では、こういった被害は局地的なパニックを呼ぶ可能性もある。

効果範囲に関しては、飛散した放射性物質がどの程度の範囲に飛び散るか予測し難い部分も含み、加えて「どの程度なら安全か」というのも判じ難い部分もあって、ひとたび利用されれば風評被害等により爆心地周辺の地域に対する不信感を招きかねない。

具体的な例としては、2002年5月8日、アルカーイダのメンバーであるホセ・パディージャ（後にアブドラ・アル・ムジャヒルに改名）はダーティボム（Dirty Bombs）の製造および使用を企てていたとしてアメリカ合衆国政府により拘束されている。

この他にも使用済み放射性廃棄物の闇取引の噂は絶えず、実際に何度か摘発されたこともある。この具体例は本書第三部第1章の参照を勧めたい。

b．放射能兵器（Radiological weaponまたはradiological dispersion device, RDD）

爆発などにより放射性物質を散布することによって、直接的な殺傷や破壊よりも放射能汚染や社会的混乱などを引き起こすことを主な目的とした兵器。大量破壊兵器に分類される。俗に言うダーティボム（Dirty Bombs）がその代表例であり、放射能兵器全般を指してダーティボム（Dirty Bombs）と呼ぶ場合もある。

また、劣化ウラン弾が放射線による二次被害を持つ（放射線による被害だとは、いまだ立証されていない）と言われることから、これを放射能兵器と呼んでいる例があるが、これは政治的な見方であり、兵器の用途としては放射能兵器と分類されない。

効果に即時性が無く、汚染が長期間残留することから、国家間の戦争では役に立たないと考えられており、2008年現在までに放射能兵器を実戦配備した国は無いと考えられている。だが、核兵器よりも遙かに製造が容易であるため、テロリストにより使用される可能性が懸念される。

　ｃ．劣化ウラン弾（Depleted uranium ammunition）

弾体として劣化ウランを主原料とする合金を使用した弾丸全般を指す。

劣化ウランの比重は約19であり、鉄の2.5倍、鉛の1.7倍である。そのため合金化して砲弾に用いると、同速度でより大きな運動エネルギーを得られるため、主に対戦車用の砲弾・弾頭として使用される。

劣化ウラン弾はセルフ・シャーピング（Self-Sharpening）という措置を搭載しており、目標の装甲板に侵徹する過程で先端部分が先鋭化しながら侵攻する自己先鋭化現象（セルフ・シャーピング現象）を起こすので貫通率が高い。このため一般的な対戦車用砲弾であるタングステン合金弾よりも高い貫通能力を発揮し、劣化ウランの侵徹性能は密度の違いも含めてタングステン合金よりも10％程優れているといわれている。

焼夷効果は非常に高いといわれている。劣化ウラン弾やタングステン弾が命中すると砲弾の持つ運動エネルギーが熱エネルギーへと変換される。これは侵徹体金属の結晶構造が変形して高温を発するためである。摩擦で発生する熱はあまり関与していない。

劣化ウラン弾は穿孔過程で侵徹体の先端温度は1,200度を越えて溶解温度に達する。装甲板を貫通した後で侵徹体の溶解した一部が微細化して撒き散らされる。金属ウラン成分は高温下で容易に酸素と結びついて激しく燃焼するため、劣化ウラン弾は焼夷効果の発揮が極めて高い。このような性質のために劣化ウランは鍛造加工することが出来ないので不活性ガス中で低速掘削加工されてい

るウランは重金属毒性を保持しており、化学的な毒性を持つ重金属である。さらに放射性をも発散し得る金属でもある。

劣化ウランは、主体を占めるウラン238、ウラン濃縮過程で取りこぼされたウラン235、それらの子孫核種により、放射性を持つ。これら2つの点で人体に被害を与える恐れがあるために、実戦や演習・射撃訓練で劣化ウラン弾を使用し、自然環境に劣化ウランを放散させることの是非について、たびたび議論されている。

劣化ウラン弾の価格は、タングステン弾と同等の価格で軍事産業へ販売されており、核兵器と比較すれば極めて低い安価で非国家主体が購入しやすい面も危険である。

現在、公的に劣化ウラン弾の使用を認めているのがアメリカ政府とNATOであること、および劣化ウランが放射性物質であることの2点から、しばしば劣化ウラン弾の「被害」については、ボスニアやコソボやイラクその他の小児白血病患者を中心にした「子どもの画像」が、反米・反核をイデオロギーとして持つ団体によってプロパガンダ素材として使われているという現状もある[7]。

しかしこのような武器を交戦国家が国際人道法による本来の軍事目的に使用するのではなく、非国家体制であるテロ集団および過激派集団などが使用する可能性が益々高まっている現在の国際情勢よる危機（crisis）が緊急課題である。このような集団が製造および使用することは決して許されない。

ダーティボム（Dirty Bombs）は核反応の有無に関係なく爆発によって間接的に放射性物質を散布することによって、直接的な人命の殺傷や財産および自然破壊もさりながら放射能汚染や社会的混乱などを引き起こし、一般住民に物心両面に致命的な損害与えることを主な目的とした兵器であるからである。

さらにクラスター爆弾（cluster bombs）のような様々な種類の子弾が存在し、米軍では対人・対装甲車両用の子弾を202発収めたCBU-87/B、戦車などを目標とする対装甲用子弾を10発収めたCBU-97/B、対装甲用成型炸薬子弾を247発収めたCBU-59（ロックアイⅡ）などが使用されている。炭素繊維のワイヤーを放出して送電施設をショートさせ、停電を引き起こすBLU-114/Bのような

非致死性兵器も存在し、これは停電爆弾と呼ばれる。

爆発物を散布することで通常の爆弾より広い範囲に被害を与えるため、対人や対装甲車両用の面制圧兵器として使われる。さらに対装甲目標用に成形炸薬弾頭を持つ子弾は、リボンや小型のパラシュートが取り付けられて、装甲に対して有効な角度で落下するよう調整されているものまである。[8]

6 核テロリズム (Nuclear terrorism)

1) テロ対策に関する国際的な合意

a．G8

米国同時多発テロ直後の共同非難声明以降、テロ対策強化策のフォローアップがなされ、2002年6月のカナダのカナナスキス・サミットで「大量破壊兵器及び物質の拡散に対するG8グローバル・パートナーシップ（Global Partnership）」を採択した。[9]その後も毎年のサミットにおいて、テロ対策の強化が合意されている。2005年6月のイギリスのグレンイーグルス・サミットでも、テロ対策の強化が柱の1つとなった。

勧告の主な内容は以下の通りである。

①既存のテロ対策関連諸文書の迅速な実施を呼びかける。
テロの防止及び抑止に関連する12の国連テロ防止関連の条約及び議定書および全ての関連安保理決議、特に安保理決議1373（2001年）の遵守を可及的速やかに確保するための措置を講じる。

②欧州評議会サイバー犯罪条約は、テロリストまたは他の犯罪者によるコンピュータ・システムへの攻撃に対処し、テロまたは他の犯罪行為の電子的証拠を収集する上で有用なものである。ついては、同条約を締結する資格を有する国においては、同条約を締結し、その完全かつ迅速な履行を確保する。または、同条約中で履行が呼びかけられている諸措置に類似した法的枠組みを整備する。

③追加的な多国間テロ対策イニシアチブ及び包括テロ防止条約案を完成させるため国連システムを通じて作業し、これに協調して取り組む。さらにグロー

バルなレベルで既に行われている、または現在策定中のテロ対策を有意的に補完するため、地域レベルを含め我々が加盟している多数国機関において適切な行動を促進する。

④化学、生物、放射性、核（CBRN）兵器について、テロリストによる生物兵器の使用への効果的な対処の確保のため、生物兵器禁止条約（1972年）で禁止された行為を犯罪化し、その犯罪人を起訴または適切な場合には国内法または二国間引渡条約によりこれら個人を引き渡し、そのような犯罪の発見及び抑止のためのベスト・プラクティスを協同して策定する。また選定された生物剤の不法な所有及び移転を追跡及び抑制するための効果的なメカニズムを協同して策定し、生物物質がテロ行為に使用されることを予防するための追加的措置を探求する。

核物質防護条約（1980年）の強化のため現在行われている交渉を支持するとともに、その目的をさらにおし進め、また核物質の密輸問題に関する措置の強化を検討するため、追加的な措置の可能性を協同して探求する。

化学・生物・放射線・核及び関連施設等をテロ攻撃から守るためのベスト・プラクティスの策定を適切な国際的フォーラムで協同して行い、それらの施設に関する機微な情報がテロリストによりテロ攻撃のために使用されることを防ぐための手段を探求する。

IAEAのような、化学・生物・放射線・核兵器の防止プログラムが協調して実施されている他のフォーラムにおける取組みを調整し、これらに対する支持を促進する。

⑤テロ対策の国際協力を強化する。テロ行為のための資金を提供し、テロ行為を計画、支援、実行し、またはテロリストに安全な避難所を提供した者に対し、安全な避難所を拒否することを確保するためあらゆる可能な措置をとる。

国際法、特に難民の地位に関する条約に従い、テロリスト等により難民の地位が濫用されないよう確保する。犯罪人引渡しに関する障害を特定し除去する。特に出入国管理、情報共有面での措置の強化を通じ、テロ行為及びテロリストの国際的移動を防止するための強力な措置（必要な場合には立法措置を含む。）を

講ずる。テロ犯罪に関し、迅速かつ効果的な対応を確保するために司法共助及び法執行機関間の協力に特別の優先度を置く。テロ活動に関連した資産の凍結、押収、没収のための効果的な措置を策定する。

⑥テロリズムと国際犯罪の連関については、(a)テロリストの活動を支援し又は助長する国際犯罪に対処するため効果的な枠組みが整備されることを確保する。(b)テロリズムと国際犯罪の連関の実態について把握し、必要な場合にはそのような活動を壊滅し、遂行不可能にするための戦略を策定するため、情報の精査及び交換を行う。

⑦非G8諸国に対する働きかける。国連安保理決議1373、12の国連テロ防止関連条約、ローマ・グループの勧告、国際犯罪に関するG8勧告を実施するためのテロ対処能力の向上を目的として、G8相互間で及びG8内の他の機関や地域機関と連携しつつ、G8以外の国に対し技術支援を含め働きかけを行う。

適当な場合には、そのような働きかけを促進するためのベスト・プラクティスを策定し、テロ対処能力の向上及び他国への働きかけにおいて国連安全保障理事会テロ対策委員会（UNCTC）と緊密に協力する。

国際機関及び市民社会と協力しつつ、テロ行為又はテロを行うとの脅迫が相応の刑罰を伴う重大な犯罪であることについて、全ての個人の認識を高めるための追加的な措置を策定する[10]。

核テロを防止するためG8が採択した決議は核のテロを国際犯罪として定め、そのテロ犯罪を国内・外の協力体制の下、完全に撲滅する意気込が感じられる。しかし先進諸国の原子力管理における責務については言及がない。核テロ行為の裏には核保有国の核物質およびその技術などの流出との関係がある。核保有国はその原子力の管理責任が問われるべきである。原子力保有国の原子力産業利用における開発が核テロに繋がる可能性を深めていると否定できないはずである。

b．APEC（Asia-Pacific Economic Cooperation：アジア太平洋経済協力）（2004年）

タスクフォース（task force）の設置その他テロ対応のキャパシティビルディング（capacity building）の向上等のための取組みを始めとする広範な取組みの

ほか、テロ対策、大量破壊兵器等拡散防止のための輸出管理に関するキーエレメンツ（key-elements）を特定し、参加国に制度整備を呼びかけている。

2008年11月19日及び20日、ペルー（Republic of Peru）のリマ（Lima）において第20回 APEC 閣僚会議が開催され、人間の安全保障の強化を閣僚共同声明に強調した。

日本は APEC が行ってきたテロ対策について、多くのエコノミーが支持し、今後も APEC での活動を継続することが承認されたことを主張し、生物・化学テロに関する日本の取組を紹介するとともに、CBRN（化学、生物、放射能、核）テロに関するイニシアティブの継続を検討すること、またソマリア沖海域を含めた海賊対策の強化等による海上における安全の確保等の必要性を指摘した。

　ｃ．国連安保理決議1540
　①2004年4月に採択された。すべての国に対して以下を義務付ける。
・大量破壊兵器等の開発等を企てる非国家主体へのいかなる形態での支援提供の禁止
・非国家主体による大量破壊兵器等の開発等への従事、援助、資金提供の禁止のための効果的な法律の採択・執行
・大量破壊兵器・関連物資の適切な管理（安全確保策、防護措置、不正取引・仲介の抑止等、輸出・通過・積替・再輸出に関する適切な法令の確立等）

②同決議は、平和への脅威に対する強制的措置などを定めた国連憲章第7章に基づき拘束力を持つ。各国は、同決議の履行について、国連安保理に設置された1540委員会に対して報告を求められる。

本決議は大量破壊兵器等及び関連物質がテロリスト等の「非国家主体」に対して拡散することを阻止するための効果的措置をすべての国が採用・実施することを求めている。その措置の1つとして、輸出等の管理の確立、発展、再検討等があげられている。

テロ対策に関する国際的な合意は G8 の首脳会議から APEC 会議において重なる決議を経て最後に国連安全保障会議おいて採択され、核テロ防止条約が

国連総会で採択される直接動機になったのである。

2）核によるテロリズム行為の防止に関する国際条約

2005年4月3日（日）、国連総会の核テロ防止条約に関する特別委員会は、核テロの犯罪化と容疑者の処罰を各国に義務付ける内容の条約案を全会一致で採択した。同条約の交渉は1998年から7年にわたって続けられ、コフィ・アナン（Kofi Atta Annan）前事務総長が国連改革報告書で早期の妥結を勧告、合意形成の機運が高まっていたのである。

条約は2005年4月に総会に報告され、本会議で採択され、その後、9月から2006年末まで各国の署名期間が設けられ、2007年7月に発効し、よやく十三番目のテロ関連条約になった。

条約は、核物質や放射性物質を利用して人を殺傷したり、財産に損害を与える行為などを犯罪として法整備するよう義務付け、また、違反者を訴追したり、関係国に引き渡すなどの処罰の実施も求める。

核兵器によるテロを防止するための国際条約がようやく施行された。潘基文事務総長は核テロを「現代最も深刻な脅威」と表現し、この条約により核テロが阻止される。というが、核を保有する大国は二の足を踏んでいる。従って核テロ防止およびその除去における共同対応策が構築するかは予断を許さない情勢である。

核テロ防止条約は核テロに各国が注目するというだけでも効果をあげるとみられているが、現実問題として国際社会はテロ組織による核兵器や放射性物質の入手を困難にする手段を早急に講じ、その対応策は緊急を要する。

批准国は情報の共有、犯罪調査等の支援など核テロを防止するための協力を求められる。大量破壊兵器委員会に属する、国連軍縮局のジャヤンタ・ダナパラ（Jayantha Dhanapala）事務次長は「条約の施行は国際社会の核テロ防止に対する合意として歓迎されるべきだ」としながら、「包括的核実験禁止条約を批准していない国が核テロ防止条約は批准するという矛盾もある」と指摘した。

核兵器の廃絶が完全な核テロ防止策になるのは明らかである。核のない未来

を求める声が高まり、国際司法裁判所も国際法の下で核兵器は違法であると判断している。原子力の国際管理の危機に直面している昨今、核の脅威を訴えまたその根絶を図る適時でもあるといえる。

a．テロ（Terror）の定義

テロとは非国家アクター（Actor）が、国境を越えて政治的または宗教的な主義主張に基づき不法な力の行使またはその脅しによって、国内・外の公共的安全を意図的に損なう行為につき、国家機関と社会の一部ないし大部分が恐怖、不安、動揺をもって受け止める現象である。

またテロリズム（Terrorism）とは、一般に「政府または革命団体が、第三者に恐怖状態を作り出すために、暴力を使用しまたはその威嚇を組織的・集団的に行い、ある政治目的を達成する手段」を意味する。

「Terrorism」の語源は、フランス革命時のジャコバン独裁（Jacobins）下の恐怖政治にあるといわれている。フランス革命の場合、それまで抑圧されてきた民衆が権力を掌握し、恐怖を統治手段として、以前の専制君主ら支配階級（王党派）を弾圧・虐殺したことから、「テロリズム」という新たな言葉が用いられるようになった。その後、その定義には様々な意見の対立、どくに支配者と被支配者また大国と小国など力の差異による立場と主張の違いから定めることができなかった。[11]

2001年9年11日同時多発テロ事件の後に開催された国連総会で、「包括的テロ防止条約」案についての議論が行われた。パレスチナ人勢力による反イスラエル闘争は、外国支配からの民族解放闘争であるとしてテロとは、別物であるとするアラブ諸国・イスラム諸国と欧米諸国との間で激しい論争が展開された。アメリカをはじめロシア、中国、イギリス、フランス5常任理事国とドイツ、日本などOECD諸国政府は同時多発テロ事件をきっかけに、「反政府勢力」をテロ組織と断じて、「反テロ国際戦線」の下でその撲滅を企図するイニシアチブを展開した。しかしテロの定義は簡単に決められなかった。

反政府勢力の定義の背景には政治的な難問が存在する。政権政府の政敵が「国家テロ」の首謀者に移ることもありえるからである。例えば、現在大統領

や政治的リーダーとなっている者、南アフリカのネルソン・マデラ（Nelson Mandela）前大統領や東ティモールのシャナナ・グスマオ（Xanana Gusmao）も、また韓国の金大中前大統領も以前の体制、マデラ（Mandela）元大統領の場合は白人政権、グスマオ（Gusmao）の場合はインドネシアのスハルト（Suharto）政権から、また金大中前大統領は朴正煕軍事独裁・権威主義体制からテロリストおよびテロ首謀者として扱われていたのである。従って安易に「反政府武装集団」のように定義すれば、イスラエル政府と自治をめぐって対立するパレスチナの「反政府」諸派もまたテロリストとして国際社会から否定されかねない。このテロ定義は、国連で包括的なテロ防止条約の審議過程において最初の争点であり、解決し難い課題であった。

　b．テロの性質

　テロはその目的に沿って、一般犯罪かテロかが定まる。テロという行為は、窃盗、強盗、強姦、誘拐、占拠、乗っ取り、脅迫、傷害、殺人、破壊、拷問などの一般犯罪と同じであるといえる。テロが一般犯罪と区別されるのはその使用目的とその対象によって区別される。その行使目的が、金品の強奪、復讐、欲望の達成など私的目的であれば一般犯罪である。逆にその違法行為の目的が政敵の排除、政権の維持、政権の転覆、民族解放、政治宣伝のような公的、政治的目的である場合はテロという性質として分類される。テロと定義するときは、このような目的を考慮せずに定義することはできないと思われる。その判断が普遍的な正当性に適合するかどうかは主体の価値観によって異なるので、テロという定義を定めるのは至難である。[12]

　犯人が目的を明らかにしない限り、私的動機に基づく犯罪なのか政治的目的をもったテロなのかは判断し難い側面が内在している。結局、犯人の意図と関わりなく、第三者が目的をどのように解釈するかが、テロか犯罪かを決める事になる性質をも内包している。従ってテロという罪状には政権担当者の意向によって様々な形として利用しえる厄介な性質を抱いている。

　テロという解釈は、国際社会が納得するような合理的な定義が見出せることはできないと思われる。

支配者側、体制側、現状肯定側の立場に立てば、被支配者側、反体制側、現状打破側が国家に抵抗する手段として行使するテロ行為は、秩序を否定し、体制を打倒する犯罪行為以外の何物でもない。

　国家による行政権の行使、つまり反体制派の抑圧、弾圧および強権発動などという国家の行為はテロ以外の何物でもないといえる。体制側と反体制側を問わず暴力の行使はテロそのものといえる。民主国家による公正な法的手続きによる解決策を確立することこそ肝要である。

　3）EU におけるテロの対策
　a．2001年9月11日以降の EU の対応と反テロ対策

　EU も、アメリカの2001年9月11日テロ攻撃事件直後、NATO 同様に、米国との政治的な連帯を表明し、国際社会が注目すべき対策が期待されていた。しかし EU は域外対応策よりも域内の対応措置の整備が急務であった。

　EU の主要メンバー国である英、仏、独、伊、西、葡の6ヶ国のみがテロ行為という犯罪に対して特殊な規定を設け、その対策を実施している[13]。反面、他の加盟国はそのような法規が存在しないことが判明され、EU 域内全体の共通のテロ行為の定義とテロ行為に関する量刑策定に協力体制を強化したのである。

　b．EU の「テロ行為の定義」に対する非難

　EU が、テロリズムの定義を設ける提言を行ったが、テロとして捉えられる行為が広範囲に及んでおり、労働者のストライキやグローバリゼーションへの反対運動もテロに含まれてしまう可能性があるという理由で、EU 加盟国の200名を超える弁護士達から非難の声があがった。彼等は欧州議会と EU 加盟国政府にこのテロ行為の定義の提言を採択しないように要望書を提出したのである。

　EU の提言では、テロリズムを「1国または複数の国、そしてその機関や国民に対し、それらを威嚇し、国家の政治、経済、社会の構造を深刻に変容させる、あるいは破壊する目的をもって、個人または集団が故意にはたらく攻撃的行為」と定義している。

提言が採択されれば、EU 加盟国にとっては、この定義を自国の法律に組み込む義務が生じ、法の適用範囲が劇的に拡大される可能性もあると懸念された。

この提言は EU 各国内の公安に関わる問題であるため、「フレームワーク・ディシジョン；Framework Decision」に属し、欧州議会による承認を必要としない。それゆえ各国の裁量権に任せることになると市民の基本的人権を含め市民的権利が侵害される要素が十分にあり得ると考えられる。

この問題はアメリカの電子プライバシー情報センターの（Electronics Privacy Information Center; EPIC）をはじめ、イギリスの市民的権利の擁護団体『ステートウォッチ；Statewatch』など民間団体からも同様の懸念が高まっていた。

b．日本の定義

日本の自衛隊法第81条の2第1項において「政治上その他の主義主張に基づき、国家若しくは他人にこれを強要し、又は社会に不安若しくは恐怖を与える目的で多数の人を殺傷し、又は重要な施設その他の物を破壊する行為」であると定義している。内閣総理大臣は、日本の領域内にある特定施設又は施設及び区域において、政治上その他の主義主張に基づき、国家若しくは他人にこれを強要し、又は社会に不安若しくは恐怖を与える目的で多数の人を殺傷し、又は重要な施設その他の物を破壊する行為が行われるおそれがあり、かつ、その被害を防止するため特別の必要があると認める場合には、当該施設又は施設及び区域の警護のため部隊等の出動を命ずることができる。特定施設には、自衛隊の施設と日本国とアメリカ合衆国との間の相互協力及び安全保障条約第6条に基づく施設及び区域並びに日本国における合衆国軍隊の地位に関する協定第2条第1項の施設及び区域である。そして一般市民を標的とした核兵器の使用、また一般市民を標的とした放射能兵器やダーティボムズ（Dirty Bombs）の使用、さらに原子力発電所への攻撃などをテロ行為として指定し、その対応策を強化している。[14]

7 防御システムの現状

1）原発における基本指針

　武力攻撃事態の想定に関する事項、対応実施体制の確立、住民救済措置に関する事項、緊急避難対処事態への事項、住民保護計画などの手続きに関する事項などについての方針である。本章は、武力攻撃事態における対応措置のみについて述べる。

　有事の際、原発は国民保護の観点から直ちに停止しなければならない。日本政府は2005年3月4日午前、日本が武力攻撃を受ける有事の際の国や地方自治体の役割を定めた「国民保護に関する基本指針案」を公表した。その後、2007年1月9日、10月5日と2008年10月24日に3回の改正を行った。

　指針の要旨には、それぞれの地域性を踏まえた避難方法や、原子力発電所の運転停止措置など、より具体的な対応策を確立し、その実施について定めている。

　基本指針の原発の安全確保では、経済産業大臣が警報の発令地域にある原発の運転をただちに停止するよう原発事業者に命令すると明記している。原発停止に伴い必要となる電力確保については国民に電力使用の抑制のほか、最悪の場合、使用制限に踏み切るなど段階的な措置を追加することができる。

　また、武力攻撃を受ける前の武力攻撃予測事態の段階でも経済産業大臣は状況に応じて、運転停止を命じることも認めた。

　地域特性を踏まえた住民避難の方法については、大都市では避難施設にこだわらず、ただちに直近の屋内施設に避難することを基本としている。豪雪地帯の避難経路の確保などに自治体が十分配慮することや、沖縄県以外の離島でも自衛隊と海上保安庁の航空機・船舶で住民を輸送することなど具体的な対応を定めた。指針要旨でも都道府県に対し、当直による24時間の即応態勢を求めていたが、本方針は市町村も消防と連携して当直体制を強化するよう求めた。

　このほか、高齢者や障害者への配慮、避難住民を輸送する運送業者への十分

な情報提供なども定めている。

2）生活関連施設等の安全確保
a．武力攻撃原子力災害への対処

　原子力事業所については、生活関連等施設としての安全確保措置を講ずるほか、次の点に留意しなければならない[15]。安全確報措置は原子力災害特別措置法およびテロ対策特別措置法に基づいて実施されている。

　内閣総理大臣は、放射性物質等の放出又は放出のおそれに関する通報がなされた場合には、安全の確保に留意しつつ、直ちに現地対策本部を設置しなければならない。現地対策本部は、原則としてオフサイトセンター（緊急事態応急対策拠点施設）を設置しなければならない。オフサイトセンターの機能は二つに分類できる。

　①平常時の役割：平常時から原子力災害に備え、また施設の安全な運用を確認するため、経済産業省原子力安全・保安院等の国の職員である原子力防災専門官と原子力保安検査官が原子力施設の近くのオフサイトセンターに常駐しなければならない[16]。

　また、原子力防災訓練や、防災業務関係者等に対する研修にも使われる。

　②原子力災害発生時の役割と機能：原子力事業所の周辺において通常時よりも高い放射線が1時間当たり5マイクロシーベルト以上検出された場合（原災法第10条①）や原子力施設において安全機能の一部が働かないなどの通報基準に定める異常事象（原災法第10条）が発生した場合には、原子力事業者はすぐに国や地方自治体へ通報を行うよう義務づけられている。

　各原子力事業所の所在地域の「原子力防災専門官」等は、この原子力災害対策特別措置法（原災法）第10条通報を受けると、事業者や自治体との間で迅速な情報収集、連絡を行い、あらかじめ指定されたオフサイトセンターにおいて活動を開始し、情報交換や対策の検討の拠点とする。

　迅速な初期動作とあわせ、災害を最小限にくい止めるためには、国と地方自治体（都道府県及び市町村）が機能的に連携して対応していくことも重要である。

第10章　原子力管理の危機（Crisis）　275

このため、オフサイトセンターでは国の現地対策本部や地方自治体の現地対策本部等が一堂に会する「原子力災害合同対策協議会」を組織し、情報交換や対策の検討を共同して行う。

現地対策本部は、地方公共団体と共に、武力攻撃原子力災害合同対策協議会を組織する。協議会は、現地対策本部長が主導的に運営する。

武力攻撃事態等において、原子力事業者は、直ちに原子炉の運転停止に向けて必要な措置を実施しなければならない。警報発令対象地域において、経済産業大臣は、直ちに原子炉の運転停止を命令しる。また地域を定めず警報が発令された場合は、経済産業大臣は、脅威の程度、内容等を判断し、必要と認める原子炉の運転停止を命令する。原子力事業者は、特に緊急を要する場合は、自らの判断により原子炉の運転を停止することができる。原子炉の運転停止の際は、国及び原子力事業者は、電力供給の確保等に必要な措置を実施しなければならない。

　b．原子力災害の措置

武力攻撃原子力災害の特殊性にかんがみ、特に以下の点に留意するものとする。[17)]

体制の整備について原子力事業者は、原子力事業所の安全を確保するため、核原料物質、核燃料物質及び原子炉の規制に関する法律の規定に基づき、障壁の設置など人の侵入を阻止するための措置に関すること、施設の巡視及び監視に関すること等についてあらかじめ定めるなど、警戒態勢に関し所要の措置を講ずるものとする。また原子力事業者は、原子力災害対策特別措置法の規定の準用に伴う原子力事業者防災業務計画の検証に努めると共に、武力攻撃原子力災害への対処のために必要な事項については国民保護業務計画等で定めることにより、武力攻撃原子力災害に際し、原子力防災組織、原子力防災管理者等が的確かつ迅速に所要の措置を講じえる体制を整備するものとする。

国〔文部科学省、経済産業省、国土交通省〕は、武力攻撃原子力災害に際しての関係機関との連絡方法、意思決定方法、現地における対応方策等を定めた「危機管理マニュアル」を策定するものとする。また、内閣官房は、関係省庁

とともに、原子力災害対策マニュアルを参考に、関係省庁との連絡方法、初期動作等を定めた関係省庁マニュアルを整備するものとする。

　国〔文部科学省、防衛省、海上保安庁、気象庁、環境省〕、地方公共団体、指定公共機関〔放射線医学総合研究所、日本原子力研究開発機構〕及び原子力事業者は、武力攻撃原子力災害に際しても、的確かつ迅速にモニタリングの実施又は支援を行うことができる体制の整備に努めるものとする。

　以上のように武力攻撃原子力災害を最小限に留めるため、「措置の原則」を定め、従来の防災計画で「想定不適当」とされる大規模事故も想定され、防災計画自体見直しを実現したのである。

　しかし問題点も指摘されている。例えば、オフサイトセンターは、原発に近すぎ、放射能などの被害の恐れがあり業務を円満に実行することが不可能な時期があり得るとのことでその機能上問題がある。また現地の情報収集は一元化と明記されており、情報統制される可能性が濃厚である。さらに原子炉の運転停止命令は国のみの権限であり、自治体の役割についての記述がない。緊急時、自治体の首長の権限が制限されており適時的確な措置を採用することが不可能である。地方自治体の知事にも権限を付与すべきである。

　3）武力攻撃事態の想定に関する事項
　ａ．着原発および周辺海上侵攻

　武力攻撃事態の想定は、武力攻撃の手段、その規模の大小、攻撃パターンなどにより異なることから、どのようなものとなるかについて一概にはいえないが、国民の保護に関する基本指針においては、4つの類型を想定し、国民の保護のための措置の実施にあたっている。[18]

　①着上陸侵攻の場合：船舶により上陸する場合は、沿岸部が当初の侵攻目標となりやすい。また敵国による船舶、戦闘機の集結の状況、日本へ侵攻する船舶等の方向等を勘案して、武力攻撃予測事態において住民の避難を行うことも想定される。そして船舶により上陸を行う場合は、上陸用の小型船舶等が接岸容易な地形を有する沿岸部が当初の侵攻目標となりやすいと考えられる。

航空機による場合は、沿岸部に近い空港が攻撃目標となりやすい。航空機により侵攻部隊を投入する場合には、大型の輸送機が離着陸可能な空港が存在する地域が目標となる可能性が高く、当該空港が上陸用の小型船舶等の接岸容易な地域と近接している場合には特に目標となりやすいと考えられる。なお、着上陸侵攻の場合、それに先立ち航空機や弾道ミサイルによる攻撃が実施される可能性が高いと考えられる。

主として、爆弾、砲弾等による家屋、施設等の破壊、火災等が考えられ、石油コンビナートなど、攻撃目標となる施設の種類によっては、二次被害の発生が想定される。

そのような状況を考えると、国民保護措置を実施すべき地域が広範囲にわたるとともに、期間が比較的長期に及ぶことも想定され、広範囲な地域と長期間における対応策が要求される。

留意点として、事前の災害対応策における準備が可能であり、戦闘が予想される地域から先行して避難させるとともに、多数・広域避難が可能な代替地などの用意が必要となる。広範囲にわたる武力攻撃災害が想定され、武力攻撃が終結した後の復旧が重要な課題となる。

②弾道ミサイルの攻撃場合：発射された段階での攻撃目標の特定が極めて困難で、短時間での着弾が予想される。問題は、通常弾頭であるのか、NBC（Nuclear（核）Biological（生物）Chemical（化学）の力を使った兵器）弾頭であるかを着弾前に弾頭の種類を特定するのが困難であり、弾頭の種類に応じて、被害の様相や対応が大きく異なる点である。

特徴として、発射の兆候を事前に察知した場合でも、発射された段階で攻撃目標を特定することは極めて困難である。通常弾頭の場合にはNBC弾頭の場合と比較して被害は局限され家屋施設等の破壊、火災等が考えられる。

留意すべき点は、弾道ミサイルは発射後短時間で着弾することが予想されるため、迅速な情報伝達体制と適切な対応によって被害を局限化することが重要であり、屋内への避難や消火活動が中心になると想定される。

③ゲリラ・特殊部隊による攻撃の場合：突発的に被害が発生することも考え

られる。被害は比較的狭い範囲に限定されるのが一般的で、原子力事業所などの生活関連等施設が攻撃目標となる施設の種類によっては、大きな被害が生ずる恐れがある。またNBC兵器やダーティボムス（Dirty Bombs）が使用されることも想定される。

　特徴は、警察、自衛隊等による監視活動等により、その兆候の早期発見に努めることとなるが、敵もその行動を秘匿するためあらゆる手段を使用することが想定されることから、事前にその活動を予測あるいは察知できず、突発的に被害が生ずることも考えられる。そのため、都市部の政治経済の中枢、鉄道、橋梁、ダム、原子力関連施設などに対する注意が必要である。少人数のグループにより行われるため使用可能な武器も限定されることから、主な被害は施設の破壊等が考えられる。従って、被害の範囲は比較的狭い範囲に限定されるのが一般的であるが、攻撃目標となる施設の種類によっては、二次被害の発生も想定され、例えば原子力事業所が攻撃された場合、またダーティボムス（Dirty Bombs）が使用される場合には被害の範囲が拡大するおそれがある。

　留意点として、ゲリラや特殊部隊の危害が住民に及ぶおそれがある地域においては、市町村（消防機関を含む）と都道府県、都道府県警察、海上保安庁及び自衛隊が連携し武力攻撃の態様に応じて攻撃当初は屋内に一時避難させその後関係機関が安全の措置を講じつつ適当な避難地に移動させる等適切対応を行う。事態の状況により、都道府県知事の緊急通報の発令、市町村長又は都道府県知事の退避の指示又は警戒区域の設定など時宜に応じた措置を行うことが必要である。

　④航空攻撃の場合：弾道ミサイル攻撃の場合に比べ、その兆候を察知することは比較的容易であるが、予め攻撃目標を特定することが困難である。都市部の主要な施設やライフラインのインフラ施設が目標となることも想定される。

　特徴として、航空攻撃の場合、その兆候を察知することは比較的容易であるが、対応の時間が少なく、また攻撃目標を特定することが困難である。航空攻撃を行う側の意図及び弾薬の種類等により異なるが、その威力を最大限に発揮することを敵国が意図すれば都市部が主要な目標となることも想定される。ま

第10章　原子力管理の危機（Crisis）　279

た、ライフラインのインフラ施設が目標となることもあり得る。なお、航空攻撃はその意図が達成されるまで繰り返し行われることも考えられる。

　留意する点は、攻撃目標を早期に判定することは困難であることから、攻撃の目標地を限定せずに屋内への避難等の避難措置を広範囲に指示する必要がある。その安全を確保しなければ周辺の地域に著しい被害を生じさせるおそれがあると認められる生活関連等施設に対する攻撃のおそれがある場合は、被害が拡大するおそれがあるため、特に当該生活関連等施設の安全確保、武力攻撃災害の発生・拡大の防止等の措置を実施する必要がある。

　b．核燃料など物質移動における基本指針

　現在稼働している原発に供給する核燃料また廃棄物などの核物質の流通過程に安全対策上、様々な欠点が指摘され、IAEAをはじめ核物質の生産国と受入れ国が中心になってその対応策に全力を注いている。それにこれから急増する核燃料の補給における安全対策には相当の時間とあらたな制度の投入が不可欠である。[19]

　原子力発電所で使用された燃料は、一度、燃やした後に残ったウランやプルトニウムなどの核燃料が多く含まれており、再処理することにより再び燃料として使うことができる。

　このような「核燃料サイクル」の中、核燃料の輸送は、原子力産業の動脈と言える。この核燃料サイクルの過程で、核燃料はいろいろな形状や性質に変わる。そこで核燃料の輸送においては、それぞれの性質に合わせた最も適切な輸送容器など最適な防御措置が用いられている。

　核燃料の輸送は、陸上輸送と海上輸送で成り立っている。核物質が盗まれ、それらの核物質を空気中または河川等に散布されるようなことになった場合は、人体をはじめ生態界に悪影響を及ぼす大変な事態になり得る。また、核物質の輸送に対する走行妨害、車両の破壊、輸送隊員への暴行等の行為が行われたとした場合、輸送の安全確保に支障を及ぼすことになる。特にテロリストなど非国家主体に奪略されテロに使用される恐れが増大する中その監視および管理体制は厳重を要する。核物質防護とは、このような事態が現実のものとならない

ように、核物質の盗取や妨害破壊行為等を未然に防ぐことを目的とした重要な措置であり、安全に原子力開発利用を進める上で必要不可欠な措置である。

各国の国の情勢、国内制度等に応じて、核物質の輸送情報の取扱いについて差異があるが、基本的には原子力開発利用に関する諸活動の透明性の向上が重要な課題である。

このため、核物質防護上の観点若しくは国際基準及び諸外国との関係等からの国の指導に基づき、以下のように取扱っている。具体的な事項は本書の第6章を参照せよ。

核物質防護上、輸送情報の取扱いについて、一般的に公開できないものは、輸送日時、輸送経路、輸送手段を特定する情報、プルトニウム（MOXを含む）、濃縮度20％以上の高濃縮ウランの輸送、警備体制、核物質防護措置などが、それに該当する。ただし、輸送が終了した場合については、警備体制、核物質防護措置に関する情報は除き、一般的に公開することは可能である。

なお、輸送業者名については、原則的に核物質防護上以外の観点から公開できない場合もある。

日本、韓国、またアメリカおよびカナダはその制度はほとんど同じである。ただ各国の「機器管理マニュアル」は異なると思われるがその具体的な方法と手段は国家軍事作戦に属し、それを研究対象にすることは不可能である。

4）東北アジア各国の現状

a．日　本

2004年9月17日施行された「武力攻撃事態等における国民の保護のための措置に関する法律」（以下、国民保護法という。）においても、生活関連等施設（第102条）、危険物質等（第103条）、石油コンビナート等（第104条）と共に、「武力攻撃に伴って原子力事業所外へ放出される放射性物質又は放射線の被害」と定義されている武力攻撃原子力災害（第105条）、原子炉等（第106条）、放射性物質等の汚染の拡大（第107条）と原子力に関わる条文を定め、武力攻撃時の危険を最小限に収める措置を確立したのである。[20] しかし実際の実施および実地訓練な

どにおける規定は不十分でその効果は期待し難いといえる。命令権者（内閣総理大臣）および命令執行者（担当大臣、および都道府県知事）との命令執行の制度についての法規は定めたものの、その肝心な実行者に関する執行規定はまだ放置状態であるといえる。

なお、これらの規定は、これまでの原子力防災に係る経験を生かす形で、原災法に基づく「原子力災害」への対応を参考に作成されたのである。[21]

　b．韓　国

平時と緊急時に区別される。平時の原子力安全管理の制度は、原子力発電施設や放射性廃棄物の輸送など、原子力安全と放射線防護に係わるあらゆる分野に関して、規制、監視、また原子炉の設計その周辺の警備、整理など日本とほとんど変わらない。

緊急時における原子力の攻撃に対する防御システムは"国防作戦"の範疇に入れ、軍事作戦と戦略上、最優先の防御地域として指定され、原子力の災害を最小限に留める構想を確立している。

韓国の原発の稼働歴史は1970年代から始まりその技術も世界から認定されるほど発展している。1978年、初めて商業運転を開始した古里原子力発電所1号機（釜山の北側に所在）が、製造会社の米国ウェスチングハウス社が勧奨する設計寿命30年を過ぎ07年に発電稼働を中断されるようになっていた。しかし古里原子力本部は、古里1号機の寿命を10年延長し、継続運転するための安全評価書を科学技術部に提出した。韓国科学技術部は継続運転の承認を決定し、その稼働寿命の延長をIAEAに要請し、その関係者らの査定を受け、原子力発電の継続稼動に関する検討結果、その原子炉の稼働寿命の継続OKの審査を受けることになったのである。[22] その後、韓国の原発の運営に関する技術力は各国の原子力産業界が追認するようになった。

2005年に改正された原子力法施行令は、寿命を終えた原子力発電所は継続運転の承認審査で16分野112項目の安全性評価基準に合格した場合、10年間運転を延長し、不合格だった場合は永久に閉鎖するよう規定している。

原子炉の法定寿命30年を超える原発が増えるほど原子炉の衰退は進行し、そ

れによるリスク（risk）の危険度は増すばかりである。

原子力事業者の関係者は電力需給の問題のみ重視し、稼働率の改善を強力に推進している。しかし寿命の延長を図ることも大切な技術革新であるが、それよりもリスク（risk）からの脱皮と危険（danger）からの回避する安全対策の構築がさらなる技術革新であると思われる。

　c．中　国

原子力開発計画を策定し、核廃棄物の処理とその応用について、また原子力安全問題についてバランスのとれた計画と総合目標を定め、原発増設を強力に推進しているといわれている。核廃棄物を適切かつ効果的に処理する能力を持ち、IAEAの保障措置に沿って再処理の過程に忠実している。中国の原発はIAEAと国際規格に基づいて建設されたもので、現在までは原子力安全上、重大な事故は報告されず運営されている。[23]

しかし急激な原発の増設はその安全上、テロ対策をはじめ様々な対応策の確立の必要に責められることになる。その万全な対策には科学の最先端の機器、100万KW級の原子炉製造など技術とその従事人材育成には相当の時間を要する。その運営および管理に欠陥が生じるとリスク（risk）の増幅サボタージ（sabotage）の事前防止危険（danger）の除去に大きな穴が開く確率が増える一方である。

現在リスク（risk）管理は整備されているといわれているが危険（danger）の防御措置は不明瞭であり、その対応策の構築は必至と思われる。

　d．台　湾

1990年代初めから、安全文化強化プログラムを実施し、その安全文化の尺度としてパフォーマンス指標とプロセス指標が導入され、高リスク（risk）作業分野については事前にその分析を実施し、安全に配慮している。
「原子力発電所緊急時処理法」の下、OECD/NEAに専門家を常駐させ、非常時対応、放射線防護、廃棄物管理、原子炉停止および廃止（decommissioning）等の分野における協力と情報交換を推進している。[24]

しかし原発における危険（danger）の防御措置についてまだその制度などが

公表されておらず未知であるが、つねに対中関係における緊張の関係の厳戒な警備体制から想定すると十分な対応策が整備されていると想定される。

　e．ロシア

　ロシア原子炉はチェルノブイリ原発の事故からその致命的な悪影響を受け、国内・外の旧ソ連方原発は廃止か、大幅な修理が余儀なく行なわれた。ロシア国内では90％は修理を終えたが、旧東側諸国は未だに旧ソ連方原子炉を稼働している国が少なくない。今後旧ソ連方原発の廃棄また修復には十数年は掛かるのではないかと思われる[25]。

　ロシアは他の国と異なり自国の原発に関する安全基準の詳細についてはなにもコメントしていない。従ってその詳細には触れることができないが、原子力全般におけるリスク（risk）および危険（danger）の対応策に risky shift の現象、つまり集団極化現象が取られる可能性が濃厚であり、その管理対策に国際社会が注視している。さらに個人的不満によるサボタージ（sabotage）もまた社会的圧力と不安による暴動（riots）の可能性も高いといわれている。

　ロシアの大きな不安材料として、チェチェン独立派と、ロシア連邦及びロシアへの残留を希望するチェチェン人勢力との間で発生している紛争がある。一般的にソ連崩壊直後から1996年まで続いたものを第一次チェチェン紛争、1999年に勃発したものが第二次チェチェン紛争、また現在第三次チェチェン紛争を抑制するため必死の努力を払っている。

　2006年、過激派指導者シャミル・バサエフ（Shamil Salmanovich Basayev）が殺害されるなど、独立派勢力の弱体化が指摘されるものの、未だ小規模なテロ事件などが発生しており、紛争は継続中であるといえる。テロリストから核物質の防御とその厳格な管理はロシア最大の課題である。

5）北アメリカ

　a．アメリカ

　アメリカの2001年9月11日の同時多発テロにおいて、高層ビルに飛行機が突っ込むという事態は到底考えられない「想定外」事故であった。従来の「想定

内」での危機管理は急激に信頼度が下がり、その欠陥の修復および修正策よりも完全に新たな対策、つまり「想定内・外」のシナリオとその対応策を構想した総合危機管理に拍車を掛けることになった。しかしその総合対応策の実現にはアメリカのシンボールである「法治国家」と「自由・人権立国」という民主主義の根幹にも汚点を残す恣意的行為が多数指摘され、国内・外を問わず非難のまとになっている。[26]

ジャンボ飛行機が原発に突っ込む場合、無制限の放射能汚染と膨大な死者が発生するというマスコミのセンセーショナルな報道が頻繁に登場しはじめた。マスコミはその視聴率を上げるためにテロ集団にあたかも原子力を狙えと言うようなもので、まさにテロを誘発するような感もあった。「考えられる」危機管理から原子力は多重に防護されており非常に安全性は高いといわれてきた。特殊鉄筋コンクリートも普通のビルに比べ比較にならないほど強固なもので、さらに多重に構築されている。しかし今回のような空中から飛行機の襲撃ついての危機管理はそのシナリオの対象には含まれなかったのである。

原発の被害状況を想定すれば、数字で表現し難いほど甚大な被害を被ると想像が付く。なによりも最善の防御策は、衝突を未然に防ぐことである。さらに事故後対策として被害を大きくするいくつかの原因は除外すると同時に熱膨張で全体が崩壊することだけは避けられる設計の義務など復旧対策に役に立つ周辺環境整備なども強制されると思われる。

1979年のスリーマイル島原発の事故以来、事故時にオペレーターは何もしなくてもいいように設計されている。しかし、事故時にオペレーターは気が動転して手動に切り替えてしまったり、別の警告ボタンを押したりし、その連鎖反応でオーバーライド（over-ride）が起こり、リスク（risk）を煽る結果につながる。それを防止するため、平静時に原子力事業者を含め全従事者に十分な実践の練磨と連携プレイの練習が必要である。

アメリカの連邦緊急事態管理庁（Federal Emergency Management Agency of the United States: FEMA）[27]は、大災害、天災にも人災にも対応するアメリカ合衆国政府の政府機関を設立し、緊急事態の管理対策を強化している。この

FEMA はアメリカ国土安全保障省の一部であり、緊急準備即応次官（Under Secretary of Emergency Preparedness and Response）の下に置かれている。

FEMA は、洪水、ハリケーン、地震および「原子力災害」を含む、その他の災害に際して、連邦機関、州政府、その他の地元機関の業務を調整することを請け負っている。また、家屋や工場の再建や企業活動・行政活動の復旧にあたって、資金面からの支援も行う。[28]

各州や連邦政府直轄地等（ワシントン D. C.）には緊急事態管理局という下部組織が存在し、緊急事態発生時に出動する専門家集団であり、消防、警察、軍隊、自治体などもこの指揮下に入り、適切な処置を即座に判断して指示できる権限を与えられている。07年度、アメリカ大西洋岸をハリケーンが襲った時も、住民避難および復旧対策など救済措置が取られ、その見事な手腕が評価されたのである。

日本を含め、世界各国がアメリカの FEMA のような実践マニュアル（action manual）制度を整備し、公正に運営すれば大災害などの対応策に効果的である思われる。

しかし現在稼働している原発に、アメリカの同時多発テロのような大惨事が勃発した場合、FEMA なような制度で対処し得るかどうかは予断を許さない情勢であると言わざるを得ない。原発へのテロ襲撃、航空機テロにより空襲が行われた場合は、いかに国家を守るかという重大な局面、つまり国家危機の存亡の瀬戸際に立たれると思われるからである。[29]

ブッシュ大統領は、このような状態を「戦争状態である」と断言し、原子力を含め生活施設で危機力が潜在している施設の管理に軍事作戦を導入している。特に原発に関する防御措置は軍事機密化されその詳細な方法と手段の把握は論外である。

b．カナダ

現在、カナダでは約20基の原発が稼働している。カナダは世界で7番目の原子力発電大国である。安全規制は、2000年に発足したカナダ原子力安全委員会（Canadian Nuclear Safety Commission；CNSC）[30]が担当し、同委員会は7人の委員

カナダの原子力安全規制体制
カナダの原子力安全委員会（CNSC）が安全規制を実施

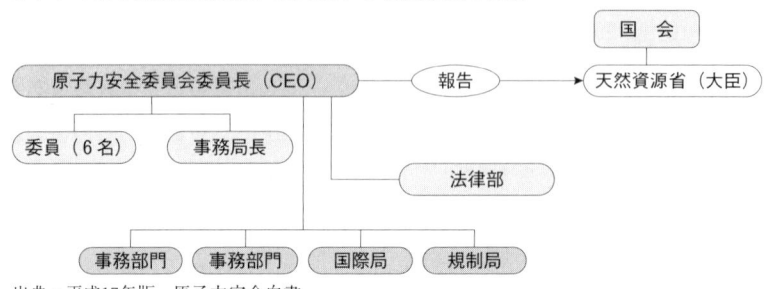

```
                    ┌─────────────────────────┐         ┌──────────┐
                    │原子力安全委員会委員長（CEO）│─報告─→  │ 国　会   │
                    └─────────────────────────┘          └──────────┘
                         │          │                         │
                  ┌──────┴──┐  ┌────┴────┐          ┌──────────────────┐
                  │委員(6名) │  │事務局長 │          │天然資源省（大臣）│
                  └─────────┘  └─────────┘          └──────────────────┘
                                   │
                               ┌───┴────┐
                               │ 法律部 │
                               └────────┘
           ┌──────────┬──────────┬──────────┬──────────┐
        ┌──┴──┐   ┌──┴──┐    ┌──┴──┐   ┌──┴──┐
        │事務 │   │事務 │    │国際局│   │規制局│
        │部門 │   │部門 │    │      │   │      │
        └─────┘   └─────┘    └─────┘   └─────┘
```

出典：平成17年版　原子力安全白書

と約530人のスタッフで構成され、(1)原子力安全全般、(2)放射線防護、(3)原子力施設、(4)ウラン鉱山・製錬、(5)核物質・放射線機器、(6)核物質輸送、(7)原子力保安などの規制を行っている。特に緊急時の対策（the event of an emergency）には総合的な緊急対応策（comprehensive emergency preparedness program）を展開し、市民安全を最優先的に保護する制度を構築している。[31]

　カナダは、最も古い原子力商業利用国家の1つである。第2次世界大戦中に、天然ウランをそのまま燃料に使える同国特有の原子炉であるカナダ型重水炉（Canada Deuterium Uranium；CANDU）の開発に着手した。CANDU炉の特徴は重水を減速材と冷却材に使うことで、ウラン濃縮を不要にしている点である。そして、1946年には原子力管理法を制定、1952年にカナダ原子力公社（AECL）を設立して商業用原子力発電の開発に取り組んでいる。最初の発電用原子炉の運転開始は1962年、商業用発電炉は1971年に営業運転を開始し、2000年5月に新たに原子力安全管理法が施行され、現在の安全規制体系に至ったのである。

　同国は、豊富な水資源を背景とした水力発電の比率が約60％と高く、今後の電力需要の増加にも、水力発電を基本に天然ガスなどの火力発電で対応する方針である。原子力発電は、水力発電を補完する役割を担っているといえる。また、国内に豊かなウラン資源を抱えており、使用済燃料は再処理せず、最終的に地層処分する方針である。

　使用済み核燃料を地中深く埋める地層処分に関する安全性はまだ確立されず、

その環境影響評価委員会から「広く国民の支持を得ていない」と勧告を受け、全面的に事業を見直すことになっている。

　カナダの原子力の安全対策は技術面の妥当性は高いといえるが、社会的な影響を考慮する点は不十分である。地域社会との対話が不十分であれば、原子力の安全対策は展開し得ない。

　カナダもテロなどからの原発の襲撃を受けた場合、アメリカと同じように緊急対策の制度は整備しているもののその具体的な方法や手段は一切非公開である。原発現地の幹部さえも知らされていない状況であった[32]。

　テロなどの安全対策は段階的に進行し、また緊急時の災害の歯止めは中央政府および州政府との協力の下、総合的な見地から柔軟な対応策が取れることになると思われる。

　以上東北アジアおよび北アメリカの原発におけるテロなどからの攻撃を避けるため、また防御に関する制度について記述した[33]。原子力の産業の一般の安全対策、つまりリスク（risk）の対応策は開示され、また着実に履行している。しかし原発の襲撃に関する、つまり危険（danger）に関する対応策は非公開である。特にその緊急時の方法や手段は軍事戦略のように極秘に分類され、研究の対象外に置かれている。

　原子力商業利用から核拡散および核テロ防止を阻止するためには、速効的ではないが新しい原子力商業利用技術体系の整備が必要であり、実現性の高い具体構想である「トリウム熔融塩核エネルギー協働システム構想（Thorium Molten-Salt Nuclear Energy Synergetic; THORIMS-NES）」が有効ではないかと思われる[34]。現在の原子力産業体制から円滑に移行でき、日・米・ロ中心の国際協力開発も計画されている。既に基礎技術開発を終えているので、全構想に対する必要資金と期間が問題になるが、地球全体の生態系と人類の安全を確保することと想定すれば大きな負担ではないと思われる。

　このような技術革新が伴わない限り「核拡散防止」をめざす原子力の国際管理regimeが有名無実に終わることは今までの例、インド、パキスタン、イスラエル、北朝鮮などが示している。特に国連安全保障理事会の決議、全国連加

盟国を拘束する最高の強権さえもその執行における重なる失敗により無力さが増幅されて失望感だけが伝わってくる。[35]

原子力の国際管理が危機（crisis）の危機時代に接近している現在、まず「核拡散」の現状に実効性ある科学的、技術的措置を取ることが肝要である。と同時に実験や観察に基づく経験的実証性と論理的推論に基づく体系的整合性について研究を重ね次世代に繋ぐ制度を構想、つまり新たな原子力の国際管理Regime の構築以外に昨今の原子力の危機（crisis）を避けて通る道はない。

科学の世界には「負」の側面が明らかに存在するが、それとの闘いを通して人間の「理性」を高めるのが「科学技術の道」と信じたい。

8　原子力の国際管理 Regime の再構築
―― ベストプラン（Best Plan）とベストプラクティス（Best Practices）――

1）現在の保障措置の歩み

IAEA は、相反する二次元的な権限（a dual mandate）の任務を負って設立された。一方は、原子力の平和利用を促進し、そして、もう一方は、軍事使用への転換を防止するという役割である。しかし原子力の平和利用が増大するほど、一方で原子力の軍事使用への転換の可能性も増していく。それゆえ、そのIAEA の任務の達成の度合は期待に反する方向へと疾走しやすく、その任務の実現不可能性まで背負っている。

IAEA の保障措置（Safeguards）は NPT の軍縮義務とセットにし、民生の産業活動を促進、支援するため、核物質の計量と施設の監視、そして技術などの指導をひとつの主たる任務にした管理制度である。

IAEA の任務は時代を追って発展し、時際的対応策を展開した。1960年代には、ウラン濃縮の過程は保障措置の適用範囲から排除され、その制度上欠陥が利用され核拡散の主因になったと言われている。1980年代には、IAEA と協定により申告される施設のみが対象になり、申告外のウラン濃縮施設は IAEA の保障措置の適用から除外され、枠外の原子力の利用および使用は原

子力の産業国の自由裁量権の任され、その用途範囲は不明である。そのような対応策として、アメリカ主導で1997年に国際的核査察チームを結成し[36]、全原子力産業国を含め各国の原子力の利用および使用状況を調査し、把握および評価を行った。この核査察チームは、IAEA理事会が追加議定書「Additional Protocol」を承認するように導く重大な業績を残した。

2001年9月11日アメリカの同時多発テロ事件以来、原子力安全条約（Convention on Nuclear Safety）[37]は、原子力発電所の安全確保とそのレベル向上を世界的に達成、維持することを目的として策定され、1996年10月に発効した。同条約の強化を図り、武力行使のテロなどを除外するためアクシデント・マネジメントおよび安全目標の厳格な設置など締約国のレビューなど実施している[38]。

また核物質防護条約の改正を採択し、核物質および原子力施設の防護に関する国際的な取組の強化を図った。このたびその採択に至ったことは、核テロ対策の強化に向けて国際社会が一致団結して取り組むとの姿勢を示す上でも有意義なものと評価しえる。

しかし国連をはじめIAEA、NEAなど地域機構、また各原子力産業国が諸対応策を構築しているものの原発におけるテロの脅威は改善されず増すばかりである。

過去の原子力施設攻撃例は多くはないが[39]、もしその対象が稼働中の原子炉であったら相当の被害があったと思われる。

史上、原発を含む原子力施設への軍事攻撃は過去に3例ある。1981年のイスラエル空軍機による建設中のイラク原発（タンムーズ2号炉）攻撃、1991年湾岸戦争による米軍などの攻撃、そしてイラク攻撃時の原子力施設への攻撃である。

イスラエルによる1981年6月7日の攻撃は「バビロン作戦」と呼ばれ、F15、F16戦闘攻撃機による2000ポンド爆弾を使った爆撃で、バグダッド南方18キロ地点にあるトワイサ原子力施設に建設中のフランス製原発を完全に破壊した。

1991年の湾岸戦争では、トワイサ他十数カ所の原子力施設を爆撃し、全体の20％以上を破壊したとされている。

しかしイスラエルも米国も、国際法違反の攻撃を堂々と行ったのである。こ

のような攻撃に対して、国連安全保障理事会や国連総会では繰り返し批判が出され、国連決議も行われているが、常にそれらを無視して行動してきたのが米国とイスラエルであった。

　トワイサ周辺では、イラク攻撃直後の略奪で放射性廃棄物などが拡散し、多くの住民が被曝していると報道されている。原子力施設が戦争に巻き込まれれば、どんなに悲惨な事態となるかを物語っているが、これらはいわゆる「テロ攻撃」ではなく主権国家が国際法を踏みにじて公権行使を行ったのである。これは結果的にはテロ行為と言わざるを得ない。

　原発に対し、テロ対策として米原子力規制委員会（NRC）は、全米104カ所の原子力発電所の従業員の経歴調査徹底や警備強化などを命令し、人的また物理的破壊行為を事前に遮断する試みを行った。

　しかし米原発監視団体は、原子炉建屋が米中枢同時テロのような航空機突入テロには耐えられない可能性があることなど、これらの対策では原発をテロから防ぎ切れないと指摘した。

　米連邦航空局（FAA）はすでに原発上空の航空機の飛行を禁止するなどの対策を講じているが、連邦捜査局（FBI）などはオサマ・ビンラディンのテロ組織アルカイダが依然テロ攻撃を計画していると警告し、万全の対策を呼び掛けている。

　米国だけにとどまらず、日本や欧州など原発を抱える諸国のテロ対策にも同じ影響が及んでいることを忘れでなならない。

　米原発監視団体「原子力管理研究所」によると、原子炉建屋の厚さ1.2メートル以上あるコンクリート壁でも、燃料を満載した航空機の全速力での突入には耐えられない可能性があるという。また同研究所は、原発は冷却水確保のため海、河川、湖のそばにあることが多いため、爆薬を積んだ船舶の突入にも対策を講じるべきと指摘している。

　今や原子力の商業利用におけるリスク（risk）と危険（danger）が複合的な脅威に直面し、まさに危機（crisis）に近付いているといえる。このような脅威を防御し、それから予想される災害を除去することが21世紀に住むわれわれの使

命と受け止めたい。その使命を履行するため、現在の国際法および国内法体制下で国連を中心に国際社会が協力すれば完成し得る対応策について一つの構想として提示したい。

2）ベストプランアンドプラクティス（Best Plan and Practices）
　a．立案の背景
　原子力リスク（risk）管理における条項および制度はベストプラン（Best Plan）であるといえる。しかしそのベストプラン（Best Plan）におけるベストプラクティス（Best Practice）効果は期待に反し劣っている。ベストプラン（Best Plan）の基本は、原子力の安全確保の最優先と軍事的使用への転換の防止策であり、「いつ（When）」でも、「どこで（Where）」も査察権を行使することを前提にしている。さらにその実行のため、外交特権保持者 IAEA の査察員が、安全保障理事会の決議という最高の権能を持って査察を行なう。
　しかしそのプラクティス（Practice）の効果は、現在の国際法の壁にぶつかり、本来の査察権の目的を果たすことが出来ず、IAEA をはじめ国連総会決議などの奮闘にも関わらず核拡散とその技術は発展のスピード（speed）は増すばかりである。つまり国家主権の壁がないかまた低いか、そして微弱かなどその査察行為の実行に支障がない場合のみ実施し得る制度に過ぎないのである。ベストプラン（Best Plan）を実施し得る環境づくり、またその要件の整備が急務である。
　b．リスク（Risk）管理のベストプラクティス（Best Practices）：原発が攻撃された場合も含める総合的な対応策
　①「何を構築するか」共同管轄・管理区域創設
　現在原子力利用および使用における管轄が各主権国家にあることが核拡散および危険（danger）の危険に曝している主な理由の一つである。それは原子力の利用およびその軍事的使用が各国の展開するパワーポリシィー（power policy）の主軸に当たるからである。それを鑑み原子力の利用および使用を各国のパワー（power）から共同パワー（power）として確保することが肝要であ

る。

　国連、とりわけ IAEA と OECD の NEA および各地域機構、そして各地域国家が共同で管理するための組織、そして設置地域などの整備が必要である。

　つまり超国家組織（Supra-national Organs）である EU のような機構を構築し、また治外法権（Extraterritoriality）を行使し得る自治・自主の行政機構また地域の創設である。

　その仮想要件の案を提示してみる。

- 法的側面：核兵器の製造、その使用、また核物質の強奪、不法所持また使用およびそのハイジャックなどは、世界平和の脅威、威嚇、破壊行為とみなし国際犯罪と定め、ジェノサイド、侵略、人道に対する罪と同じく、厳罰に処する規定の確立。

核およびその物質による犯罪者（法人、個人を含む）の処罰権の確立。つまりその犯罪者の処罰に普遍的管轄権を適用し、司法及び執行管轄権を普遍的に行使できる条約を制定する。

　i　人類共通の敵としての犯罪に対する国家の司法及び執行管轄権の実施。
　ii　国際法上の犯罪として訴追か引渡しかの義務の確立。
　iii　重大な犯罪行為として、国際裁判所（ICJ）また国際刑事裁判所（ICC）による普遍的管轄権の行使。

- 多国間行政体：District of Nuclear Powers（原子力発電所特別行政区域）の創立。

The Independent Government of District of Nuclear Powers；完全独立および中立行政体の確立。

- 法的地位：主権の付与。現在の国家主権の概念を超越した新たな主権概念の制定。安全保障理事会の決議に拘束されない権限行使の付与。ただ国連総会の決議は尊重する。
- 行政権：当特別行政区域の自治権の行使と国際機関と国連加盟国との同等の主権行為の確保。
- 司法権：自主司法権の確立。国際司法裁判所および国際刑事裁判所の管轄

権の保障（上訴審として）。
・財政権：各国の分担金の使用ではない直接請求権 "demand" の行使。受益者負担原則を適用し、電力の供給を受けている国へとその使用料を請求する制度の確立。
・教育制度：原子力施設の運営における最先端の科学者および技術者の確保。ウラン採鉱から核燃料サイクルの供給、また原子炉の稼働、核物質の移動、使用済み核燃料の処理、さらにその廃棄物の処分など一般産業活動では対応できない熟練の技術者の養成。さらの安全管理の専門家の養成。
・核燃料サイクルの確保：Nuclear Supplies Group（NSG）45国と協力協定の締結。
・警備隊編成：各加盟国の特殊部隊により構成する。武器など警備上必要な装備は各締約国から賄う。

②「どこに設置するか」原発、原子力研究、教育、技術など開発、再利用、核燃料加工などの設置場所。

六つの大陸
　・Asia Zone：3特別行政区域；東北アジア、東南アジア、中央アジア
　・Europe Zone：5特別行政区域；北ヨーロッパ、西ヨーロッパ、中央ヨーロッパ、東ヨーロッパ、南ヨーロッパ
　・Africa Zone：3特別行政区域；北部、中部、南部
　・Australia Zone：2特別行政区域；西部、東部
　・North America Zone：2特別行政区域；北部、南部
　・South America Zone：3特別行政区域；北部、中部、南部

③「誰が運営、管理するか」
IAEA監視体制の下、各特別行政区域体とNuclear Supplies Group（NSG）45国の共同体。

④「監視体制」
24時間の管理体制。特に核燃料サイクルの移行時、核物質の搬出および移動時には査察を実施する。

⑤「体制の目的」

　原子力のリスク（risk）および危険（danger）を最小限に留め、軍事使用への転換を防止する。原子力利用における放射能など必然的な災害を最小限に縮小する。さらに核テロを事前防止する。

⑥「方法および手段」

　IAEAの査察官とNSG派遣調査官、そして各地域当事国の調査官からチームを編成し共同で行う。現在のIAEAの保障措置およびNPTに基づく保障措置協定、そしてIAEAの追加議定書からなる「統合保障措置」（full scope）を実施する。

　原子力の利用および使用から必然的に生まれるリスク（risk）と危険（danger）からの危機を脱皮するため、本章では上記のように諸制度の再構築という特徴を設け、原子力利用および使用から付随する不安や恐れや抑圧などを除外する試みを行った。

　原子力の商業利用を固執するならば現在の各国の原子力産業体制下での運営、管理、つまり国際機関や主権国家による公的な標準（de jure standard）より国際社会の実勢によって事実上の標準とみなされるようになった制度、規律（de facto standard）のことが優先され、その歪みから生じる脅威であるcrisisを回避する方法と手段を構築しなければならない。従って現在の国際管理体制の下で、原子力の商業利用を持続するため、またそこからくる必然的に付随する脅威を避けるため、原子力の産業の運営に適切な環境整備の構想が必要である。本章の構想がかならず原子力利用および使用からの脅威と危機そして混乱と災害を国内・外で防御措置として所期の目的を達成し得るかどうかは未知である。しかし現在の原子力産業から生じ得るリスク（risk）また危険（danger）そして危機（crisis）を沈黙に付することができず構想の具現に没頭しなければならないほど緊急の課題であることを強調したい。

　このようなは危機（crisis）が、現実的なものではなく、想像過程における一時的な心理的防衛反応と解釈することもできる。しかし、様々な環境変化、国際社会での政治、経済、軍事などの変化の要因によって不想定反応から一段と

第10章 原子力管理の危機（Crisis） 295

悪化した実質の脅威（深刻な被害を伴う）へと傾く場合もあり、今この転換期と
しての危機状態に対する危機介入（crisis intervention）が肝要である。

1）危機理論とは。http://crisis.med.yamaguchi-u.ac.jp/intro.htm
2）リスク（risk）の定義、Wikipedia 日本語フリー百科事典 http://www.babylon.com/definition/risk/Japanese
3）チェルノブイリ（Chernobyl）原発事故、フリー百科事典『ウィキペディア（Wikipedia）』http://ja.wikipedia.org/wiki/
4）ジュネーヴ諸条約及び追加議定書の主な内容、外務省、http://www.mofa.go.jp/Mofaj/Gaiko/k_jindo/naiyo.html
5）ジュネーヴ諸条約 http://www4.ocn.ne.jp/~tishiki/junebujouyaku.html
6）朝鮮民主主義人民共和国の核開発について、原子力資料情報室CNIC、http://cnic.jp/modules/news/print.php?storyid=428
7）Dirty Bombs、劣化ウラン弾、フリー百科事典『ウィキペディア（Wikipedia）』http://ja.wikipedia.org/wiki/
8）クラスター爆弾、フリー百科事典『ウィキペディア（Wikipedia）』http://ja.wikipedia.org/wiki/
9）欧米諸国のテロ対策法制、『危機管理実務必携』、ぎょうせい、2005年、pp.7259—7261.
10）テロ対策に関するG8の勧告、外務省。http://www.mofa.go.jp/Mofaj/Gaiko/summit/kananaskis02/g8_gai_tk_all.html
11）テロリズム、フリー百科事典『ウィキペディア（Wikipedia）』http://ja.wikipedia.org/wiki/
12）Ibid.
13）欧米諸国のテロ対策法制、『危機管理実務必携』、（ぎょうせい、2005年）pp.7252-7256.
14）前掲『危機管理実務必携』テロの定義、pp.7001—7003.
15）前掲『危機管理実務必携』緊急事態宣言と対策本部の設置、pp.5301—5303.
16）前掲『危機管理実務必携』モニタリングと早期通報、pp.5205—5207.
17）前掲『危機管理実務必携』原子力施設へのテロ対策、欧米諸国のテロ対策法制、pp.7264—7268.
18）前掲『危機管理実務必携』国民保護に関する基本指針 http://www.fdma.go.jp/html/intro/form/pdf/kokumin_050328_sanko2.pdf

19) その他の原子力災害、前掲 『危機管理実務必携』、pp. 5701—5706.
20) 武力攻撃事態等における国民の保護のための措置に関する法律、首相官邸。
http://www.kantei.go.jp/jp/singi/hogohousei/hourei/hogo.html
21) Nuclear power in Japan
http://en.wikipedia.org/wiki/Nuclear_power_in_Japan
22) Nuclear energy in South Korea
http://en.wikipedia.org/wiki/Category:Nuclear_energy_in_South_Korea
23) Nuclear power in China
http://en.wikipedia.org/wiki/Nuclear_power_in_China
24) Nuclear power in Taiwan
http://en.wikipedia.org/wiki/Nuclear_power_in_Taiwan
25) Nuclear power in Russia
http://en.wikipedia.org/wiki/Nuclear_power_in_Russia
26) テロ対策『危機管理実務必携』、(ぎょうせい、2005年) pp. 5705-5706.
27) Nuclear power stations in the United States
http://en.wikipedia.org/wiki/Category:Nuclear_power_stations_in_the_United_States
Federal Emergency Management Agency of the United States
http://www.fema.gov/
Federal Emergency Management Agency
http://en.wikipedia.org/wiki/FEMA
28) Nuclear power   http://en.wikipedia.org/wiki/Nuclear_power_plant
29) Nuclear power in the United States
http://en.wikipedia.org/wiki/Nuclear_power_in_the_United_States
欧米諸国のテロ対策法制『危機管理実務必携』(ぎょうせい、2005年) pp. 7251-7252.
30) CNSC ensures that licensees are prepared in the event of an emergency
http://www.nuclearsafety.gc.ca/eng/about/nuclearsafety/
31) Nuclear power stations in Canada
http://en.wikipedia.org/wiki/Category:Nuclear_power_stations_in_Canada
32) Nuclear power in Canada
http://en.wikipedia.org/wiki/Nuclear_power_in_Canada
33) 諸外国と日本のテロ対策『機器管理 実務必携』、㈱きょうせい、2005年、p. 7058.
34) トリウム熔融塩原子炉"FUJI"、 http://msr21.fc2web.com/
35) Let Russia Stop Iran By ODED ERAN, GIORA EILAND and EMILY LANDAU, The New York Times, nytimes.com December 21, 2008
http://www.nytimes.com/2008/12/21/opinion/21eran.html

36） 国連安保理決議14／41、University of Minnesota Japanese Page
　　　http://www1. umn. edu/humanrts/japanese/J1441SC02. html
37） 本条約は旧ソ連、中・東欧諸国における原子力発電所の安全問題の顕在化を背景として、原子力発電所の安全確保とそのレベル向上を世界的に達成、維持することを目的として策定された、原子力の安全に関する世界で初めての条約である。同条約は、1994年のIAEAの採択を経て、1996年10月に発効し、2008年11月現在、54カ国、1国際機関（EURATOM）が同条約を締約している。オブザーバとして経済協力開発機構原子力機関（OECD/NEA）も協力している。
38） 原子力の安全に関する条約　第4回検討会合の結果について、「平成20年5月29日　原子力安全・保安院、第36回原子力安全委員会　資料第4号」
39） 山崎久隆「原発に対するテロ攻撃の想定」批判
　　　http://prweb. org/prweb02/00779. htm
40） Definition, Crisis intervention, Encyclopedia of Mental Disorders
　　　http://www. minddisorders. com/Br-Del/Crisis-intervention. html

参照資料：関連条約

下記の各条約および協定の原文の web-site を案内する。各関連条約および協定について参照されたい。

◇IAEA の憲章
◇IAEA の憲章（Statute of the IAEA）

Contents by Article and Title			
I.	Establishment of the Agency	XIII.	Reimbursement of members
II.	Objectives	XIV.	Finance
III.	Functions	XV.	Privileges and immunities
IV.	Membership	XVI.	Relationship with other organizations
V.	General Conference	XVII.	Settlement of disputes
VI.	Board of Governors	XVIII.	Amendments and withdrawals
VII.	Staff	XIX.	Suspension of privileges
VIII.	Exchange of information	XX.	Definitions
IX.	Supplying of materials	XXI.	Signature, acceptance, and entry into force
X.	Services, equipment, and facilities	XXII.	Registration with the United Nations
XI.	Agency projects	XXIII.	Authentic texts and certified copies
XII.	Agency safeguards	ANNEX	Preparatory Commission

➡About IAEA : IAEA Statute IAEA. org International Atomic Energy Agency
http://www.iaea.org/About/statute_text.html

◇IAEA の国際条約および協定
　◆International Conventions & Agreements
　　◇Safety & Security

- Convention on Early Notification of a Nuclear Accident
- Convention on Assistance in the Case of a Nuclear Accident or Radiological Emergency
- Convention on Nuclear Safety
- Joint Convention on the Safety of Spent Fuel Management and on the Safety of Radioactive Waste Management
- Convention on Physical Protection of Nuclear Material
- Vienna Convention on Civil Liability for Nuclear Damage
- Protocol to Amend the 1963 Vienna Convention on Civil Liability for Nuclear Damage; and Annex
- Convention on Supplementary Compensation for Nuclear Damage
- Optional Protocol Concerning the Compulsory Settlement of Disputes to the Vienna Convention on Civil Liability for Nuclear Damage
- Joint Protocol Relating to the Application of the Vienna Convention and the Paris Convention
- Nordic Mutual Emergency Assistance Agreement in Connection with Radiation Accidents
- Convention on the Prevention of Marine Pollution by Dumping of Wastes and Other Matter

◇Safeguards & Verification
- The Structure and Content of Agreements Between the Agency and States Required in Connection with the Treaty on the Non-Proliferation of Nuclear Weapons (Reproduced in document INFCIRC / 153 / (Corrected))
- Model Protocol Additional to the Agreement (s) Between State (s) and the Agency for the Application of Safeguards (Reproduced in document INFCIRC / 540(Corrected))

- The Agency's Safeguards System (Reproduced in document IN-FCIRC / 66 / Rev. 2)

➡For other Safeguards Agreements, check the INFCIRC pages.

➡IAEA Legal Conventions. Publications. IAEA. org International Atomic Energy Agency

　　http://www.iaea.org/Publications/Documents/Conventions/index.html

◇IAEA以外の関連国際条約および協定
- Treaty on the Non-Proliferation of Nuclear Weapons (NPT)
- Treaty for the Prohibition of Nuclear Weapons in Latin America (Tlatelolco Treaty) and Amendments
- African Nuclear-Weapon-Free ZoneTreaty (Pelindaba Treaty), including Annexes and Protocols and Cairo Declaration
- South Pacific Nuclear Free ZoneTreaty and Protocols
- Southeast Asia Nuclear Weapon-Free Zone Treaty (Treaty of Bangkok)
- Guidelines for Nuclear Transfers, 1993 Revision of NSG London Guidelines
- Paris Convention on Third Party Liability in the Field of Nuclear Energy
- Brussels Convention Supplementary to the Paris Convention
- Convention for the Suppression of Acts of Nuclear Terrorism

➡Treaties, Conventions & Agreements Related to the IAEA's Work

　　http://www.iaea.org/Publications/Documents/Treaties/index.html

■著者紹介

魏　栢良（うい　べっくりゃん）

大阪経済法科大学法学部教授
専攻：国際法
大阪市立大学大学院法学研究科前期博士課程修了
大阪市立大学大学院法学研究科後期博士課程単位取得

2009年3月20日　初版第1刷発行

原子力の国際管理
——原子力商業利用の管理 Regimes——

著　者　魏　　栢良
発行者　秋　山　　泰

発行所　株式会社　法律文化社

〒603-8053 京都市北区上賀茂岩ヶ垣内町71
電話 075(791)7131　FAX 075(721)8400
URL：http://www.hou-bun.co.jp/

Ⓒ 2009 Back Lang Wi Printed in Japan
印刷：共同印刷工業㈱／製本：㈱藤沢製本
装幀　前田俊平
ISBN 978-4-589-03153-2

広島平和研究所編
21世紀の核軍縮
―広島からの発信―
Ａ５判・550頁・5250円

核軍縮に関する過去10年の進展と将来10年に実施されるべき具体的措置を包括的に考察・検討。核保有国を含む各国の第一人者が，それぞれの国の核軍縮政策について考察を行い，核軍縮に向けて課題と展望を明示する。

山田 浩・吉川 元編
なぜ核はなくならないのか
―核兵器と国際関係―
Ａ５判・256頁・2940円

その存在が否定されながらも廃絶されないのはなぜか。核を取りまく国際関係のなかにその問題状況をさぐる。Ⅰ：核抑止と核不拡散体制の現状／Ⅱ：核抑止を取りまく国際関係／Ⅲ核なき国際平和を求めて／Ⅳ：21世紀の日本の選択

進藤榮一・水戸考道編
戦後日本政治と平和外交
―21世紀アジア共生時代の視座―
Ａ５判・208頁・2415円

戦後日本の歩んだ平和と安全保障をめぐる政治過程を分析するとともに，日本政治における対アジア外交の実証的検証を試みる。戦後日本政治の成果と課題を明確にし，21世紀アジア共生時代の展望を考察する。

初瀬龍平・野田岳人編
日本で学ぶ国際関係論
Ａ５判・194頁・2625円

「日本で学ぶ」という視点で国際関係を考えるユニークな教養テキスト。政治学の基本からグローバル化時代の今後の国際関係論まで，わかりやすく記述。ルビも付いている本書は，外国人学生にも親切。

中谷義和編
グローバル化理論の視座
―プロブレマティーク＆パースペクティブ―
Ａ５判・272頁・3360円

「グローバル化」状況の動態とインパクトを理論的・実証的に解明するとともに，「グローバル民主政」をめぐる課題と展望を考察。ヘルド，カニンガムなど代表的論者たちが，理論的到達点と新しい地平を拓くための視座を提起する。

Ｊ・クラップ／Ｐ・ドーヴァーニュ著／仲野修訳
地球環境の政治経済学
―グリーンワールドへの道―
Ａ５判・338頁・3675円

地球環境問題への様々なアプローチを整理し，比較検討する。市場自由主義者や生物環境主義者などの主要なアプローチの位相と対峙に政治経済学の視点から迫ることにより，解決に向けての最善の視座と手立てを模索する。

―法律文化社―

表示価格は定価（税込価格）です。